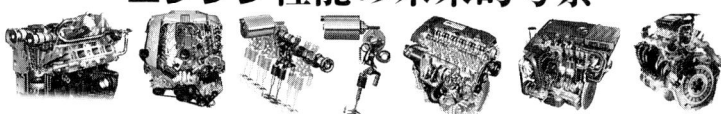

エンジン性能の未来的考察

瀬名　智和

グランプリ出版

はじめに

　今年の夏休みを利用してフランスのパリを経由して南イタリアに行ってきた。パリにはわずか2日間いただけだが、数か月前と明らかに違っていることにすぐに気付いた。
　街中を走る自転車が多いこと、そして至るところに設置された自転車のスタンドの存在だ。夏休みの真っ只中なので、まだ利用しているのは旅行者が多かったが、秋になれば多くのフランス人も使うようになるに違いない。スタンドからスタンドへと自由に乗り捨てができる極めて使いやすいシステムが整っており、自転車の形もフランスらしくスマートなのである。路面電車が復活し、自転車をあっという間に市内に配置するなど、官民が協力してパリから自動車を少なくする工夫をしている姿がそこにはあった。
　我慢せずに、しかし本気で格好良くやるのが欧州流なのであろう。しかし、だからといって、すぐさま目に見えるほどパリのなかを走るクルマが減ることもないだろうが、長い目で見れば着実にその方向に向かうはずだ。
　ひるがえって我が日本はどうであろうか。
　日本でも自転車通勤する人が増えてきており、レンタカーの需要やカーシェアリングも着実に増えつつある。このように、エコロジーの発想は定着しつつあるように見えるにしても、欧州ほどには官民が協力してシステマチックに進んでいないのが残念だ。
　最近、盛んに「エコカー」という言葉がマスコミの記事に登場してきているし、日本でもCNGのバスが走り、バイオ燃料が使用されるようになってきている。排気をクリーンにするだけでなく、CO_2の発生量を抑制することが重要視されるようになったためだ。自動車メーカーにとって、そのための技術開発は今まで以上に優先順位が高くなってきている。
　利便性の高いパーソナルな移動手段としてクルマが今後も世界的に支持されていくためには多くの技術革新の導入を迫られているが、ハイブリッドシステムのクルマやバイオ燃料を使用するというだけで、果たして単純にひとまとめにしてエコカーと言えるのだろうか。
　トヨタプリウスやホンダのシビックハイブリッドなどの小型車ならともかく、2.4トンに迫る車重で600psのハイブリッドカーが、本来の意味でのエコカーであるかどうかは大いに疑問が残る。また、本来食用や飼料であるはずのトウモロコシなどでバイオ燃料をつくることや、そのために熱帯雨林を畑に変えることが本当にCO_2削減につながるのか。1ヘクタールの畑から収穫されるトウモロコシで1年間に30人の人間を養えるのに、クルマの燃料として使えば1年間にわずか2台を動かせるに過ぎないことを知れば、北米のバイオ燃料推進政策などは、まさに環境を食いものにしていることがよく分かってくるであろう。
　単にクルマが走行するときの燃費や排気性能だけを問題にするのではなく、トータルで現在の化石燃料を使用したクルマと比較してどうなのかを、よく検討することが必要なのである。
　種々の条件を満たした上でのことだが、クルマは軽量であること、システムはシンプルであることが価値のあることである。環境に対する負荷は、クルマを企画、設計する

段階から少なくするように考えていかなくてはならない。中国やインド、ロシアなどでも自動車が普及してきて、ますますエネルギー事情やクルマをつくる材料の供給など、厳しい条件が突きつけられてきている。

　これからのクルマの技術はどうあるべきなのかは、現在、次々と登場してきている技術やシステムについて、より深く理解することが欠かせないことになっている。そこで、エンジン性能との関係で、少なくともこれだけのことは知識として持ってもらうことで、本当の意味での「エコカー」はどのようなものになるのか考える手がかりにしたいと思って、この本をつくった次第である。

　もちろんそれだけでなく、エンジン性能に関する基本的な知識を正しく伝えることも目的としている。

　第9章にディーゼルエンジンに関しての項目を配置したのは、8章までが、基本的にはガソリンエンジンを中心に解説しているからで、10章以降はガソリンエンジンとディーゼルエンジンの共通問題を扱っている。とはいえ、厳密に分けることができるものではなく、また、それぞれの章の中に収まらない問題が多く、燃費性能で述べていることは、フリクションロスの章でも述べていることと非常に関係していることであったりする。そのため、内容について多少の重複があることをお許し願いたい。

　エンジンは、システム全体として捉えることが大切であるが、ひとつひとつの性能に関して具体的に述べることの積み重ねで、全体像を読者各々の頭の中で創りあげてもらうしか方法がないのかもしれない。

　最後になったが、この本をつくるに当たっては多くの方々にお世話になり、また名前や企業名を挙げないが、参考にさせてもらった資料も多かった。この場を借りて感謝する次第です。

瀬名　智和

エンジン性能の未来的考察

目次

プロローグ　エンジン性能とは何か …………………………9
1. エンジンの気筒数と気筒配列 ………………………………15
　　1) 1気筒の排気量に適切な大きさはあるか　17
　　2) 軽自動車エンジンに3気筒と4気筒があるのはなぜか　19
　　3) なぜ自動車用に単気筒や2気筒がないのか　20
　　4) 直列4気筒が主流になったのはなぜか　22
　　5) バランスの良い直列6気筒はなぜ少数になったのか　23
　　6) V型6気筒の利点とバンク角の違いについて　26
　　7) V型8気筒はなぜ90°バンクが良いのか　28
　　8) V型10気筒や12気筒まで必要があるのか　29
　　9) V型10気筒とV型12気筒の違い　30
　　10) 水平対向エンジンはなぜ高性能といわれるのか　32
　　11) 狭角V型など特殊なコンパクトエンジンの将来性はあるのか　35
2. 出力性能向上を図るには …………………………………37
　　1) 吸排気効率の向上にはどんな方法があるか　39
　　2) 高回転化は出力向上の決め手なのか　42
　　3) 多気筒化のメリットとデメリットは何か　44
　　4) 排気量拡大による出力向上は安易な方法か　45
　　5) ターボによる性能向上策はなぜ主流になっていないのか　46
　　6) 燃料噴射システムはどのような歴史を経ているのか　48
　　7) 電子制御システムはどのような仕組みになっているのか　51
3. トルクの向上を図るには ……………………………………55
　　1) トルク性能を重視した方が使いよいエンジンになるか　56
　　2) ロングストロークはなぜトルクが上がるのか　58
　　3) 慣性過給など充填効率の向上を図るとなぜトルクが上がるのか　59
　　4) 主運動部品の軽量化はトルク向上に効果があるのか　60
4. エンジンのレスポンスを向上させるには …………………63
　　1) アクセルを踏んでからエンジンのトルクが出始めるまでの時間遅れ　64
　　2) エンジン回転の上がり方 (どのくらい速く回転上昇するか)　69
　　3) アクセル開度とエンジン発生トルクの関係　70
　　4) エンジン発生トルクと加速度　72
　　5) アクセルを戻したときのエンジン回転低下速度　72
5. エンジンの軽量・コンパクト化 ……………………………74
　　1) 軽量コンパクト化はどのように進行して来たか　75
　　2) シリンダーブロックなどのアルミ化は軽量化に有効か　78
　　3) 軽量素材としての樹脂やマグネシウムなどの採用は進んでいるか　80
　　4) ボアピッチなどボア間の寸法縮小はどこまで進んでいるか　82

    5) 同じ気筒数、排気量でもエンジンによって軽量化の差は出てくるのか　83
    6) カチ割りコンロッドが最近増えているが軽量化に効果的なのか　86
    7) BMWのコンポジットマグネシウムブロックは軽量化に効果的か　87
    8) VW TSI（ハイブリッド過給）は今後の潮流になりうるか　88
    9) ターボエンジンのかかえる問題点　90

6. 混合気の燃焼促進について ……………………………………93
    1) 急速燃焼はなぜ良いのか　95
    2) 燃焼と燃焼室形状との関係　97
    3) 混合気が燃えやすくするにはどうするのか　98
    4) スワールやタンブル流はどのように形成されるのか　100
    5) 燃料の微粒化はどのように達成するのか　101
    6) 燃焼による膨張圧力を有効に生かすには　103
    7) 筒内噴射ガソリンエンジンはどう進化していくのか　104

7. 圧縮比の向上を図るには ……………………………………109
    1) なぜ圧縮比を上げると良いのか　110
    2) 燃焼室まわりの冷却によるノッキングの防止について　112
    3) 燃焼室形状と圧縮比の関係はどうか　116
    4) 燃料と圧縮比の関係　117
    5) エンジンのマッチングで圧縮比を上げることができるのか　119
    6) ノックセンサーはなぜ必要なのか　121
    7) ノック制御の実際はどうなっているか　123

8. エンジンの燃費を良くするには ……………………………………126
    1) リーンバーンはなぜ燃費が良くなるのか　128
    2) ハイブリッドカーはなぜ燃費が良いか　130
    3) ミラーサイクルは燃費を良くするシステムなのか　132
    4) 高性能にすると燃費が悪化するのはやむを得ないのか　134
    5) バルブトロニックなどノンスロットルシステムは効果的か　135
    6) 変速機との関係で燃費を良くするにはどうするのか　138
    7) 熱効率の向上が燃費向上の決め手なのか　142
    8) 熱効率と各種性能向上技術との関係はどうなっているのか　143

9. ディーゼルエンジンの特性と諸問題 ……………………………………147
    1) なぜ最近になってディーゼルエンジンが注目されてきたのか　148
    2) ディーゼルエンジンはなぜ燃費が良いのか　152
    3) なぜガソリンエンジンより出力性能が低いのか　153
    4) ディーゼルエンジンはなぜトルクが高くなるのか　154
    5) なぜターボとの相性がよいのか　155
    6) ディーゼルハイブリッドの可能性はどうなのか　157
    7) ディーゼルエンジンの振動や騒音は抑えられるのか　158
    8) 始動及びエンジン重量の改良は進んだか　159
    9) コモンレール式燃料噴射システムとはどんなものか　160
    10) 大型トラック用と乗用車用ディーゼルエンジンではどんな違いがあるのか　163
    11) 予混合によるディーゼルエンジンは成立するのか　165

10. 可変機構による二律背反の克服 …………………………169
1) 可変吸気システムはどんな効果があるのか　170
2) 可変バルブタイミング&リフトの利点は何か　171
3) 可変排気量は可能なのか　173
4) 可変圧縮比は実現するのか　175
5) 可変ターボの実用化が進んでいるのはなぜか　176
6) 可変マフラーの効果はどうか　177
7) 2点点火のエンジンはどんな効果があるのか　178

11. フリクションロスの低減 …………………………………180
1) ピストンの軽量化は効果があるのか　182
2) ピストンリングのロス低減法は？　183
3) 動弁系のロス低減はどうするのか　184
4) クランクシャフトなどのベアリングを小径、幅狭化する効果は？　186
5) 補機類の駆動損失はどうすれば少なくなるか　187
6) ダミーヘッドを取り付けたシリンダーホーニングは有効か　190

12. 自動車用各種燃料の特性を考える ………………………192
1) ガソリンのオクタン価はどのようにして上げるのか　194
2) 燃料に硫黄分が含まれるとなぜ良くないのか　195
3) 軽油とガソリンはどう違うのか　197
4) LPGやCNGを使用するエンジンはどうなっているのか　198
5) エタノールやメタノールは本当にエコなのか　201
6) バイオディーゼル燃料はどうなのか　202
7) 水素は燃料としてどうなのか　203
8) バイフューエルエンジンは過渡期のものか　205
9) LPGは燃料としてCNGと比べてどうなのか　206
10) 地球温暖化と化石燃料の使用の関係は？　206

13. エンジンの振動・騒音の低減 ……………………………208
1) 騒音にはどんな音があるのか　209
2) バランサーシャフト採用の基準はどこにあるのか　215
3) ラダービームの採用は効果があるか　217

14. 排気規制対策と排気浄化について ………………………219
1) 三元触媒はどのようなメカニズムで排気をクリーンにするか　220
2) NOx吸蔵触媒、尿素選択還元触媒の開発状況は？　223
3) 燃焼の改善による排気のクリーン化はどこまでできるか　225
4) EGRのNOx低減効果はどのくらいなのか　226

15. エンジンの製造コスト削減 ………………………………229
1) 機構のシンプル化によるコスト削減は可能か　231
2) 部品の共用化によるコスト削減効果は大きいか　233
3) モジュール化設計によるコスト削減は進んでいるのか　234
4) 価格の安い材料の使用はあるのか　235
5) 量産効果は果てしなくあるのか　236

裝幀：藍　多叮思

プロローグ

エンジン性能とは何か

　現在使われているあらゆる「乗り物」の発展に最大に貢献している動力は何といっても内燃機関でしょう。内燃機関の前には蒸気機関があり、モーターによる電気自動車も実際に実用化はされていましたが、内燃機関がもし発明されていなければ、現在のような個人で使える手軽な乗り物は存在しなかったでしょう。もちろん、この内燃機関が発明される直前に発見された、石油という当時は無尽蔵と思われていた燃料があってこそ、その価値が光る内燃機関だったのです。

　ガソリン機関の前身となるガスエンジンは、ベルギー国籍のジャン・ジョセフ・ルノワールによって1860年につくられました。このエンジンはスライドバルブと電気点火により1回転につき1回燃焼させるもので、大気圧エンジン、つまり圧縮比1でした。

　4ストロークガソリンエンジンの発明者として知られているドイツ人ニコラス・オッ

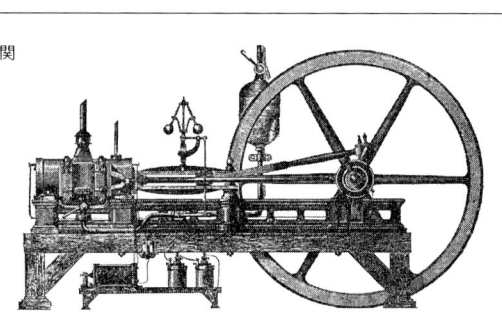

ジャン・ジョセフ・ルノワールの内燃機関

ルノワールによってつくられたガスエンジンは、6馬力と20馬力があったといわれている。大気圧を取り入れたままで圧縮することはなかったが、蒸気機関よりコンパクトなエンジンであった。このエンジンを搭載した自動車がつくられたが、わずかな距離しか走行できなかったという。

ニコラス・オットーの4ストロークエンジン

シリンダー内に吸入したガスと空気を圧縮して燃焼させたので、ルノワールのエンジンよりも熱効率の良いものとなった。最初の4サイクルエンジンなので、これ以降オットーサイクルといわれるようになった。オットーのエンジンは主として定置用であった。

トーが1875年に4ストロークの原理を備えたエンジンをつくりましたが、燃料はやはり都市ガスを使ったものでした。

その後、オットーの下で働いていた技師のゴットリーフ・ダイムラーが独立して1883年に4ストロークガソリンエンジンを完成させ、1885年にはこのエンジンを搭載した2輪車で特許を取得しています。オットーは定置用エンジンを完成させましたが、ダイムラーは自動車用としてコンパクトなガソリンエンジンをつくりました。同じころ、ドイツ人のカール・ベンツも小型エンジンを完成させたのです。ダイムラーもベンツも、ガソリンエンジンを搭載した自動車をつくり、自動車メーカーとしての活動を始めました（1928年に両社が合併してダイムラー・ベンツ社となります）。

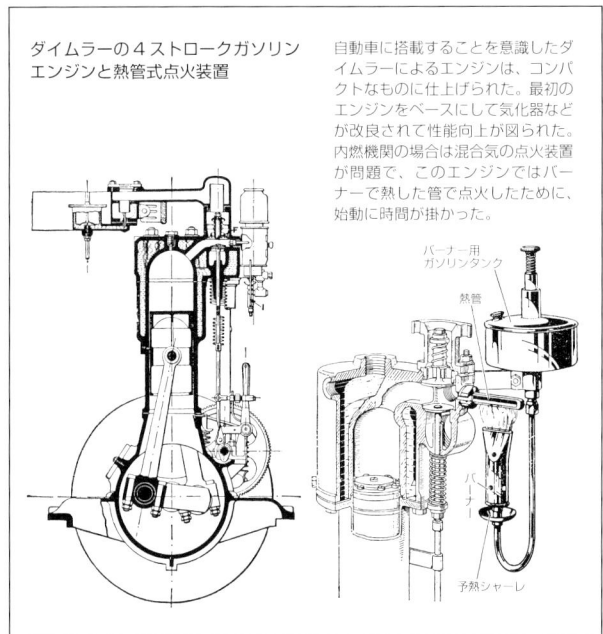

ダイムラーの4ストロークガソリンエンジンと熱管式点火装置

自動車に搭載することを意識したダイムラーによるエンジンは、コンパクトなものに仕上げられた。最初のエンジンをベースにして気化器などが改良されて性能向上が図られた。内燃機関の場合は混合気の点火装置が問題で、このエンジンではバーナーで熱した管で点火したために、始動に時間が掛かった。

バーナー用ガソリンタンク
熱管
予熱シャーレ

これとは別に、ディーゼルエンジンは、ガソリンに遅れること約10年の1892年にドイツ人のルドルフ・ディーゼルによって発明されました。当時は軽油燃料だけでなく、バイオ燃料も含む多種の燃料で動かすことを考えていたようです。

この後、ガソリンエンジンとディーゼルエンジンは、その役割を時には棲み分け、時にはダブらせながら現代まで発展してきました。

日本や北米では乗用

プロローグ エンジン性能とは何か

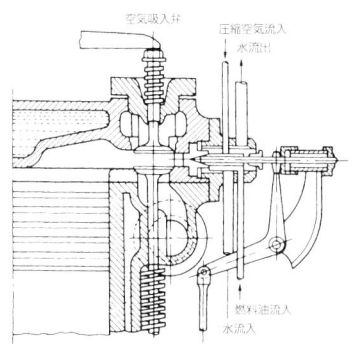

ルドルフ・ディーゼルの第一号機

空気を圧縮して燃焼させることでガソリンエンジンよりも熱効率の良いエンジンにしようと、ディーゼルは研究を重ねて完成、1893年に特許を取得している。ディーゼルのつくったエンジンは大きくて自動車用としては使用できず、ボッシュなどによる小型燃料噴射ポンプが開発される1920年代の後半まで自動車用として実用化されなかった。

車用にはガソリンエンジン、トラックやバスなどはディーゼルエンジンと棲み分けられていましたが、欧州では1936年にベンツがディーゼル乗用車を初めて市販して以来、乗用車にもガソリンエンジン同様にディーゼルエンジンが採用され、ユーザーの支持を得ています。

1960年代終わりまではガソリンエンジン、ディーゼルエンジンとも開発目的の主体は一貫して小型軽量化、高性能化、燃費向上、快適性向上でした。それが1970年のマスキー法以来、排気性能向上が重要視され、さらには1973年のオイルショックで燃費性能の向上が大切なこととして加わってきます。

燃費では常に優位性を保ってきたディーゼルエンジンでしたが、排気規制が厳しくなるにつれてその対策が困難になり、多くのコストがかかるようになりました。とくにNOxとPMの規制が厳しくなると、両方を削減することがむずかしくなったのです。ガソリンとディーゼルに規制の区別をつけない北米では、ディーゼルが生き残るのは厳しいものでした。

しかし、2000年代に入り、環境問題、特に地球温暖化の見地からCO_2の排出量が注目されるようになり、ディーゼルエンジンが見直されてきました。コモンレールや高圧噴射インジェクター、リーンNOx触媒などの開発により、ディーゼルの排気対策が進んできたのも追い風となりました。そして、2005年以降の燃料高騰はさらなるディーゼルへの追い風となっています。特にガソリンの価格が2倍以上になっている北米では、ディーゼル比率が急激に上がってきているようです。

日本でも、遅ればせながらディーゼル見直しの機運が高まってきて、欧州メーカーが率先して日本市場にディーゼルエンジンの導入を図っています。そして、その後押しをするように2007年から、ドイツのボッシュ社が日本でディーゼルエンジンのCMをテレビで流しています。燃費が良く、CO_2排出量を減らし、排気規制にも対応したクリーンなディーゼルをアピールしているのです。

　従来のディーゼルエンジンといえば、黒煙と騒音を撒き散らす悪いイメージしかありませんでした。私も2002年にフランスに住むまでは、そのように思っておりました。しかし、その悪いイメージは実際に暮らし始めてあまりたたないうちに、180度変わりました。最初はいやいや乗ったディーゼルエンジン車でしたが、1か月後はディーゼルでなければいやだと思うほどに変わりました。なぜかといえば、低速トルクが強烈にあり、静かでテールパイプからは黒煙も白煙もほとんど吐かないうえに燃費が良いからです。

　本当に目からうろこが落ちる感じでした。唯一気になったのは地下のガレージで朝一番でエンジンを始動するとガラガラ音が響いて、ちょっと気が引けたことくらいです。そのころフランスで日本製のディーゼル車に乗る機会がありましたが、比較するのがいやになるくらい性能に大きな落差がありました。それだけでなく、静粛性、振

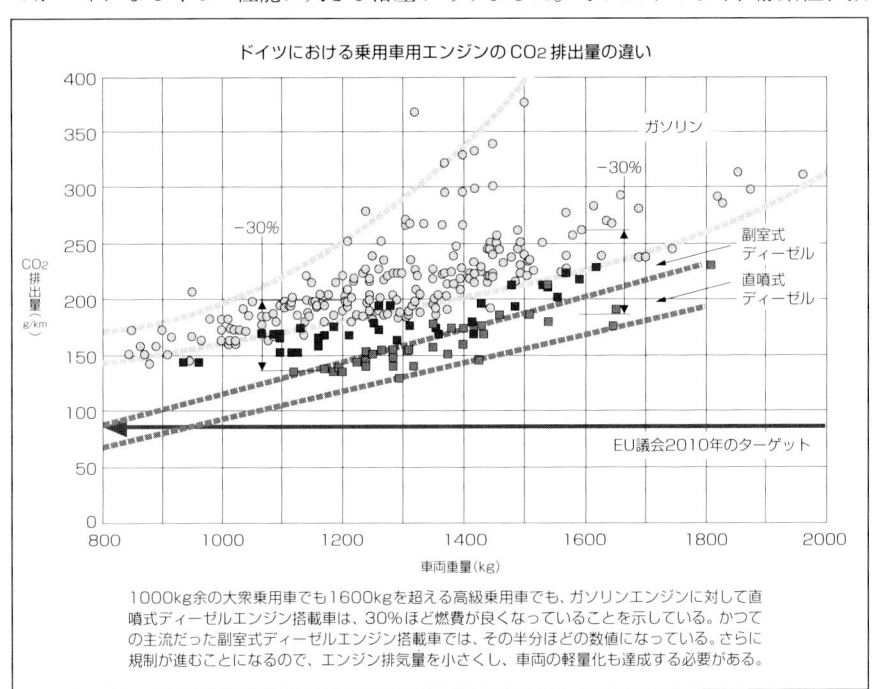

1000kg余の大衆乗用車でも1600kgを超える高級乗用車でも、ガソリンエンジンに対して直噴式ディーゼルエンジン搭載車は、30％ほど燃費が良くなっていることを示している。かつての主流だった副室式ディーゼルエンジン搭載車では、その半分ほどの数値になっている。さらに規制が進むことになるので、エンジン排気量を小さくし、車両の軽量化も達成する必要がある。

プロローグ　エンジン性能とは何か

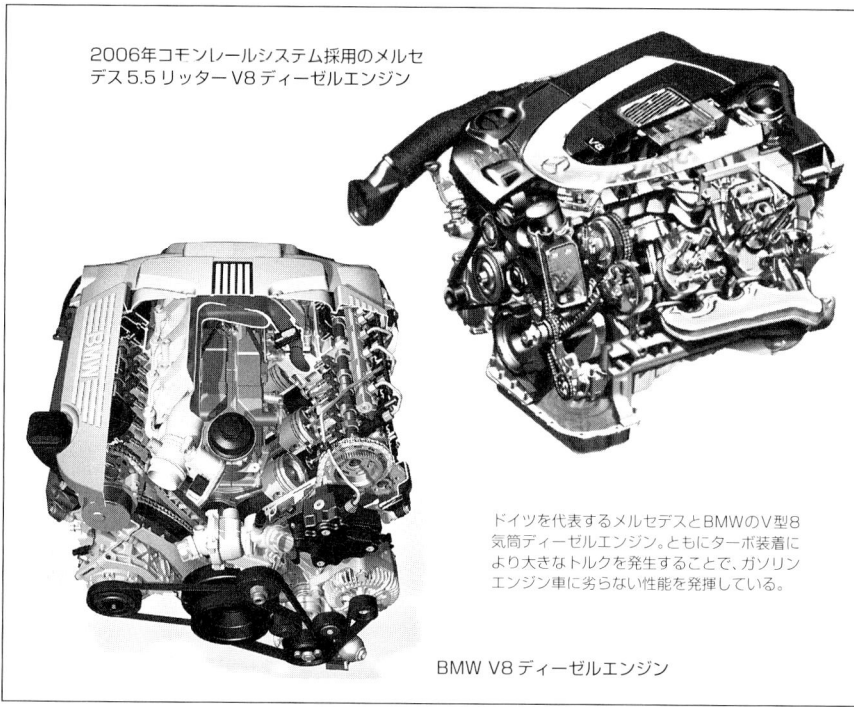

2006年コモンレールシステム採用のメルセデス5.5リッターV8ディーゼルエンジン

ドイツを代表するメルセデスとBMWのV型8気筒ディーゼルエンジン。ともにターボ装着により大きなトルクを発生することで、ガソリンエンジン車に劣らない性能を発揮している。

BMW V8ディーゼルエンジン

動、ギアのシフトなどクルマとしての完成度の点でも比較になりませんでした。しかし、ディーゼルエンジンの重要性に気付いた日本のメーカーは、その開発に力を入れるようになり、最新のディーゼル車では大分巻き返しているようなので期待をしています。

　内燃機関は化石燃料を燃やすことで出力を得ており、その意味では地球温暖化に悪影響を与えていることは否めません。しかし、個人の移動手段として、ここまで定着している自動車をにわかになくすことは事実上不可能でしょう。であれば、いかに環境負荷の少ないクルマをつくり、また環境負荷を小さくするように使うかを考えて行動していくことが自動車メーカーとユーザーに課せられた課題だと思います。

　ハイブリッドカー、ディーゼルエンジン、水素エンジン、燃料電池車など環境負荷を減らすさまざまな試みがされていますが、本質を見抜く目を持って、これらの技術を冷静に評価しなくてはならないでしょう。

　都市部の渋滞ではハイブリッドカーは確かに燃費は良いですが、そんな渋滞の中をそもそも何でクルマで走る必要があるのか、余分なバッテリーやモーターをつくるためにどれだけ環境に負荷を与えているのかを考える必要があります。単純な疑問とし

13

て、レクサスLS600のように5リッターのV型8気筒エンジンにモーターと駆動用バッテリーを付加したハイブリッドの必要性が本当にあるのでしょうか。

　電気自動車は排気を出さない究極の自動車と言われましたが、火力発電でつくった電気を使って走る限りは地球環境に悪い影響を与える点では、内燃機関と大差はありません。内燃機関の自動車は走るときに燃料を燃やし、電気自動車は燃料（電気）をつくるときに燃料を燃やすという違いだけです。

　水素エンジンや燃料電池の燃料となる水素はどうやってつくるのか。石油を燃やして発電した電気で水素をつくるということなら、なんのためにわざわざ水素を燃料にするのか疑問といわざるを得ません。都会を排気で汚染したくないので田舎で石油を燃やして発電した電気で走るわけですから。

　水素は風力発電や地熱発電でつくれば良いという人がいるかもしれません。しかし、それで一体何台のクルマが走れるのでしょうか。原子力発電？　それなら行けるかも知れませんが、原子力発電所を自宅近くにつくられるのは平気ですか？

　すべてはトータルで見なければなりません。トータルという意味は燃料のつくり方、使う燃料の総量、車両をつくって廃車するまでに使う総エネルギー、廃車するときの環境への負荷まで含めるということです。

1
エンジンの気筒数と気筒配列

　自動車用ガソリンエンジンを設計する場合、出力性能や音振性能、重量やパッケージング、コストなどの要素をいかに高い次元で妥協させるかが重要です。
　もちろん、搭載する車両のコンセプトによって妥協するポイントは変わってきます。たとえばスポーツカーでは出力性能や重量が重視され、高級車では音振性能が重視され、大衆車ではパッケージングやコストがより重視されるといった具合です。
　車両の大きさや目標とする性能によってエンジンの排気量や気筒数も変わってきます。自動車用ガソリンエンジンとして考える場合、ターゲットとなる出力性能、最高回転速度、音振性能、重量などから単気筒当たりの排気量は、250～600cc程度のゾーンに収まってきます。NA（自然吸気エンジン）の場合、単気筒当たりの出力はリッター当たり50kW、トルクは同じく100Nm前後が相場なので、求める出力をこの数字で割れば必要な排気量が求められ、その排気量を単気筒当たりの適正排気量（250～600cc）で割れば、必要な気筒数が分かります。
　たとえば100kWの出力が必要であれば100/50＝2、すなわち2リッターの排気量となります。1気筒の大きさは250～600ccですから、2000ccの場合は、
　　　2000/(250～600)＝8～3.3　すなわち4～8気筒となります。
　実際のクルマでは実用車で4気筒、高性能車で6気筒、特殊なスポーツカーで8気筒が採用されています（2リッターの8気筒は現在では生産されていませんが、以前はフェラーリ208などで採用されていました）。
　ひとつの気筒の排気量が小さいほど高回転化しやすく、高性能にしやすくなりま

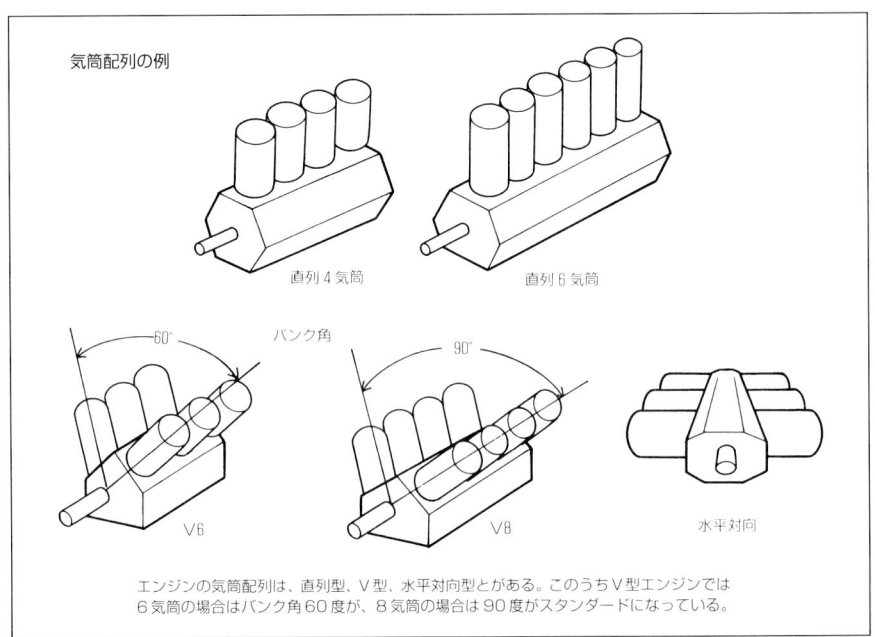

気筒配列の例

直列4気筒
直列6気筒
バンク角
V6
V8
水平対向

エンジンの気筒配列は、直列型、V型、水平対向型とがある。このうちV型エンジンでは6気筒の場合はバンク角60度が、8気筒の場合は90度がスタンダードになっている。

す。しかし、あまり小排気量になるとフリクションが相対的に大きくなったり冷却損失が大きくなったりして実用的ではなくなります。その境目が250ccあたりだといえます。

　気筒数が決められると気筒配列を考えることになります。

　2気筒、3気筒、4気筒では直列型がほとんどです。これはつくりやすくコストが安い上、性能的にも有利だからです。たとえば4気筒を考えた場合、水平対向やV型にするとシリンダーヘッドが2分割になるなど部品点数が増えて、構造も複雑になります。もちろん、直列配置より水平対向の方が背が低くなり全長も短くなりますが、幅は広がります。一般的に、直列4気筒でも充分コンパクトで、わざわざそれ以上小さくつくる必要性はあまりないといえます。

・5気筒は直列と狭角V型(VW)がありますが、どちらもあまり一般的ではありません。
・6気筒以上では複数の気筒配列が考えられます。6気筒及び8気筒では直列とV型、水平対向とがあります。
・10気筒ではV型のみとなります。
・12気筒ではV型、W型の2種類です。フェラーリの180°V12は水平対向と称していますが、実際は水平対向ではなく180°V12です。

　では、実際の気筒数と気筒配列について、具体的にみていくことにしましょう。

1）1気筒の排気量に適切な大きさはあるか

　1気筒当たりの最適排気量というのは、実用に使うガソリンエンジンでは400〜500ccというのが出力とフリクションのバランス上は良いところといえるでしょう。これは最高出力回転速度を6000rpm程度に仮定しています。もっと高回転を使う(たとえば最高出力回転速度が7000rpm)のであれば1気筒当たり400cc程度までにした方が良い結果が得られます。乗用車用ディーゼルエンジンの場合は最高出力回転速度が低い分、最適排気量は少し大きくなって500〜600ccくらいになります。

　通常のガソリンエンジンでは、最高回転速度における平均ピストン速度は20m/sを目安として設計しています。たとえば1気筒当たり500ccのエンジンで考えてみます。

　ボア・ストロークがスクエアとすると、ボア・ストロークは86×86mmです。ストローク86mmのエンジンで6000rpm時の平均ピストンスピードは、

　　　6000/60×86×2/1000＝17.2m/s

7000rpmでは、同様の計算で20m/sとなります。

　前にも述べたように、1気筒当たりの下限の排気量は250〜300cc程度でしょう。これ以上小さくなると相対的にフリクションが増えて、冷却損失も増えてきてしまいます。もちろん、8000rpmまで回すような高回転高出力型を狙うのであれば別です。

　わかりやすい比較例として、2輪車用のエンジンについて見ておきましょう。ここに例として挙げるのは、ヤマハXJR400Rというスポーツバイクに搭載されている、並列4気筒DOHC400ccエンジンです。ボア・ストロークは55×42mmで最高出力は39kW/11000rpmです。この最高出力回転速度時の平均ピストンスピードは、計算すると15.4m/sとなります。これだけストロークが短いと、11000rpmまで回してもまだまだ余裕があ

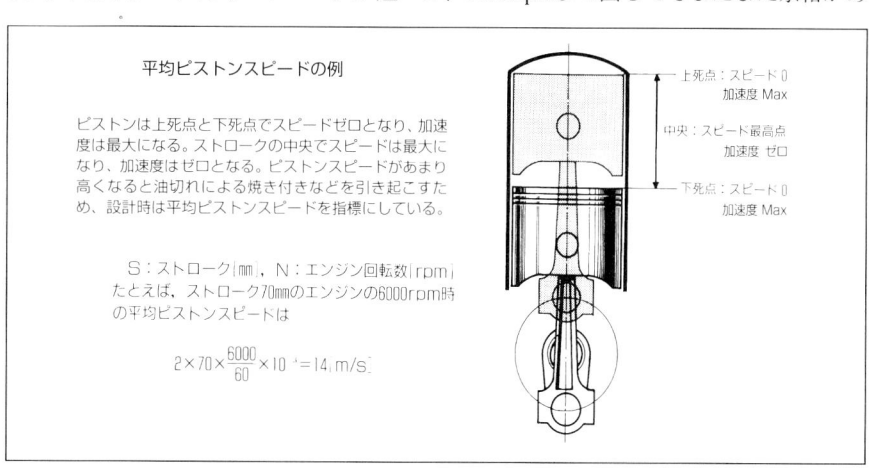

平均ピストンスピードの例

ピストンは上死点と下死点でスピードゼロとなり、加速度は最大になる。ストロークの中央でスピードは最大になり、加速度はゼロとなる。ピストンスピードがあまり高くなると油切れによる焼き付きなどを引き起こすため、設計時は平均ピストンスピードを指標にしている。

S：ストローク[mm]、N：エンジン回転数[rpm]
たとえば、ストローク70mmのエンジンの6000rpm時の平均ピストンスピードは

$2 \times 70 \times \frac{6000}{60} \times 10^{-3} = 14 \text{ m/s}$

上死点：スピード0　加速度 Max
中央：スピード最高点　加速度 ゼロ
下死点：スピード0　加速度 Max

2輪車用空冷エンジンの気筒配列によるピストンスピード比較

車両名	排気量(cc)	エンジン	動弁形式	ボア・ストローク(mm)	圧縮比	最高出力(kW/rpm)	最高出力時のピストンスピード
XJR400R	399	空冷並列4気筒	DOHC4バルブ	55.0×42.0	10.7	39/11000	15.4m/s
SR400	399	空冷単気筒	SOHC4バルブ	87.0×67.2	8.5	20/7000	15.7m/s

小型空冷エンジン車の気筒配列によるピストンスピードの比較

車両名	排気量(cc)	エンジン	動弁形式	ボア・ストローク(mm)	圧縮比	最高出力(PS/rpm)	最高出力時のピストンスピード
トヨタS800	790	空冷2気筒水平対向	OHV2バルブ	83.0×73.0	9.0	45/5400	13.1m/s
ホンダS800	791	空冷直列4気筒	DOHC2バルブ	60.0×70.0	9.2	70/8000	18.7m/s

トヨタS800はショートストロークにもかかわらず最高回転速度は低く、ホンダS800はロングストロークにもかかわらず最高回転速度が高く、好対照。

ることが分かります。

同じヤマハ製のSR400には単気筒SOHC400ccエンジンが搭載されており、ボア・ストロークは87×67.2mmです。同様に最高出力回転速度時の平均ピストンスピードを計算すると15.7m/sとなり、ほぼ上記のXJR400Rと同じであることが分かります。

このように、2輪車用エンジンまで含めれば単気筒あたりの排気量は50ccまで実用になっていますが、小さくなるほど回転速度で出力を稼ぐタイプになって行きます。そして、総排気量500cc以下ではほとんどが空冷式です。

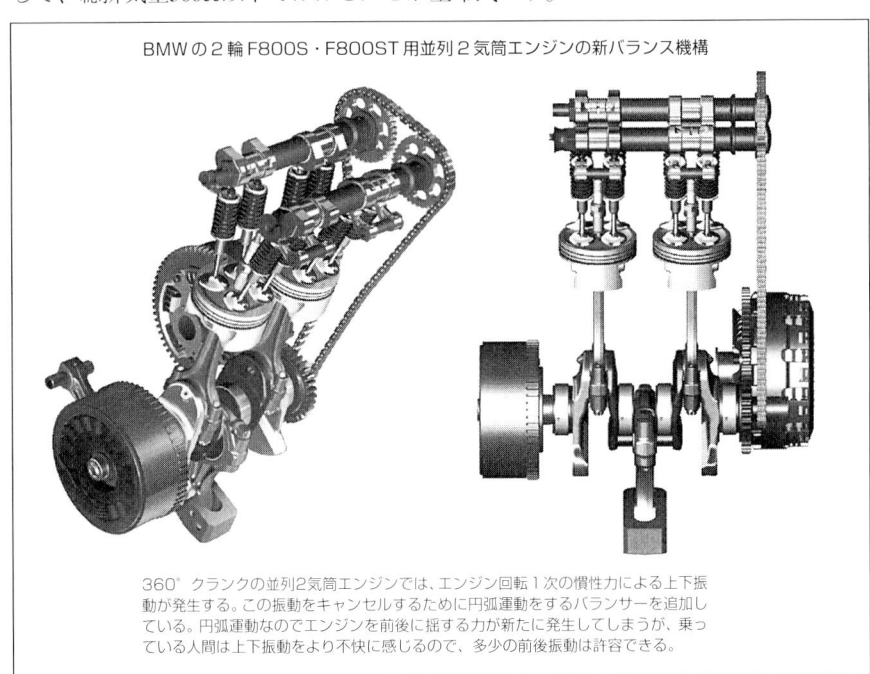

BMWの2輪F800S・F800ST用並列2気筒エンジンの新バランス機構

360°クランクの並列2気筒エンジンでは、エンジン回転1次の慣性力による上下振動が発生する。この振動をキャンセルするために円弧運動をするバランサーを追加している。円弧運動なのでエンジンを前後に揺する力が新たに発生してしまうが、乗っている人間は上下振動をより不快に感じるので、多少の前後振動は許容できる。

2)軽自動車エンジンに3気筒と4気筒があるのはなぜか

　現在の軽自動車用エンジン(ガソリン)の排気量は660ccになっています。軽自動車の歴史を振り返ると、1954年に軽自動車用としては360ccに設定されましたが、これが1975年に550ccに拡大され、さらに1989年に660ccに拡大されて現在に至っています。

　360ccのエンジンの場合は、マツダR360が4ストロークV型2気筒、スバル360は2ストローク直列2気筒です。マツダR360の後に発表したキャロルは水冷直列4気筒のアルミブロックエンジンで、当時としては画期的なエンジンでした。

　360cc時代は一部の例外を除いて2気筒エンジンが、そして、4ストロークよりも構造の簡単な2ストロークの方がむしろ主流でした。軽自動車はむしろ2輪車用のエンジンに近いものだったのです。

　排気量660ccの場合、単シリンダー当たりの排気量という点では2気筒がベストでしょう。2気筒であれば、エンジンレイアウトは常識的には直列型になります。この場合、等間隔燃焼をとると360°クランクとなり、2気筒のピストンが同方向に往復運動するので1次加振力が発生します。180°クランクにすれば1次慣性力の不釣り合いはなくなりますが、0-180°-720°という不等間隔の燃焼になります。どちらにしても音振的にはあまり面白くありません。

スズキK6A型直列3気筒DOHCターボエンジン

スバルEN07型直列4気筒DOHCエンジン

660cc以下と決められている軽自動車用エンジンでは、直列3気筒と4気筒がある。かつては4気筒のほうが高級なイメージがあることで各メーカーとも採用していたが、現在では性能とコストのバランスが良い3気筒がほとんどになっている。

直列3気筒レイアウトにすると、1気筒当たりの排気量は220ccとやや小さくなってしまいますが、等間隔燃焼で1次慣性力のバランスも問題ありません。さらに直列4気筒にすれば等間隔燃焼、1次慣性力、慣性偶力も問題がなくなります。振動的には3気筒より4気筒の方が有利です。しかし、4気筒になると、1気筒当たりの排気量は165ccと相当に小さくなり、冷却損失やフリクションの面で不利になります。

　コスト、燃費などを重視すれば3気筒、音振性能、高級感を重視すれば4気筒ということになります。出力的には3気筒でも4気筒でも問題ないほど余裕があります。

3) なぜ自動車用に単気筒や2気筒がないのか

　単気筒エンジンは2輪車用としては存在していますが、400cc以上の大排気量になるとバランサーなしだと振動はかなり大きくなります。しかし、その振動とトルク感に独特なものがあり、一部のマニアの間では単コロという愛称で親しまれています。排気量は50〜750cc程度のレンジです（一般に単コロという名称は250cc以上の排気量に使われます）。

　かつては単気筒を自動車用に使った例はあるかもしれませんが、少なくとも日本の量産メーカーには例がないと思います。前の項でも述べたとおり、360cc時代の軽自動車では2気筒が当たり前でした。その後、軽自動車は排気量を550cc、660ccと拡大していき、現在では3気筒が主流をなすに至っています。

　小型車でも、かつては軽自動車の排気量を600ccに拡大した輸出用エンジンや、トヨタのパブリカなど2気筒（700cc空冷水平対向）エンジンを使っていました。

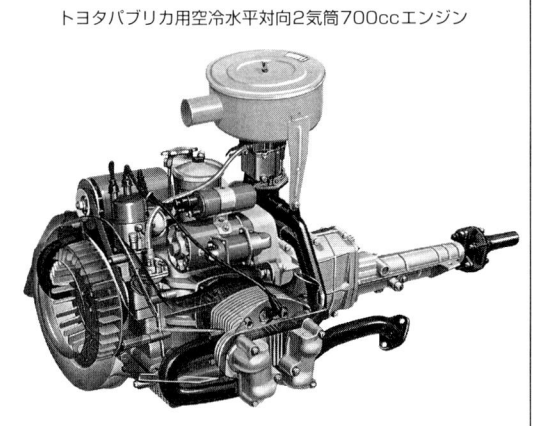

トヨタパブリカ用空冷水平対向2気筒700ccエンジン

このエンジンをボアアップして800ccとしてトヨタS800に搭載した。キャブレターはシングルからツインキャブに交換されている。なお、空冷のためヒーターはガソリンを燃焼させる方式を採用していた。

　前にも述べたとおり、直列2気筒はクランクシャフトの配列で180°と360°の2種類があります。等間隔燃焼は360°の方ですが、この場合、2気筒のピストンが同時に同じ方向に往復運動をするので1次慣性力による振動が大きくなってしまいます。自動車用は等間隔燃焼を選び、ほとんど360°クランクでした。

　これに対して180°クランク

1. エンジンの気筒数と気筒配列

は2気筒のピストンが互いに反対方向に運動するので、1次慣性力的には有利です。その代わりに、燃焼間隔は不等間隔(0°－180°－720°)になり、トルク変動があり、排気音が若干不規則になります。

BMWの2輪車F800Sに搭載されている直列2気筒(2輪では慣例で並列2気筒と呼んでいる)は360°クランクですが、1次慣性力を低減するために面白い工夫をしています。それは、2気筒の間にコンロッドを介してピストンと逆側に錘を付けて円弧運動をさせていることです。2気筒のピストンが下がってくるときに錘が上がる動きをして2個のピストンで発生する慣性1次振動を低減しています。錘は単振動ではなく円弧運動なため上下の振動は低減できますが、左右(車載状態で前後)のアンバランスは残ってしまいます。

この機構は釣り合わせる錘を上下に運動させます。二つのコンロッド大端ピンを結ぶクランク軸上にコンロッドピンと逆サイドに第三のピンを設けて、クランクの円運動によりピストンとは逆方向の上下加振力を発生させるのです。

以上説明してきたように、単気筒、2気筒のシリンダー配列は音振的に問題があるので、軽自動車用としてもほとんどのエンジンが3気筒になり、4気筒も少数ながらあるという状況になっています。商用車などでは直列2気筒エンジンでも充分かと思いますが、量産効果を考えると、乗用車と同じ3気筒にしてしまった方がメーカーにとっ

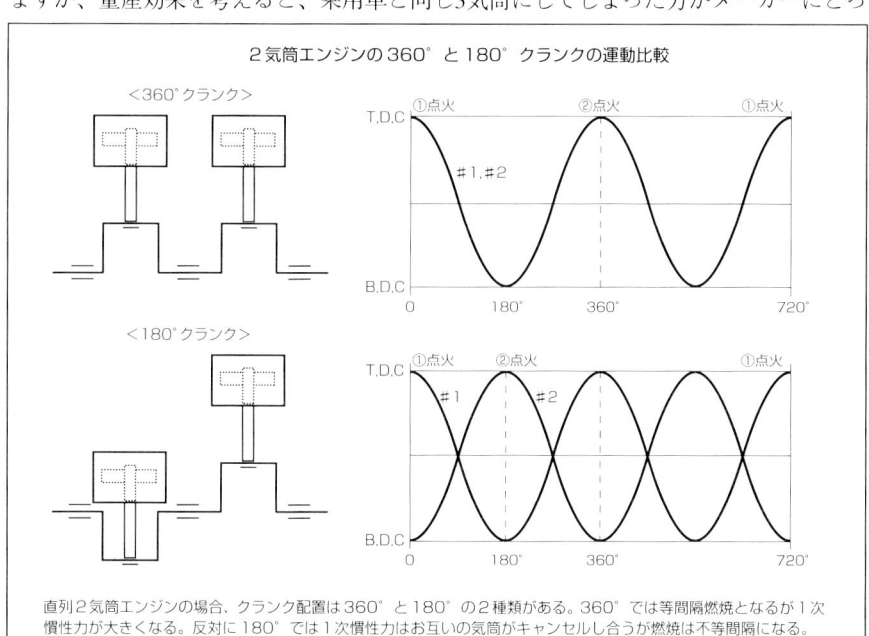

直列2気筒エンジンの場合、クランク配置は360°と180°の2種類がある。360°では等間隔燃焼となるが1次慣性力が大きくなる。反対に180°では1次慣性力はお互いの気筒がキャンセルし合うが燃焼は不等間隔になる。

ては都合が良いのです。欧州でも1000cc内外の排気量では3気筒あるいは4気筒というのが現在の状況です。

しかし、趣味性の高い2輪の世界では大排気量の単気筒や2気筒はまだまだ健在です。400cc以上の単気筒や1100cc～750ccVツインがその独特の振動特性を好まれています。

4)直列4気筒が主流になったのはなぜか

自動車が生まれた20世紀初めごろは金持ちのステータスであったわけですが、フォードがT型をベルトコンベアライン方式で量産化に成功して以来、自動車の価格はどんどんと安くなり、一般庶民が持てるようになりました。日本市場では1980年代後半から一貫して高級車志向になって来ていますが、欧州、アジアではやはり実用的な大衆車が主流を占めています。このような市場では排気量1～1.5リッター程度のエンジンが求められています。

このレンジの排気量を持つエンジンをつくる場合、性能とコストを勘案すれば自ずと直列3～4気筒に落ち着きます。

最近では1リッター前後の小排気量レンジでは直列3気筒も数が増えてきています。

直列3気筒エンジンは日本では軽自動車や1000cc程度の小排気量エンジンにあり、欧州でも同様に1000cc程度のエンジンを中心に直列3気筒のレイアウトが採用されています。直列4気筒配列に対するメリットは、全長の短さと部品点数が少ないことによる低コスト、それと冷却損失が小さく燃費上有利なことです。不利な点は1次慣性偶力のアンバランスが残ることです。

クランク軸の位相角を120°として燃焼間隔は0°－240°－480°－720°と等間隔にするのが常識的です。1次慣性力のバランスは取れますが、1次慣性偶力のアンバランスは残るのでクランク軸と等速180°の位相でバランサーシャフトを逆回転させて、この偶力による振動を抑えています。排気量の小さい軽自動車用3気筒エンジンでは

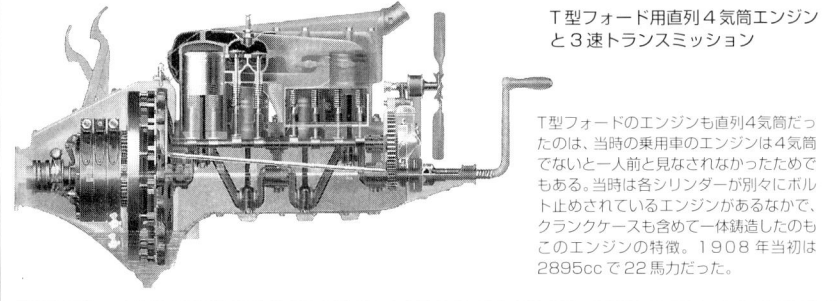

T型フォード用直列4気筒エンジンと3速トランスミッション

T型フォードのエンジンも直列4気筒だったのは、当時の乗用車のエンジンは4気筒でないと一人前と見なされなかったためでもある。当時は各シリンダーが別々にボルト止めされているエンジンがあるなかで、クランクケースも含めて一体鋳造したのもこのエンジンの特徴。1908年当初は2895ccで22馬力だった。

この偶力バランサーは使っていません。

　直列5気筒エンジンはVW、アウディ、ボルボなどにFF横置き搭載されているレイアウトです。以前にはホンダもインスパイアに搭載されたG20Aエンジンで直列5気筒レイアウトを採用していました。

　直列5気筒のメリットは、直列6気筒ほど長くないエンジン全長にすることができることでしょう。また、単気筒当たりの燃焼室やピストンをそのままに気筒数で排気量を変えていくモジュール設計にも適しています。

　しかし、以下に述べる振動問題と、排気干渉の問題は課題として残ります。

　この直列5気筒エンジンも等間隔燃焼になるクランク配置(位相角72°)を取るのが常道で、燃焼間隔は0°－144°－288°－432°－576°－720°となります。この直列5気筒では慣性力の不釣り合いは問題にならない範囲に収まりますが、慣性偶力は1次、2次ともアンバランスが残り、エンジン重心を中心とする味噌スリ運動が発生します。G20Aエンジンではクランク軸と逆回転する1次バランサーシャフトで1次偶力をキャンセルさせていました。

　今後の方向としては5気筒エンジンは減っていく方向にあると思います。

　一方、北米では排気量3リッター程度が主流だったため、以前はV型6気筒が主流を占めていましたが、最近の原油の値上がりや燃費規制により直列4気筒エンジンも増えてきています。

5)バランスの良い直列6気筒はなぜ少数になったのか

　直列配置の特徴は、まずはシンプルな構造にあります。気筒数を縦に増やしていけば良いので、構造的には最も簡単に気筒数を増やしていくことができます。しかし、気筒数を増やすと単純に長手方向に延びてしまうので、6気筒より上は現実的ではありません。過去には最大8気筒まで存在しました。実際に、ブガッティ・タイプ35(2リッター)やメルセデスベンツ300SLR(3リッター)などで採用されています。しかし、パッケージングやクランクシャフトの剛性がネックになるので、現在では直列6気筒が最大です。その直列6気筒もV6エンジンに取って代わられようとしています。それは主としてパッケージングの問題からです。

　FR搭載の場合、全長の長くなる直列6気筒はV6配置に比べてエンジンルーム長さも長くなります。車両の造形自由度の面で制約を受けてしまうわけです。それでも従来はちゃんとエンジンルームに収まっていた直6が、なぜV6に取って代わられるようになるのでしょうか。

　大きな理由の一つが衝突安全性です。最近の安全設計の思想は、正面衝突した場合、エンジンを下に落として居室にエンジンが入り込んで来ないようにするというも

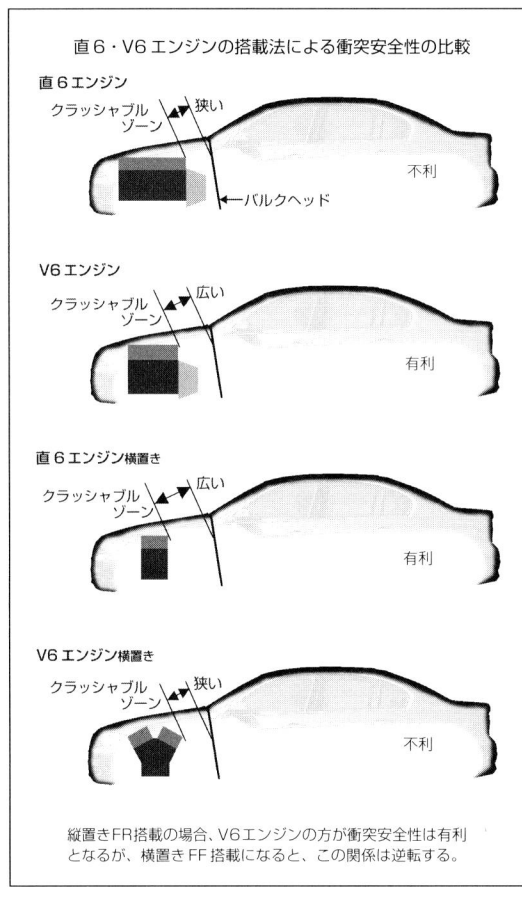

図 直6・V6エンジンの搭載法による衝突安全性の比較

縦置きFR搭載の場合、V6エンジンの方が衝突安全性は有利となるが、横置きFF搭載になると、この関係は逆転する。

のです。乗員がいるスペースが変形しないことがもっとも大切だからです。

このように考えた場合、エンジンの長い直6は下に落としたとしても前から押されたエンジンが居室に入り込んで、乗員を傷つける可能性が大きいのです。これがV6であれば同じエンジンルームに納めた場合、前後方向に寸法的な余裕を持てるので、充分な後退スペースを持たせることができます。

V6配置が多くなるもう一つの理由は、FF搭載とのエンジンの共用性です。よほどエンジン全長が短くないと直6の横置きFF搭載は困難で、全幅1.7m程度の小型車に採用することはできません。一方、V6配置だと多少幅は広くなるもののFR搭載が可能で、横置きFF搭載も問題ありません。つまり、一つエンジンを開発すればFFにもFRにも使うことができるわけです。

しかし、直列6気筒は完全バランスで音振的にはV型6気筒よりも優れています。V6で一般的な60°V6は2次の慣性偶力のアンバランスが残り、90°V6では1次の慣性偶力のアンバランスが残るので、バランサーシャフトが必要になります。本来直列6気筒は潔い贅沢なエンジンレイアウトであり、それゆえにBMWはこだわり続けているのです。

また、ボルボのように直6エンジンを横置きFFで搭載しているメーカーもあります。直6はエンジン全長が長いので通常はFF横置きは不可能なのですが、ボルボは以下のような工夫をして搭載を実現しました。

まずはエンジンをぎりぎりまで短くつくることです。従来の直5エンジンよりわずか

1. エンジンの気筒数と気筒配列

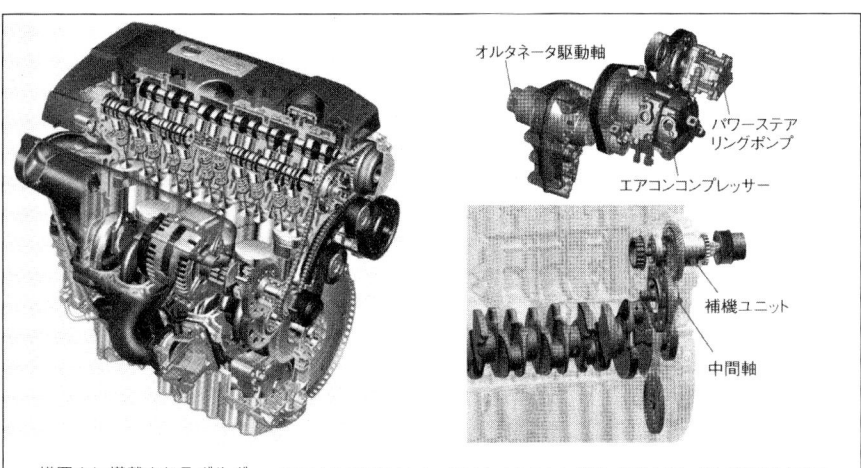

横置きに搭載されるボルボ直列6気筒エンジン　FF用として横置きにレイアウトすることを前提に開発されたボルボ直列6気筒エンジン。オルタネーターなどの補機類をギアで駆動してコンパクト化を図っている。

3mmしか全長が伸びていませんが、それは補機類をエンジン前方からすべて後方に移動して、前側には何も付いておらず、のっぺらぼうだからです。もう一つの工夫は、トランスミッションを短くする工夫をしたことです。横置きの場合、パワートレーンの幅はエンジン＋トランスミッションになるので、エンジンが長ければトランスミッションを短くすれば良いわけです。ボルボではマニュアルミッションは4軸にして全長の短いMTを新設しました。そして、オートマチックトランスミッションはエンジンの軸上にはトルクコンバーターだけを置き、ギア駆動でエンジンの後方、平行に置かれ

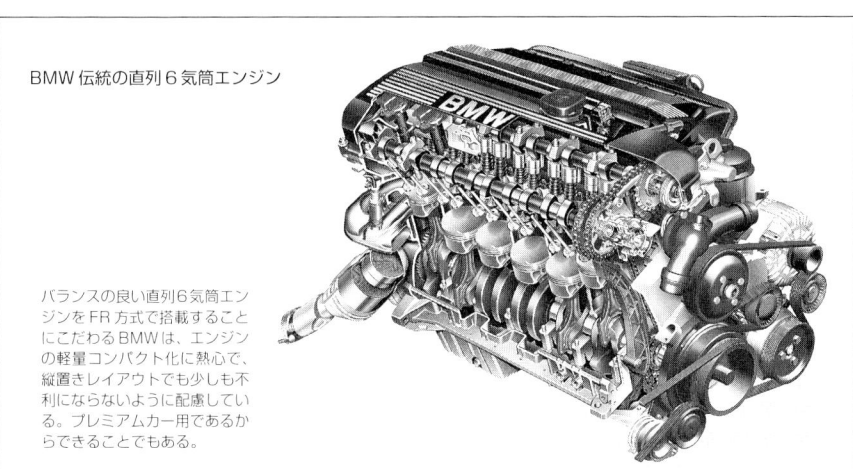

BMW 伝統の直列6気筒エンジン

バランスの良い直列6気筒エンジンをFR方式で搭載することにこだわるBMWは、エンジンの軽量コンパクト化に熱心で、縦置きレイアウトでも少しも不利にならないように配慮している。プレミアムカー用であるからできることでもある。

25

た変速機軸に動力を伝えています。このように、トランスミッションを専用に新設してまで直6を横置きに搭載するボルボには執念を感じます。

この直列6気筒横置きはV6に比べてクラッシャブルゾーンを広く取ることができ、衝突安全上は有利になります。FR搭載のときとは反対ですね。

6）V型6気筒の利点とバンク角の違いについて

では、V型6気筒の場合のバンク角60°と90°を比較して考えてみましょう。

現在、V6配置でもっとも一般的なバンク角は60°です。この配置では左右バンク間のピンオフセット（60°）が存在します。その理由は、普通は等間隔燃焼に設計するので、左右バンク間の点火間隔は120°になります（量産エンジンではアイドル回転がふらつくなどバランスが悪くなる不等間隔の燃焼は採用しません）。

ところが、バンク角は60°なので等間隔の燃焼とするためにはクランクピン位置をその差分（120−60＝60°）だけずらせる必要があるのです（燃焼は右バンク→左バンクのように左右バンクの気筒間で連続するので、バンク角と同じ燃焼間隔であればクランクピンを左右バンクのコンロッドが共有できます。たとえば90°V8ではバンク角と燃焼間隔が両方とも90°なので、ピンオフセットがありません）。左右バンクのピンオフセットが60°あると重なり合う部分が小さくなり、単にピンをずらしただけではクランクとしての剛性を確保できないため、ウェブと呼ばれている板を挟んでつくる必要があります。そのウェブの分だけ全長が伸び、重量も重くなります。

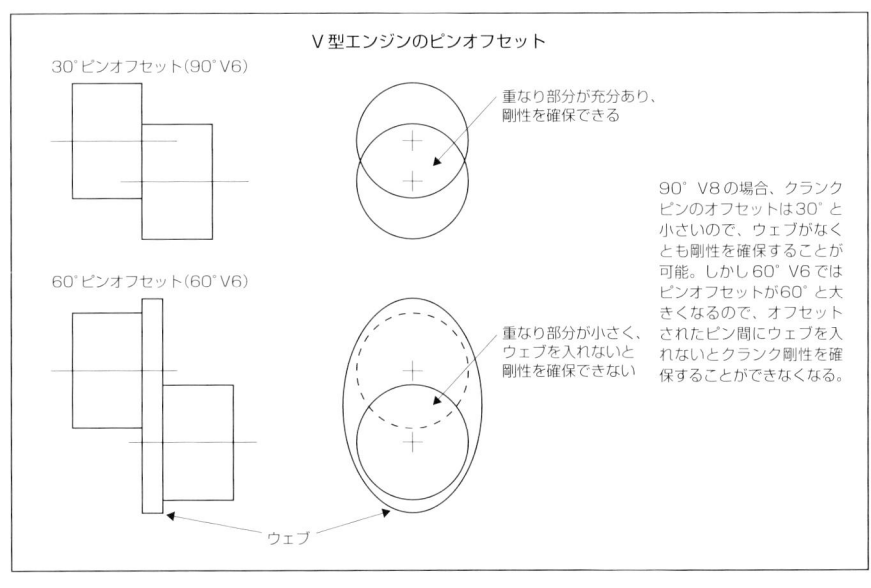

V型エンジンのピンオフセット

90°V8の場合、クランクピンのオフセットは30°と小さいので、ウェブがなくとも剛性を確保することが可能。しかし60°V6ではピンオフセットが60°と大きくなるので、オフセットされたピン間にウェブを入れないとクランク剛性を確保することができなくなる。

それではなぜ90°のバンク角を持つV型6気筒があるのでしょうか。それは、8気筒エンジンの2気筒を取り去ってつくったエンジンといえるものだからです。北米のGMやフォードはV8配置を基本にエンジンをつくっていました。このV8から2気筒を取り去れば簡単にV6エンジンをつくることができます。同じ車両に載せるのであれば、エンジンが短くなるだけですから、搭載するのに何の問題もありません。V型8気筒エンジンの場合、左右のクランクピンオフ

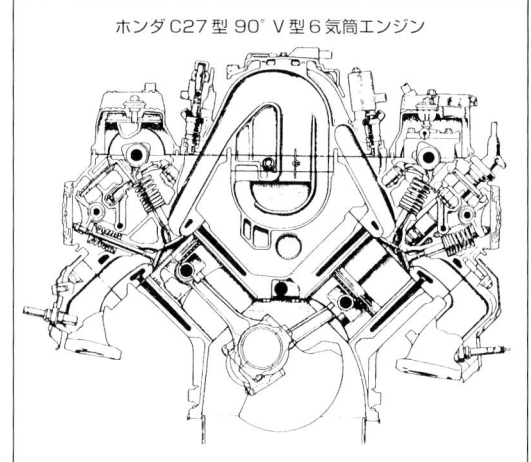

ホンダC27型 90°V型6気筒エンジン

かつてのNSXに用いられていた90°のバンク角を持つV型6気筒エンジン。広くなったバンクの谷間に吸気系をまとめるなどしていた。現在はホンダもV型6気筒は60°が主流になっている。

セットはありません。バンク角90°と点火間隔の90°が一致するので、オフセットは必要ないのです。これに対して90°V6は（等間隔燃焼にするためには）ピンオフセット30°が必要です。60°V6のところで説明したとおり、30°オフセットであればピンをずらせただけでクランクシャフトは成り立つので全長は長くなりません。もしピンオフセットをなくして不等間隔燃焼にするとアイドル回転や低回転側でトルク変動が出てしまいます。

　90°V6はバンク間を広く取れるので、吸気系のレイアウトに自由度ができます。その代わり、エンジンの幅はV8並みに広くなってしまいます。だから、V8エンジンを搭載できるエンジンルームの余裕があれば悪くはないレイアウトといえます。V8エンジンをFF搭載しているGMやフォードでは90°V6を採用しています。

　日本の例では、ホンダがかつてレジェンドやNSX用に90°V6を採用しています。NSXでは90°バンクであるのにもかかわらず、ピン間にウェブがありました。これはチタンコンロッドを採用しているため、コンロッドの端面同士が擦れると焼き付きを起こすので、それを避けるための措置でした。新しいベンツのV6・3.5リッターエンジンも90°V型です。このエンジンではバンク間にバランサーシャフトを配置しています。アウディのV6も90°バンクです。しかし、日本では90°V6は少数派でトヨタ、日産、三菱などすべて60°バンクとなっていますし、現在はホンダもアコード用などに60°V6を採用しています。

　横置きFFレイアウトのコンパクトさを追求すれば60°V6という選択になるのは必然

でしょう。だとすると、なぜ最近の欧州メーカーは90°V6レイアウトを採用しているのでしょうか。それは理由が三つくらい考えられます。

①吸気系のスペースが増えて出力を出すのに有利なこと、②V8共用のエンジンルームで、吸気レイアウトをV8エンジンと類似にできること、③歩行者衝突安全対策です。これは万一歩行者を撥ねてもダメージを最小限に抑えるようボンネットを衝撃吸収構造とするため、エンジン全高を下げることが必要なのです。

7) V型8気筒はなぜ90°バンクが良いのか

V型8気筒は生産エンジンでは例外なく90°バンクを採用しています。左右バンクのコンロッドはピンを共用し、燃焼は90°の等間隔になります。

生産用エンジンは少数の例外を除いて2プレーンのクランクシャフトを採用しています。レース用や一部のスポーツカーでは排気干渉を嫌って1プレーンを採用しますが、直列4気筒の2倍の2次慣性力が発生して振動特性は良くありません。

4ストロークエンジンではクランク軸2回転(720°)で吸入―圧縮―燃焼―排気の1行程が終了します。8気筒で等間隔の燃焼をさせるには720/8＝90°間隔の燃焼とすれば良いわけです。

前の気筒と次の気筒の燃焼間隔が90°であれば、バンク角を90°とすることで、クランクピンのオフセットを付けずに等間隔燃焼を実現できます。つまり、共通のピンを左右バンクのコンロッドが使うことができ、製造上からもレイアウト上からも有利なわけです。

そのような理由で量産のV8エンジンでは例外なく90°バンクを採用しています。

2006年シーズンから2.4リッターのV8エンジンが採用されたF1用のエンジンでも、すべて90°バンクが採用されています(レギュレーションで90°と規定されている)。こ

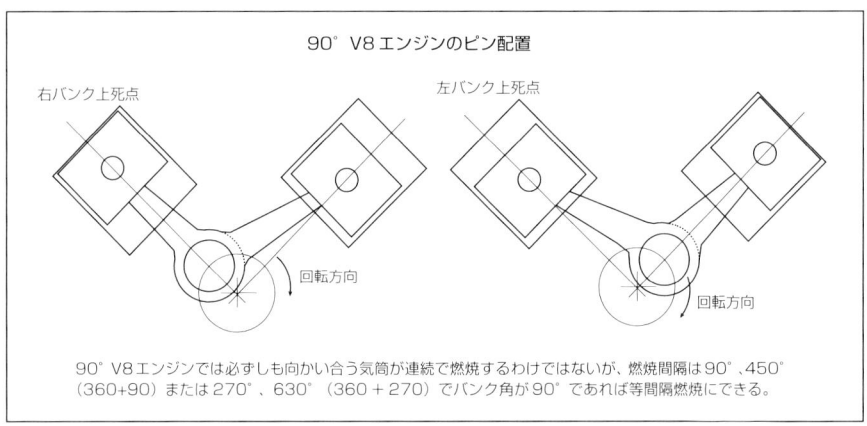

90°V8エンジンのピン配置

右バンク上死点　　　　　左バンク上死点

回転方向　　　　　　　　回転方向

90°V8エンジンでは必ずしも向かい合う気筒が連続で燃焼するわけではないが、燃焼間隔は90°、450°(360+90)または270°、630°(360+270)でバンク角が90°であれば等間隔燃焼にできる。

1. エンジンの気筒数と気筒配列

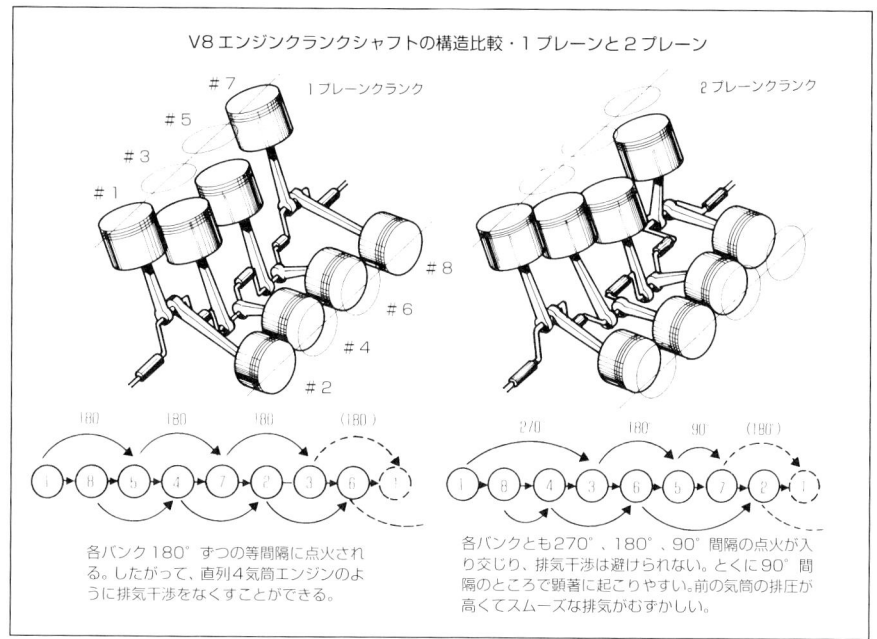

V8エンジンクランクシャフトの構造比較・1プレーンと2プレーン

各バンク180°ずつの等間隔に点火される。したがって、直列4気筒エンジンのように排気干渉をなくすことができる。

各バンクとも270°、180°、90°間隔の点火が入り交じり、排気干渉は避けられない。とくに90°間隔のところで顕著に起こりやすい。前の気筒の排圧が高くてスムーズな排気がむずかしい。

れは90°V8レイアウトは等間隔燃焼であることもありますが、搭載レイアウトや空力性能を最優先させるF1の世界では、現時点で90°バンクが最適な選択だからです。2005年シーズンまで採用されていた3リッターV10では燃焼は90°ー54°の不等間隔となりますが、やはりすべて90°バンクでした。

8)V型10気筒や12気筒まで必要があるのか

　単気筒当たりの排気量に最適値の範囲があることは別の項で説明したとおりです。すると、排気量を大きくするためには、気筒数を増やす必要があるわけです。従来ではV8の上はV12でしたが、パッケージや重量、燃費などを考慮すると排気量によってはV10を選ぶのが最適となります。1気筒当たりの排気量は、実用に使うガソリンエンジンでは400〜500cc（最高出力回転速度を6000rpm程度）というのが出力とフリクションのバランス上は良いところといえるわけですから、この場合の最大最適排気量であれば、5リッターエンジンでは10気筒が必要になります。10気筒を選択すると、気筒配置は必然的にV10となってきます。実際の例ではBMW　M5に搭載されている5リッターのS85B50Aエンジンがあります。バンク角は90°でクランクピンは左右バンクが共用するため燃焼間隔は90°と54°を繰り返す不等間隔になっています。このエンジンは等間隔燃焼によるスムーズさよりも構造をシンプルにして軽量コンパクトを優先して

29

いる設計です。90°V10、90°−54°の不等間隔燃焼という点ではF1直系と言ってもうそではありません。さらに6リッターの排気量が必要であればV12が選択肢となります。実際にBMW760iでは6リッターV12エンジンを採用しています。

このBMWのように、単気筒の排気量をベースに気筒数倍して排気量を増やしていく方法はモジュール設計の発想です。

最近の大排気量エンジンはもっぱらスポーツカーや高性能セダン向けであり、そうであれば必然的に高性能を目指すものとなるわけです。排気量の余裕でリッター当たりの出力は低くても良いというような考え方は20世紀で終わっているのです。

9) V型10気筒とV型12気筒の違い

V10エンジンは、ホンダがF1用NAエンジンに採用してから有名になりました。もともとF1でV10が採用されたのは排気量(3.5リッター)とパッケージング、重量のバランスの産物です。車両重量は500kg以上という規定があり、これに最適なエンジンレイアウトを捜したわけです。V12では全長が長く、車重が20kgくらい重くなってしまい、V8では車重が規定より20～30kg軽くなりすぎる一方で、1気筒当たりの排気量が大きすぎて最高回転が稼げず、最高出力で劣ってしまうのです。V10(80°バンク角、ピンオフセットなし)は1次の慣性偶力が残って振動的には不利ですが、バランサーシャフトを付加して対応しました。

ホンダはこのV10エンジンで1989年と翌90年にそれぞれ11勝、6勝しています。それ

BMW M5用V10エンジン

V10はかつてのF1エンジンのイメージをもつ高性能エンジンの代表ともいうべきもので、BMWのM5に搭載されたDOHCエンジンは4999cc、375kW/7750rpm、520Nm/6100rpm、圧縮比12となっている。

BMW760i用V12気筒エンジン

排気量5972cc、最高出力327kW/6000rpm、最大トルク600Nm/2950rpmを発生。1リッター当たりの出力は54.5kW、1リッター当たりのトルクは100Nm。

1. エンジンの気筒数と気筒配列

ホンダ RA121E V10 エンジン

ピンオフセットゼロで等間隔燃焼にするなら72°バンクにするところだが、吸気系のスペースと空力性能を優先して80°バンクを採用した。

ホンダ RA100E V12 エンジン

他のチームはV10エンジンの開発を進めたが、ホンダチームは1991年からはV10に代わってV12エンジンに変更した。このほうが振動が少なくバランスは良いが、エンジン全体は大きく重くならざるを得なかった。ホンダの技術を傾けて軽量化が図られたが、V10エンジンに比較すると総合的に有利にはならなかった。

を見てフェラーリ以外のF1チームのエンジンはV10にシフトしました。それでも、ホンダ自身が最高出力の魅力に勝てず1991年シーズンからV12エンジンにシフトして苦戦してしまうのが面白いところです。

　12気筒エンジンはエンジンの最高峰として君臨しています。一般的なのは60°V型です。振動的には完全バランスで非の打ちどころがありません。強いていえば、エンジン全長が長くなり、クランクシャフトの捻れが気になるところです。

　最近のフェラーリのエンジンではバンク角65°を採用しています。このようにすると等間隔燃焼にならなくなりますが、バンク間を広げることで吸気系のスペースを稼ぎ、出力性能向上に寄与していると考えられます。

　V型12気筒エンジンは片側のバンクが

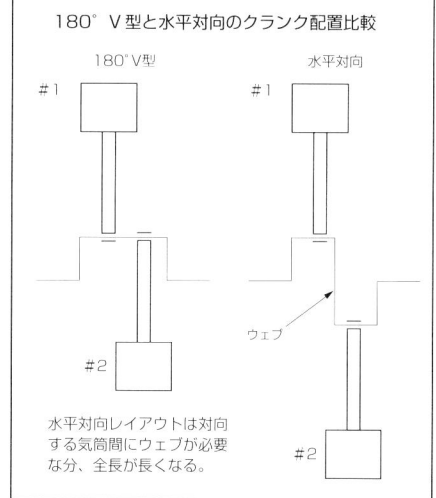

180°V型と水平対向のクランク配置比較

水平対向レイアウトは対向する気筒間にウェブが必要な分、全長が長くなる。

直列6気筒エンジンであり、片バンクで完全バランスになっています。したがって両バンク間のバンク角により等間隔燃焼になるかならないかの違いが出ますが、片バンクの中で振動的には完結しています。このためもあり、水平対向12気筒は理論的には存在しますが、実際のエンジンでは存在しません。なぜなら水平対向レイアウトにすると向かい合う気筒同士のクランクピン配置は180°位相がずれるのでそれだけ全長が長くなってしまうのです（前頁下の図参照）。ということで、水平対向12気筒エンジンといっているのは、実はすべて180°V型12気筒エンジンなのです。

実際にV型180°のレイアウトが採用されたのはメルセデスベンツのグループCカーやフェラーリのF1で、市販車ではフェラーリベルリネッタボクサーに採用されています。

10)水平対向エンジンはなぜ高性能といわれるのか

水平対向エンジンの特徴は大きく分けて2点あります。
①その名のとおり向かい合う気筒のピストンが対向して動くため、お互いの往復運動の慣性力を打ち消しあって振動素質が非常に良い点です。
②そのレイアウトゆえにエンジンの重心が低く、車両の旋回性能を向上させることができます。さらに、吸気系は普通上側に配置されるので吸気ブランチの長さの設定自由度が高く、高性能を得やすいことです。しかし、排気は下側になってしまうので排気管の取り回しがむずかしく、この点では性能的に不利になりやすいといえます。結局のところ、排気管の取り回しのためにエンジンセンターを上方に上げることで対応しています。

以上をまとめると、水平対向エンジンは、その音振の素質の良さと重心の低さ、加えて吸気系レイアウトの自由度の広さにより出力性能が出しやすい点から、高性能といわれるわけです。

もう一つ付け加えるとすれば、以下の点です。水平対向エ

ポルシェ伝統の水平対向エンジン6気筒

伝統的に水平対向を採用するのがポルシェエンジンの特徴。4WDも見られるが、RR方式で、高性能エンジンのパワーをリアホイールが有効に駆動できることが人気の一因となっている。

1. エンジンの気筒数と気筒配列

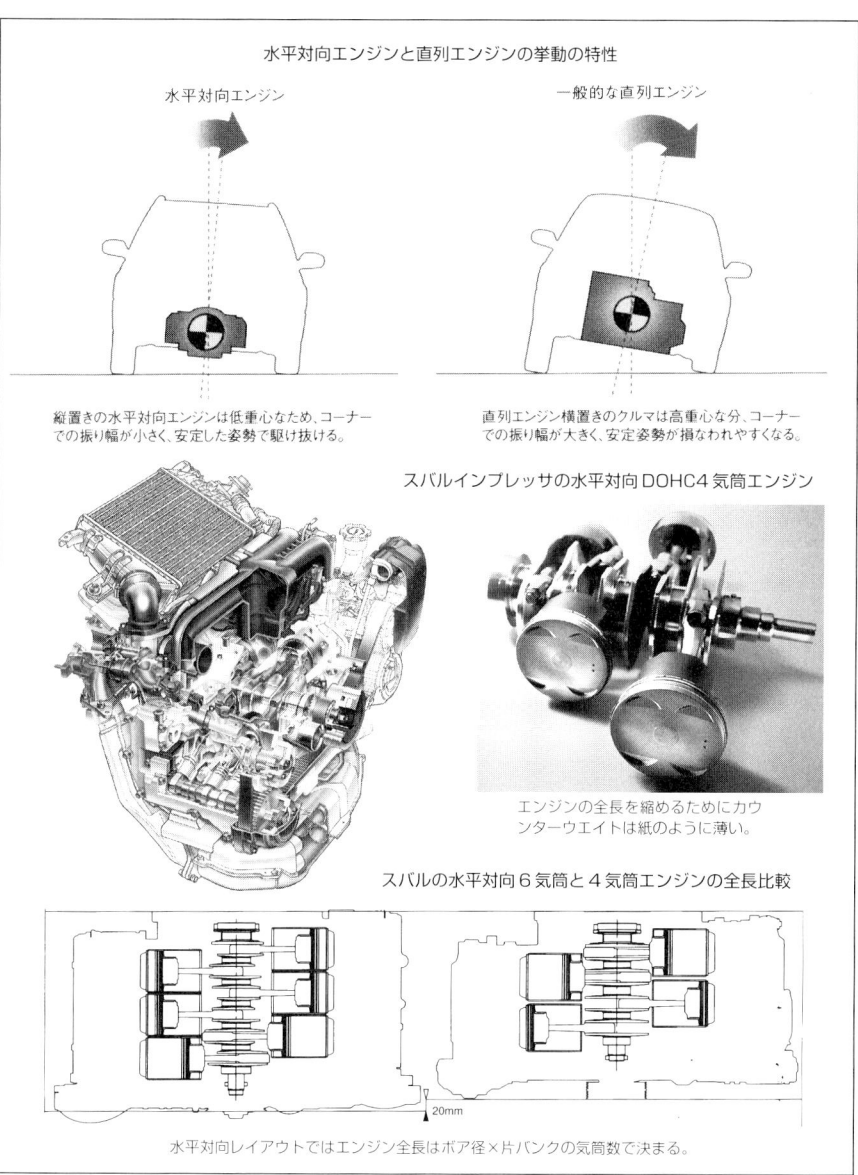

水平対向エンジンと直列エンジンの挙動の特性

水平対向エンジン

一般的な直列エンジン

縦置きの水平対向エンジンは低重心なため、コーナーでの振り幅が小さく、安定した姿勢で駆け抜ける。

直列エンジン横置きのクルマは高重心な分、コーナーでの振り幅が大きく、安定姿勢が損なわれやすくなる。

スバルインプレッサの水平対向DOHC4気筒エンジン

エンジンの全長を縮めるためにカウンターウエイトは紙のように薄い。

スバルの水平対向6気筒と4気筒エンジンの全長比較

水平対向レイアウトではエンジン全長はボア径×片バンクの気筒数で決まる。

ンジンではストロークが長いとエンジンの幅が広くなるので、それを避けるためにショートストロークに設計されることが多いのです。その結果として、高回転型になるので、これも高性能といわれる一つの理由となっています。

水平対向エンジンの搭載法の相違
FFベースのスバルとRRベースのポルシェでは前後対称のレイアウトとなっている。

　このように水平対向は概してショートストローク型になるので、高性能と引き替えで燃費素質的にはあまり良くはありません。
　搭載性はどうでしょうか。現在水平対向はスバルとポルシェで採用されています。スバルの場合はFF縦置き搭載をベースに4WDをバリエーションに持っています。FRタイプの縦置きトランスミッションをベースに、エンジンの直後にデフを抱いています。
　このレイアウトだとエンジンは完全にフロント車軸の前に出るので、フロントオーバーハングが大きく、またフロントタイヤに荷重が集中しがちです。幸いなことにエンジン自体が軽いので、それほど前後の重量バランスは悪くありません。しかし、最近の車両はフロントオーバーハングを切りつめてきており、このトレンドに乗るのはレイアウト的にむずかしいでしょう。ちなみに、アウディのFF縦置き搭載もこのスバルと同じレイアウトです。
　ポルシェの場合はスバルとは正反対にRR搭載しています。スバルの場合とちょうど正反対のレイアウトで、エンジンはリアの車軸の外側に搭載されるので、リアヘビーになりがちです。ポルシェの場合もエンジンが軽いので、それほどリアヘビーにならず問題にはなりませんが。
　それでもポルシェ911が初めて市場に投入されたときは、リアヘビーに伴うオーバーステア特性にユーザーは悩まされたようです。
　スバルとポルシェが、このようなレイアウトを取っているのは偶然ではありません。水平対向ではエンジン全長が短く、全高が低いので、このようにデフを内蔵するトランスミッションの先にエンジンを搭載することが物理的に可能なのです。

11）狭角V型など特殊なコンパクトエンジンの将来性はあるのか

　狭角V型は、古くはランチアフルビアがV型4気筒を採用しており、最近ではVWがV型5気筒、6気筒を実用化しています。

　VWはV型のバンク角を15°の狭角を採用しています。シリンダーヘッドは両バンク用が一体になっており、一見すると直列6気筒のようです。非常にコンパクトなパッケージングですが、ピストン冠面がシリンダーヘッド面に対して7.5°傾き、燃焼室が異型になってしまうのが欠点です。また、吸気と排気がシリンダーヘッド内で交差するので、お互いの熱干渉も発生します（排気ポートは冷やされ、吸気ポートは暖められる）。排気ポートが冷やされると触媒の転換効率が悪くなり、吸気が暖められると充填効率が低下します。

　狭角V型の特徴は、その狭角Vバンク角

VWのバンク角15°のVR6型V6エンジン

隣り合う気筒間のピンオフセットが大きいので、水平対向6気筒のようにウェブの多いクランクシャフトになっている。

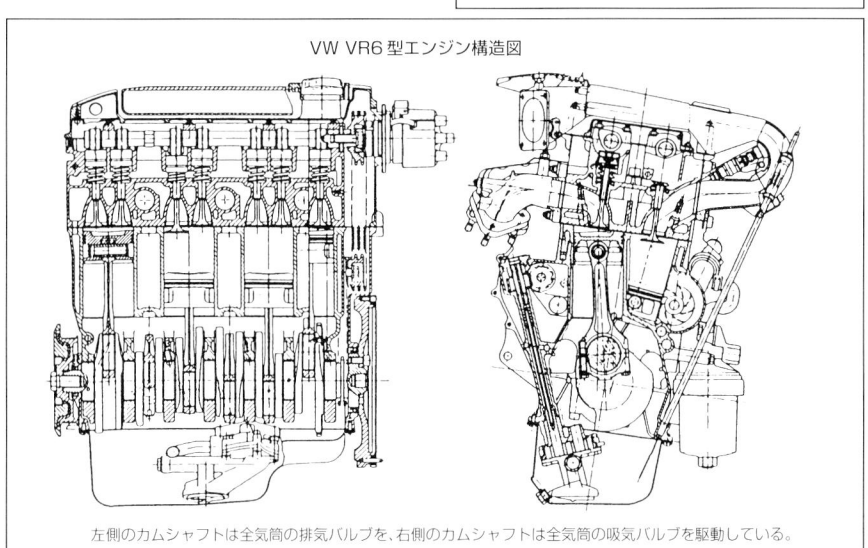

VW VR6型エンジン構造図

左側のカムシャフトは全気筒の排気バルブを、右側のカムシャフトは全気筒の吸気バルブを駆動している。

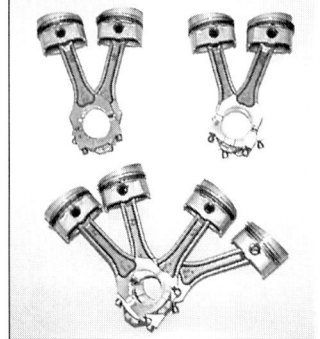

VW 4リッターW8エンジン

片バンクがV型4気筒で左右のバンク角は72°である。確かに全長は短くなるが、慣性2次バランサーシャフト2本を左バンク脇に抱えることになった。必要かどうかより、執念が生んだレイアウトといえる。

両バルブ共用のシリンダーヘッドを持つため、ピストン冠面はバンク角の半分（7.5°）傾いた異形になっている。

（写真提供・自動車工学誌）

(15°前後)を生かし、エンジン全幅が大きくならずにエンジン全長を画期的に縮められるところにあります。たとえば、V型6気筒にしても、狭角にすることによって、全長を直列4気筒並みにすることができるわけです。

　しかし、ひきかえにシリンダーヘッドの構造は複雑になります。前に述べたように左右バンクの吸排気ポートがシリンダーヘッド内で交差することになるからです。クロスする吸気と排気がお互いに熱的に悪影響を及ぼします。

　エンジンをコンパクトにすることは非常に好ましいことなのですが、そのためにさまざまなハンディキャップを背負わされることになるので、多くのメーカーが採用するものになっていないわけです。

2

出力性能向上を図るには

　出力性能は内燃機関に求められる最も重要な性能です。いくら軽くて、小さくて静かだとしても、要求される出力性能を発揮できなければ、そのエンジンは価値がないと判断されます。エンジンにとって、出力はいつの時代でも他の性能には代え難い本来の性能といえるでしょう。

　もちろん、今の時代であれば燃費や排気性能も重要であることは論を俟ちません。しかし、燃費や排気のために出力性能が犠牲になったのでは本末転倒で、内燃機関と

エンジン性能向上の方法と効果

項目		出力		コメント/達成手段(熱効率の項目)	跳ね返り					実現性
		出力向上効果	低速トルク		燃費	音振	重量	寸法	原価	
大排気量化		◎	◎	低速から高速まで全域良くなる	×	×	△	△	○	○
吸排気出入り口の大型化	ショートストローク化	○	△	低速では同等もしくはマイナス	△	○	○	○	○	○
	マルチバルブ化	○	△	〃	○	○	○	○	△	○
単位時間当たりの吸入空気量増加	多気筒化	○	○	〃	×	○	×	×	×	○
	高回転化	○	△	〃	×	×	○	○	○	○
	2ストローク化	△	○	全域良くなるが高回転化困難	△	×	○	○	○	×
	過給	◎	△	低速の無過給域でマイナスだが、高速は圧倒的に高出力化できる	△	△	○	○	○	○
理論熱効率向上	圧縮比アップ	○	○	ノッキングを発生しない範囲	○	△	△	ー	ー	○
	比熱比アップ	△	△	混合比を薄くする	○	ー	ー	ー	ー	△
図示熱効率向上	吸気損失低減	○	○	エアクリーナ抵抗低減など	○	×	○	○	○	○
	排気損失低減	○	○	背圧低下など	○	×	○	○	○	○
	時間損失低減	○	○	急速燃焼化、2点着火	○	△	○	○	△	○
	冷却損失低減	△	△	リーンバーン化、2系統冷却	○	△	△	○	△	△
正味熱効率向上	機械損失低減	○	○	フリクション低減	○	○	○	○	△	○
	ポンプ損失低減	△	○	リーンバーン化、ノンスロットル化	○	△	○	○	△	○

＜効果＞　◎：他と比較して著しく効果あり。○：他と比較して効果あり。△：必ずしも良いとは限らない。×：他と比較して明らかに悪化する。
＜跳ね返り＞○：ほとんどない。△：跳ね返りあり。×：跳ね返り大きい。

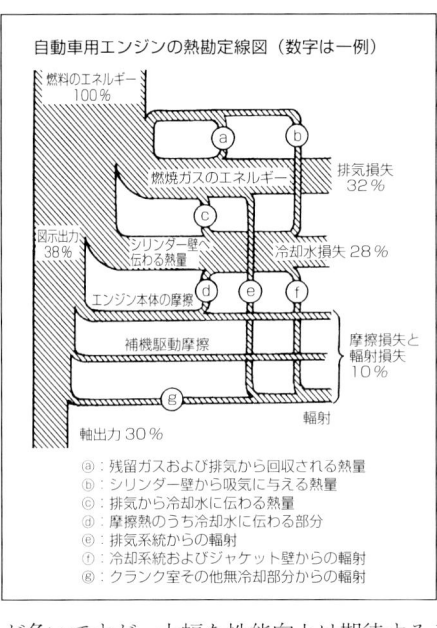

```
自動車用エンジンの熱勘定線図（数字は一例）
燃料のエネルギー 100％
燃焼ガスのエネルギー
排気損失 32％
図示出力 38％
シリンダー壁へ伝わる熱量
冷却水損失 28％
エンジン本体の摩擦
補機駆動摩擦
摩擦損失と輻射損失 10％
軸出力 30％
輻射
ⓐ：残留ガスおよび排気から回収される熱量
ⓑ：シリンダー壁から吸気に与える熱量
ⓒ：排気から冷却水に伝わる熱量
ⓓ：摩擦熱のうち冷却水に伝わる部分
ⓔ：排気系統からの輻射
ⓕ：冷却系統およびジャケット壁からの輻射
ⓖ：クランク室その他無冷却部分からの輻射
```

しての使命を果たせません。昭和50年の排気対策が始まった時代も、エンジン性能に魅力がなくなり需要が一時的に減退しましたが、その後、各自動車メーカーがDOHCやターボなどで出力性能を回復して、自動車が本来の魅力を取り戻しました。

この本来の性能である出力を上げるには、どのような手段があるのでしょうか。それを簡単に示したのが前頁の表です。

前頁の表で分かるとおり、どの手段を用いても、その効果の代償となるマイナス面があるのがほとんどです。熱効率向上の項目では大きな跳ね返りなしに出力向上させることができる場合が多いですが、大幅な性能向上は期待することができず、損失低減に伴って音振については悪化することがままあるので、注意が必要となります。

なお、ここに項目の一つに取り上げた2ストローク化については1990年代に一時各社でさかんに研究されましたが、排気対策と高回転化がむずかしい（トヨタやフェラーリなどで吸排気バルブ付きで2サイクルが検討された）ことから、2007年現在ではほとんど検討されていません（このシステムでは動弁がエンジンと同じ回転速度で回転するので、エンジンが5000rpm回ると動弁は通常の4ストロークでいう10000rpmに相当します）。

ところで、エンジンの最終的な発生出力は、燃焼により生み出された出力からポンプ損失や機械損失などを差し引いた残りとなります。したがって、機械損失が少なければ少ないほど、得られる出力は大きくなるわけです。これは、いくら収入が多くても持って行かれる税金が多ければ可処分所得が少なくなってしまうのとよく似ています。燃費の観点から見ると同じ発生出力を得るのに、機械損失が少なければ燃焼により発生させる出力は少なくて済みます。つまり、使う燃料を節約することができるのです。

機械損失が小さい、つまりフリクションを小さくできれば、出力も得られるし燃費も良くすることができます。良いところだらけというわけです。

しかし、フリクションが小さくなりすぎると一つだけ問題が起こります。それはア

2. 出力性能向上を図るには

イドルの問題です。フリクションが小さければアイドル時のフリクションも小さくなり、アイドルを維持するための出力も小さくなります。すると、ちょっとした燃焼変動でもアイドルのふらつきが起こりやすくなり、アイドル不安定の原因になります。

アイドル時の燃焼圧力もエンジン回転速度に依存して下がるので、フリクションが小さすぎるとアイドル回転を下げることがむずかしくなります。変速機付自転車で歩くように走るとき、低速ギアよりも高速ギアで負荷がある方が走りやすくふらふらしないのと同じ原理です。

1) 吸排気効率の向上にはどんな方法があるか

吸排気効率は文字通り吸気と排気の効率です。効率の定義は、シリンダー排気量に比べてどの程度の率で吸気および排気されたかになります。たとえば、単気筒400ccのピストンが1回の吸気で360ccの空気を吸い込んだとすると、吸気効率は90%ということになります。

まず、吸気効率について考えてみます。吸気の原動力は吸気行程でピストンがシリンダー内を下がって生じた負圧の力です。この負圧によって吸入空気(混合気)がシリンダー内に吸い込まれます。この吸い込まれる過程で、なるべくじゃまが入らないようにスムーズにすれば良いわけです。

吸気の最上流から見ていきましょう。まずはエアクリーナーです。外気取り入れ口

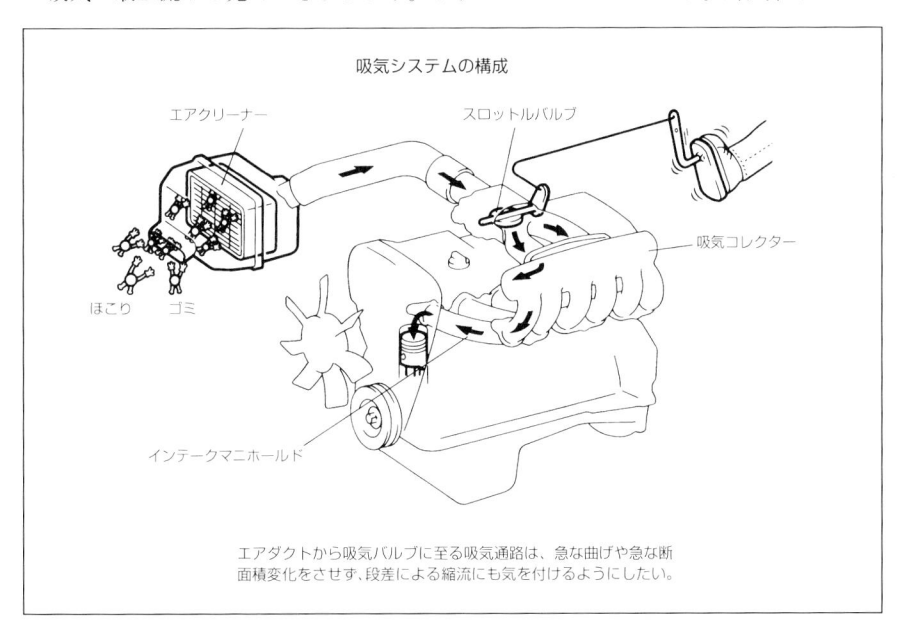

吸気システムの構成

エアダクトから吸気バルブに至る吸気通路は、急な曲げや急な断面積変化をさせず、段差による縮流にも気を付けるようにしたい。

が充分に大きくないと、吸入抵抗が増加して充分に吸い込めなくなります。その後の吸気通路は急激な断面積変化のないように、そしてエアクリーナーからの出口はファンネル形状にして縮流が生じないようにすることが重要です。もちろん、最大空気量時でも適度な流速に保てる断面積を確保しておく必要があります。

　この後、スロットルバルブを通って吸気コレクター(サージタンク)に入りますが、ここでも、その上流と同じように急激な曲げや断面積変化をさせないよう気を付ける必要があります。この後、コレクターから吸気ブランチへのつながりは、やはりファンネル形状にして縮流を発生させないように留意します。

　吸気ブランチは各気筒をなるべく等長にして急激な曲げがないようにレイアウトする必要があります。

　吸気ブランチからシリンダーヘッドの吸気ポートへのつながり部分は細心の注意が必要です。ここで、ブランチとポートの位置ずれがあると、縮流が発生して出力を減らしてしまいます。

　吸気ポートは吸気バルブとあまり大きい角度にならないように、なるべく立てて、断面積も大きな変化がないように注意して設計します。

　バルブシートと吸気バルブがリフトしたときにできる間隙を通って吸入空気がシリンダーに導かれるので、この部分も縮流が発生しないようスムーズな形状にしていきます。そして、吸気ポートがあまりシリンダーの端に寄っていると、その部分がマスクされて吸入空気が入りにくくなるので、吸気バルブは少なくともボアの縁から2～2.5mm程度は離すように設計します。バルブ径を大きく取りたいあまりに、吸気バルブをボアぎりぎりに配置すると、かえって吸入空気量は減ってしまいます。

　以上は吸気システムを設計する際の心得ともいうべき項目についての説明でした。

　排気側についても基本は同じですが、排気はブローダウンにより押し出されるので、吸気側よりも損失に対しては感度が鈍いようです。

　しかし、マフラーの背圧が大きいと排気損失による出力低下が大きくなるので注意が必要です。音振の観点からは背圧を上げて静粛性を上げたいところですが、充分な

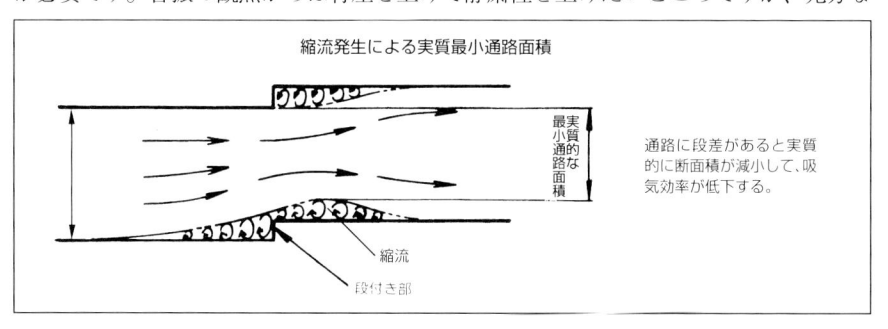

縮流発生による実質最小通路面積

通路に段差があると実質的に断面積が減少して、吸気効率が低下する。

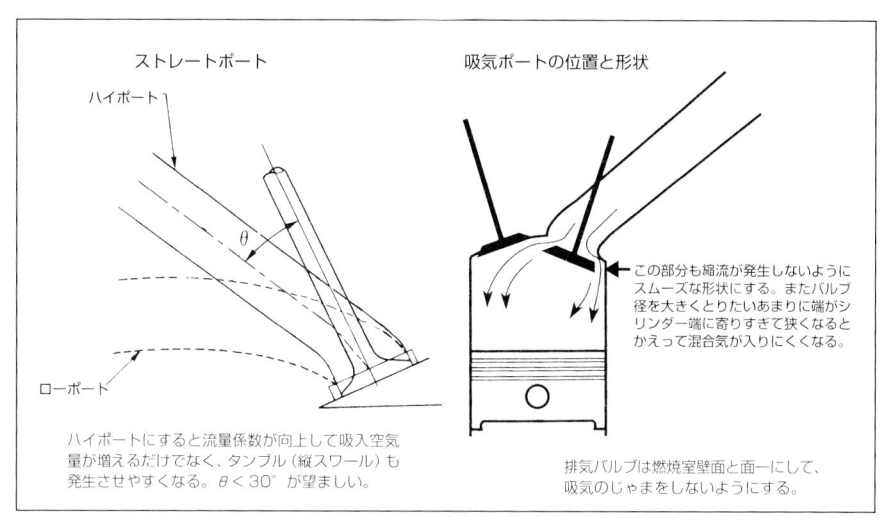

2. 出力性能向上を図るには

ストレートポート

ハイポート

θ

ローポート

ハイポートにすると流量係数が向上して吸入空気量が増えるだけでなく、タンブル（縦スワール）も発生させやすくなる。θ＜30°が望ましい。

吸気ポートの位置と形状

この部分も縮流が発生しないようにスムーズな形状にする。またバルブ径を大きくとりたいあまりに端がシリンダー端に寄りすぎて狭くなるとかえって混合気が入りにくくなる。

排気バルブは燃焼室壁面と面一にして、吸気のじゃまをしないようにする。

マフラーのボリュームを取って消音効果を上げることが出力と音振の両立につながります。もちろん、スペースとコストについてはバーターとなりますが。

それでは、今度は個々の吸排気効率向上についてみていきましょう。

①マルチバルブ化

現在ではディーゼルも含めて4バルブ化が常識化してきました。この4バルブ化は吸入効率を上げると同時に、ペントルーフ燃焼室とセットで採用することで、燃焼改善にも効果があるのです。もちろん、バルブ数が2倍に増えた分コストは上がりますが、直動DOHCの動弁機構にすれば、ロッカーアームを使った2バルブSOHCとそれほど変

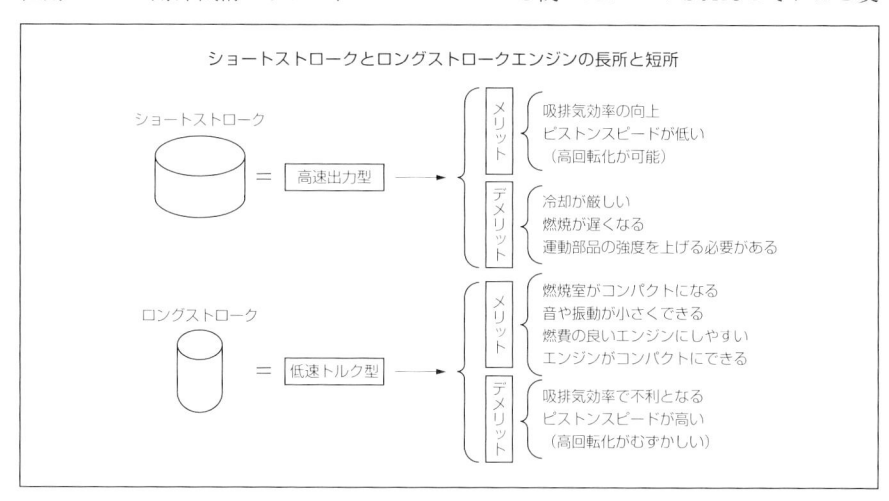

ショートストロークとロングストロークエンジンの長所と短所

ショートストローク ＝ 高速出力型

- メリット
  - 吸排気効率の向上
  - ピストンスピードが低い
  - （高回転化が可能）
- デメリット
  - 冷却が厳しい
  - 燃焼が遅くなる
  - 運動部品の強度を上げる必要がある

ロングストローク ＝ 低速トルク型

- メリット
  - 燃焼室がコンパクトになる
  - 音や振動が小さくできる
  - 燃費の良いエンジンにしやすい
  - エンジンがコンパクトにできる
- デメリット
  - 吸排気効率で不利となる
  - ピストンスピードが高い
  - （高回転化がむずかしい）

わらない量産コストを実現できています。

②ショートストローク化

　同じ排気量でショートストローク化すれば、その分ボア径が大きくなります。この大きくなったボアには、より大きなバルブを配置できるので、その分だけ吸入空気量を増やすことができます。ただし、量産エンジンにおいて過度なショートストローク化は、低速での燃焼を悪化させてトルク低下を招いたり、HCの排気素質を悪化させる可能性があるので、総合的なバランスを見てボア・ストロークを決めることが必要です。平均ピストンスピードも一つの指標で、量産エンジンでは最高出力回転速度時の平均ピストンスピードを15m/s以下にしないというのが一つの目安となります。

③高回転化

　高回転化は厳密には吸気効率向上に当たらないかもしれませんが、時間当たりの吸入空気量増加も含めることにして、ここで説明しておきます。

　出力はエンジン回転速度とそのときの発生トルクの積で表されるので、発生するトルクを維持して高回転化できれば出力は向上します。しかし、高回転化すると回転速度の2乗に比例して慣性力が増加するので、フリクションが増えてしまいます。また、バルブサージを抑えるためにバルブスプリングのバネ常数を上げると、これもフリクションの増加につながります。このように、高回転化はフリクション増加や重量増を伴うので、必ずしも得策とはいえません。

　主運動部や動弁系部品を軽量化し、フリクション増加を最小限に抑え、吸排気をうまくチューニングして低速トルクを犠牲にせずに高回転化することで、魅力的なエンジンをつくることができます。特にスポーツカー用のエンジンでは高回転までストレスなく回せることも重要な魅力品質なのです。

2)高回転化は出力向上の決め手なのか

　出力は発生トルクとそのときのエンジン回転速度の積であるので、最高出力を大きくするためには、ある程度高い回転まで回す必要があります。一般的に、ガソリンエンジンに比べてディーゼルエンジンの最高出力が小さいのは、高回転化がむずかしいためです。一般にガソリンエンジンの最高出力発生回転速度は6000rpm付近であるのに対して、ディーゼルでは5000rpm以下であることが普通です。この回転数の差が出力の値に効いてきています。

　一方、エンジンのフリクショントルクはエンジンを高回転まで回せば回すほど

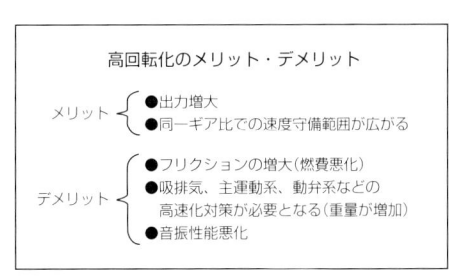

```
高回転化のメリット・デメリット

メリット  ●出力増大
          ●同一ギア比での速度守備範囲が広がる

デメリット ●フリクションの増大(燃費悪化)
          ●吸排気、主運動系、動弁系などの
            高速化対策が必要となる(重量が増加)
          ●音振性能悪化
```

増えてしまいます。いってみれば、せっかく高回転まで回して図示トルクを増やしても、正味トルクはエンジン回転に比例するほどには増えないということです。高回転化には、エンジンのフリクションを下げる工夫とセットにしなければ、その効果が得られなくなってしまうわけです。

それでは同じ2リッター4気筒ガソリンエンジンで同じ出力を発生する場合、そのときの発生回転速度が5000rpmと6000rpmとすると、どちらの方が良いエンジンといえるかみてみましょう。私なら文句なく最高出力発生回転速度のより低い5000rpmのエンジンを選ぶでしょう。出力特性からトルク特性を予測すると、5000rpmのエンジンの方が間違いなく同じ回転速度で発生するトルクが大きくなります。簡単にいえば乗りやすく、燃費性能も良いはずです。

高回転化による摩擦損失の増大

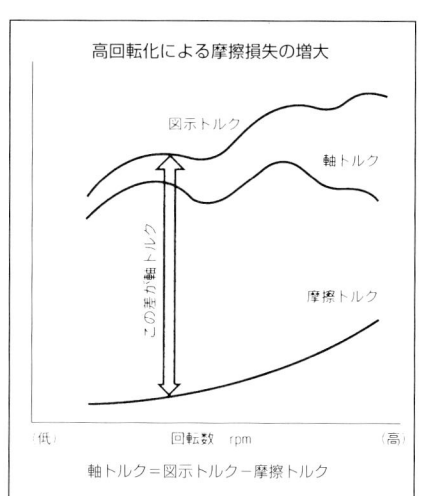

軸トルク＝図示トルク－摩擦トルク

燃焼によって発生する図示トルクはエンジン回転とともに増大するが、フリクションも加速度的に増えていくので軸トルクは期待したほどには増加しない。

6000rpmのエンジンの長所を探すとすれば、高回転まで引っ張れるので、各ギアのカバーできる速度レンジが広くなるということでしょうか。しかし、低速域では5000rpmエンジンの方がトルクが高く、実用エンジン回転速度は、より低回転まで使えるというメリットがあります。

カタログデータ的には、最高出力発生回転速度の高いエンジンの方が高性能と見られがちですが、単位排気量当たりの発生出力と常に見比べながら判断する必要があります。

このように見てくると、あまり意味がないのはリッター当たりの出力は低いのに最高出力発生回転速度が高いというチューニングになります。

高回転型は高出力を出せる反面、高回転に耐える設計をするため各部が強化されてフリクションも大きくなりがちです。実用型としてはあまり良い解ではなく、それよりもフリクションや損失分を減らす工夫の方がスマートなやり方なのです。

エンジンを高回転型にすると主運動系の部品（ピストン、コンロッドなど）を頑丈につくる必要があります。というのは、エンジンを運転すると、これらの部品には慣性力が働くからです。

慣性力は回転速度の2乗に比例するので、たとえば最高回転速度を6000rpmから7000rpmに上げると慣性力は36％増えます。これに耐えるようにピストンやコンロッドを強化する必要があります。この強化によりピストンやコンロッドの重量が、たと

えば10%増えたとすると、この主運動部品の往復運動によってベアリングやそれを支えるシリンダーブロックには回転増加による分と重量増加による分が加算されて6000rpmに比べて50%増の負荷がかかってきます。

この負荷増加に対応するためシリンダーブロックを強化したり、ベアリングの直径や幅を増してやる必要があります。そうすると、さらなる重量増やフリクションの増加を招きます。

このように、高回転化は出力を増すには効果的である反面、軽量化やフリクション低減には逆行することになります。最近の高効率を狙ったエンジンが最高回転速度を抑えて、比較的低い回転速度で高トルクを発生させているのは、このような理由からなのです。

主運動部品の重量は慣性力に直接効いてくるので、軽量化は非常に重要です。ピストンの重量がそのエンジンの技術力を表すといわれるのは、そのような理由からです。ピストンを軽くつくれれば、その分を高回転化あるいはフリクション低減や構造部品の軽量化に回せるのです。

競技用のエンジンでは耐久性の余裕を持つ必要がないので、部品を極限まで軽量化して慣性力の低減に努めます。その代わり、設計回転を超える回転速度で運転すると壊れてしまうので、ドライバーはオーバーレブに注意する必要があり、多少オーバーレブさせても壊れない市販用エンジンと大きな違いがあります。

3）多気筒化のメリットとデメリットは何か

多気筒化とは同じ排気量のエンジンをつくる場合、気筒数を増やす方法です。

気筒数を増やすと、1気筒当たりの排気量が小さくなります。たとえば2リッターエンジンの場合、4気筒だと1気筒当たり500ccですが、6気筒にすれば333cc、8気筒にすれば250ccになります。

気筒当たりの最適排気量のところで述べたとおり、自動車用ガソリンエンジンでは1気筒が400〜500cc程度になるので、これ以下なら出力的には多気筒化する意味はあまりありませんし、500ccを超えるようであれば多気筒化する価値があるといえます。

もちろん、1気筒当たりのピストン重量が軽くなるので、音や振動の面で多気筒化は大きなメリットとなります。しかし、多気筒化するとまずエンジンの寸法が大きくなり、重量も増えていきます。一般的にはフリクションも増えるので定地燃費も悪くなります。当然ながら部品点数も増えるので、コストも多気筒化により増えます。ですから、多気筒化はこれらのメリットとデメリットのバランスで決めることになります。

これらのメリットとデメリットを勘案すると、これから設計されるエンジンは、1200cc以下では3気筒、1200〜2000cc以下では4気筒、2500〜3500ccでは6気筒、4000cc以

多気筒マルチバルブ化したエンジンの例
三菱Ｖ型6気筒1600ccDOHCエンジン

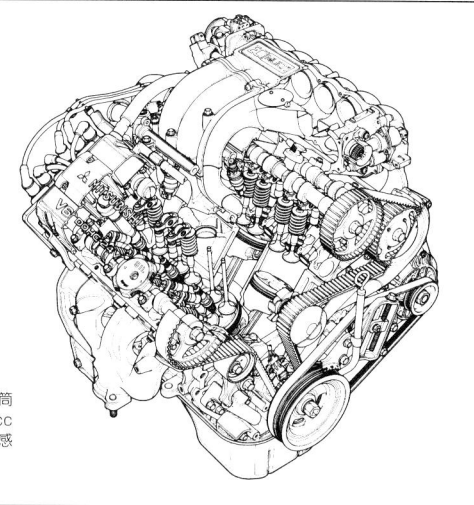

1980年代後半に登場した1600ccのＶ型6気筒は、ランサーなどに搭載されたが、同時に1500ccの直列4気筒エンジン搭載車もあった。V6の高級感を狙った特殊なエンジンだったといえる。

上では8気筒というのが一般的になるでしょう。もちろん、高性能を狙ったエンジンでは、排気量増加に伴い多気筒にすることになります。たとえば3000ccでV8、4000ccでV10などです。しかし、1990年代に見かけたような1600ccでV6というような小排気量での極端な多気筒化は、これからは見られないと思います。

4）排気量拡大による出力向上は安易な方法か

　排気量を拡大すれば、エンジン回転全域のトルクが増大するので、出力を向上するうえでは手っ取り早い方法といえます。従来より採用されてきた、もっとも確実で跳ね返りの少ない比較的安価な性能向上手段です。

　エンジンの性能を向上する手段としては、DOHC化、4バルブ化、高回転化、過給などの方法がありますが、これらの中では、効果に対してはもっとも低コストであるといえます。ある範囲内であればエンジン重量自体もほとんど増えません。しかし、一方で排気量を上げるとデメリットもあります。フリクション増大による一定速走行時の燃費悪化やそれに伴う発熱量の増加です。

　ボアピッチやシリンダーブロックのデッキ高さに余裕があれば、エンジンの大きさを変えずに、簡単にボア径やストロークを拡大することができます。1970年代までに設計されたエンジンでは、最初の設計時にある程度余裕を持って諸元を決めていたので、そのようなことが可能でした。言葉を換えていえば、そのエンジンで可能な最大排気量までを使っていなかったということです。

　しかし、1980年以降、エンジンのコンパクト化、軽量化を狙った設計となり、余裕

をもたせた手法は採らなくなりました。したがって、排気量を拡大するためにはボアピッチの拡大やデッキ高さの変更といった大規模な設計変更が必要で、事実上不可能であることが多くなってきています。現在は、その排気量にもっとも適したエンジンを設計しているということです。

以上述べたように、排気量アップはエンジン性能を向上するのには手っ取り早い手段ではありますが、最近では燃費悪化や排気量アップに伴う冷熱性能強化が必要なため、あまり一般的ではなくなって来ています。圧縮比アップによる熱効率の向上、充填効率向上など吸排気性能アップによる本質的なエンジンの素質性能向上がより追求されてきています。

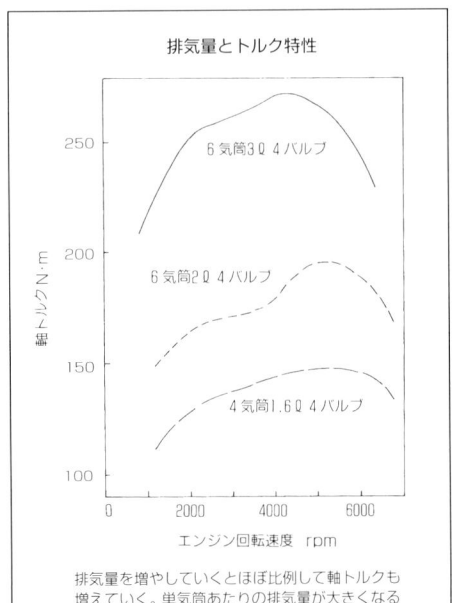

排気量とトルク特性

排気量を増やしていくとほぼ比例して軸トルクも増えていく。単気筒あたりの排気量が大きくなると高速出力が落ちるので多気筒化が必要になる。

5）ターボによる性能向上策はなぜ主流になっていないのか

1980年代はガソリンターボの時代でした。同じ排気量で50％以上出力やトルクを向上することができ、画期的な性能向上策でした。この時代はBMW2002ターボやポルシェ930ターボがその先駆けとして登場しています。出力性能は向上する一方で、低速からのレスポンスや低速トルク自体は見るべきものがありませんでした。メーカー

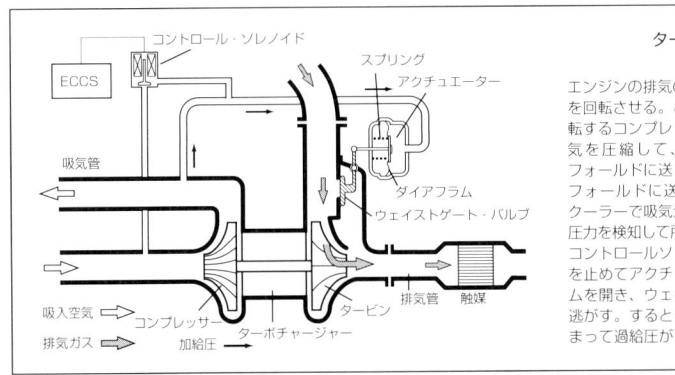

ターボの構造

エンジンの排気のエネルギーでタービンを回転させる。このタービンと同軸で回転するコンプレッサーホイールで吸入空気を圧縮して、エンジンの吸気マニフォールドに送り込む。通常は吸気マニフォールドに送り込む前に、インタークーラーで吸気温度を下げる。吸気管の圧力を検知して所定の過給圧を超えると、コントロールソレノイドから漏らす圧力を止めてアクチュエーターのダイヤフラムを開き、ウェイストゲートから排気を逃がす。するとタービンをまわす力が弱まって過給圧が下がる。

2. 出力性能向上を図るには

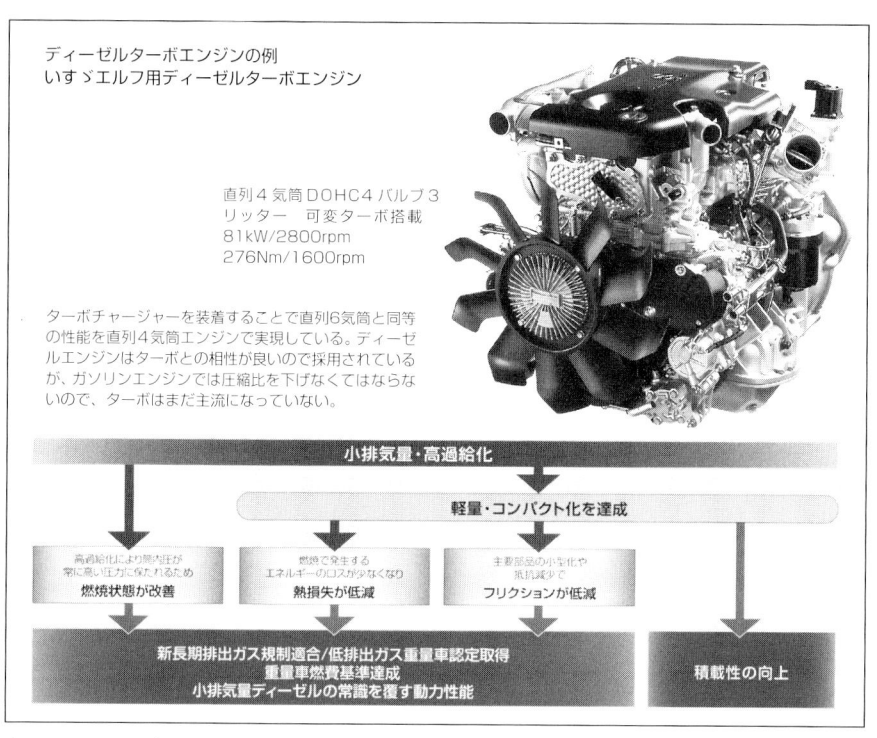

ディーゼルターボエンジンの例
いすゞエルフ用ディーゼルターボエンジン

直列4気筒 DOHC4バルブ3
リッター　可変ターボ搭載
81kW/2800rpm
276Nm/1600rpm

ターボチャージャーを装着することで直列6気筒と同等の性能を直列4気筒エンジンで実現している。ディーゼルエンジンはターボとの相性が良いので採用されているが、ガソリンエンジンでは圧縮比を下げなくてはならないので、ターボはまだ主流になっていない。

小排気量・高過給化

軽量・コンパクト化を達成

- 高過給化により筒内圧が常に高い圧力になれるため **燃焼状態が改善**
- 燃焼で発生するエネルギーのロスが少なくなり **熱損失が低減**
- 主要部品の小型化や抵抗減少で **フリクションが低減**

新長期排出ガス規制適合/低排出ガス重量車認定取得
重量車燃費基準達成
小排気量ディーゼルの常識を覆す動力性能

積載性の向上

としては不本意でしたが、ターボ導入の当初はターボが効かない低速での力のなさと、いったん過給域に入ったときの過激ともいえるトルクとの対比がターボエンジンの特徴とされたのです。

　BMWの圧縮比は6.9で過給圧は550mmHg、ポルシェも最初は6.5の圧縮比だったので、低速トルクやレスポンスが悪かったのは当然です。ターボでは自然吸気の1.5倍以上の空気を押し込むため実圧縮比はその分高くなり、ノッキングしやすくなります。それを避けるために圧縮比を落とす必要があったのです。

　その後、続々と日本でもターボエンジンが出てきましたが、当初の圧縮比は7.5〜8.0程度でした。1990年代に入りターボがもはや珍しくなくなり、燃費やレスポンスが重要視されてくると、過給圧を下げて圧縮比を9程度まで上げたターボが主流になってきました。その後、北米の排気規制が厳しくなってターボでの対応がむずかしくなり、ターボは出力アップの主流の座から降りました。

　一方、ディーゼルエンジンでは、もはやターボでないエンジンはないというくらいターボ付きが主流です。ディーゼルの場合は、ガソリンエンジンと違い、過給してもそれほど圧縮比を落さなくても良いため、熱効率はターボ化で低下しませんし、出

47

力は確実に上げることができます。

　ディーゼルエンジンには吸入空気量を制御するためのスロットルバルブがありません。したがって、排気タービンを回す力が無駄なく有効に吸気コンプレッサーで過給する力に変換できるのです。これに対しガソリンターボでは、パーシャル領域ではスロットルが開いていないので、せっかく空気を送り込もうとしても、すべてが有効なパワーとはなりません。

　ディーゼルエンジンでは吸入空気は制限なく、常に入るだけ入れて、燃料量によって出力の制御を行っているのに対して、ガソリンエンジンでは出力の制御を、スロットルバルブにより吸入混合気量を制限することで行っているからです。この理由により、ディーゼルエンジンはターボに非常に適した出力制御機構になっているのです。

　しかし、あとで見るように、可変ターボやスーパーチャージャーとターボを組み合わせたものなど、新しい技術を導入して、ガソリンエンジンでもターボを有効に利用するエンジンが増えていく可能性があります。ターボでうまく性能向上を図れれば、エンジンのコンパクト化を促進させられるからです。

6)燃料噴射システムはどのような歴史を経ているのか

　エンジンは適切な混合気を燃焼室に送り込み、適切な点火タイミングを与えることで出力を発生します。かつては機械式のキャブレター、ディストリビューターを使っていたので、混合比の調整や点火時期の調整も最適というわけには行きませんでした。キャブレターは、ニードルを上下させることで通路の断面積を変化させて、霧吹きの原理を使って液体であるガソリンの量を調整していました。当然、アナログ的にしか変化させることができません。

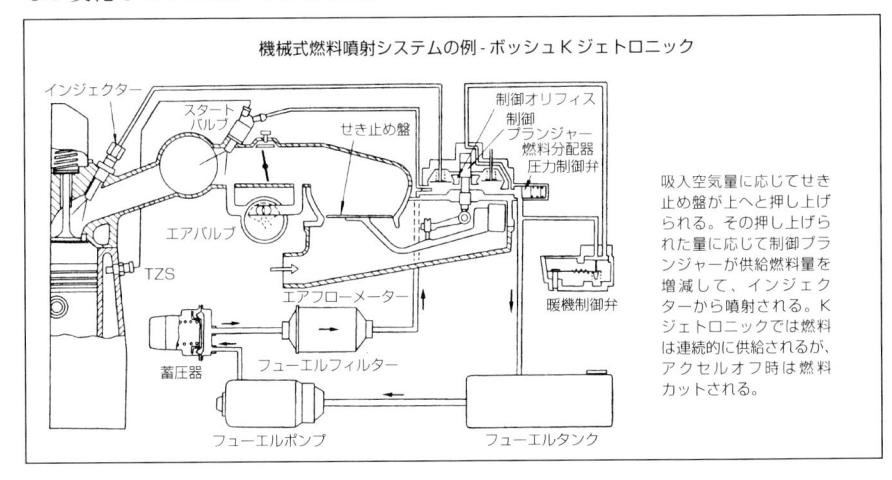

機械式燃料噴射システムの例 - ボッシュKジェトロニック

吸入空気量に応じてせき止め盤が上へと押し上げられる。その押し上げられた量に応じて制御プランジャーが供給燃料量を増減して、インジェクターから噴射される。Kジェトロニックでは燃料は連続的に供給されるが、アクセルオフ時は燃料カットされる。

2. 出力性能向上を図るには

　また、点火時期もガバナーと呼ばれる遠心式とスロットル弁付近でつくられる負圧を使ってダイアフラムを動かして、点火時期を変化させる方式を組み合わせて制御していました。この点火時期調整もアナログ的にしか変化させることができないわけです。

　それに対して電子制御式では、エンジン回転速度と吸入空気量を測定して、その値に応じて最適な燃料量と点火時期をデジタル値で与えることができるようになりました。従来の機械式制御に比べれば、飛躍的に精密に制御できるようになったわけです。しかし、現在でも過渡の制御などはまだ最適とまでは行っていません。夏と冬の天候差、ガソリンの性状による違い、湿度さらには運転者の癖などを正確に把握してきめの細かい制御をすれば、まだまだ性能を向上させる要素はいろいろとあるはずです。

　エンジンの電子制御は燃料噴射システムの歴史でもあります。

　燃料噴射システムは、キャブレターの代わりに燃料インジェクターで燃料を吸気ポートや燃焼室に噴射するシステムで、もともとは第二次世界大戦前に飛行機用レシプロエンジンで開発されたものです。戦闘機にとって急上昇や急降下、急旋回、あるいは背面飛行などは必須の運動性能ですが、キャブレター式ではこのような場合に燃料切れを起こしてしまうのです。そしてこの燃料噴射の技術は自動車にも適用され、メルセデスベンツが1954年に発表した300SLの直列6気筒直噴エンジンで実用化されました。最初に自動車に使われたガソリン噴射は筒内噴射だったのです。

　この300SLを始め、1960年代まで使われたのはディーゼルエンジン用を流用したクーゲルフィッシャーのシステムでしたが、その後ガソリンエンジン用に開発されたボッシュ社のフラップ式エアフローメーターを使った機械式連続噴射方式である「Kジェト

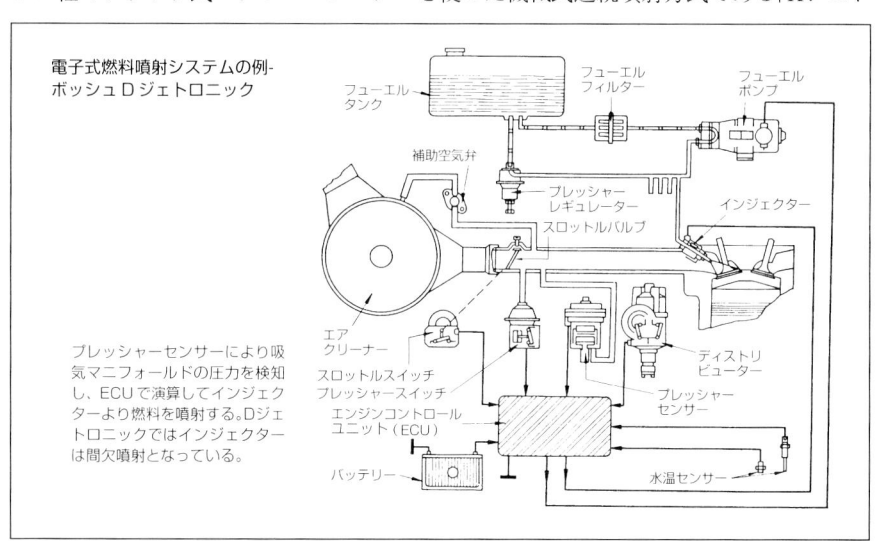

電子式燃料噴射システムの例-
ボッシュＤジェトロニック

プレッシャーセンサーにより吸気マニフォールドの圧力を検知し、ECUで演算してインジェクターより燃料を噴射する。Ｄジェトロニックではインジェクターは間欠噴射となっている。

ロニック方式」が主流となりました。このKジェトロニックはベンツやBMWの高性能
バージョンに採用されています。

　その後、ボッシュ社は電子制御式燃料噴射システム「Dジェトロニック」を開発し、
1967年に世界初の電子制御式ガソリン噴射方式としてフォルクスワーゲン1600TLに搭
載されたのです。このDジェトロニックは吸気コレクターの圧力とイグニッションコ
イルからのエンジン回転信号から燃料噴射量を計算して、吸気ポートにガソリンを噴
射するというシステムです。

　このDジェトロニックも、当時は高性能バージョン用という位置付けでした。その
後、吸入空気のマスフローを検知して燃料噴射量を決定するLジェトロニック方式が
開発され、1976年に発表された三元触媒による排気浄化システム用ラムダ制御式電子
制御ガソリン噴射システムへと発展します。このシステムにより、多くの自動車メー
カーが排気規制をクリアすることができたのです。

　そして、いよいよマイコンを使った電子制御の時代に入ります。1978年に日産自動
車からECCSの名で電子制御エンジン集中制御システムが発表され、L28Eエンジンと
ともにセドリック／グロリアに搭載されました。同様のシステムをトヨタはTCCSと
呼んでいます。このシステムの本家であるボッシュ社は、モトロニックと呼んでいま

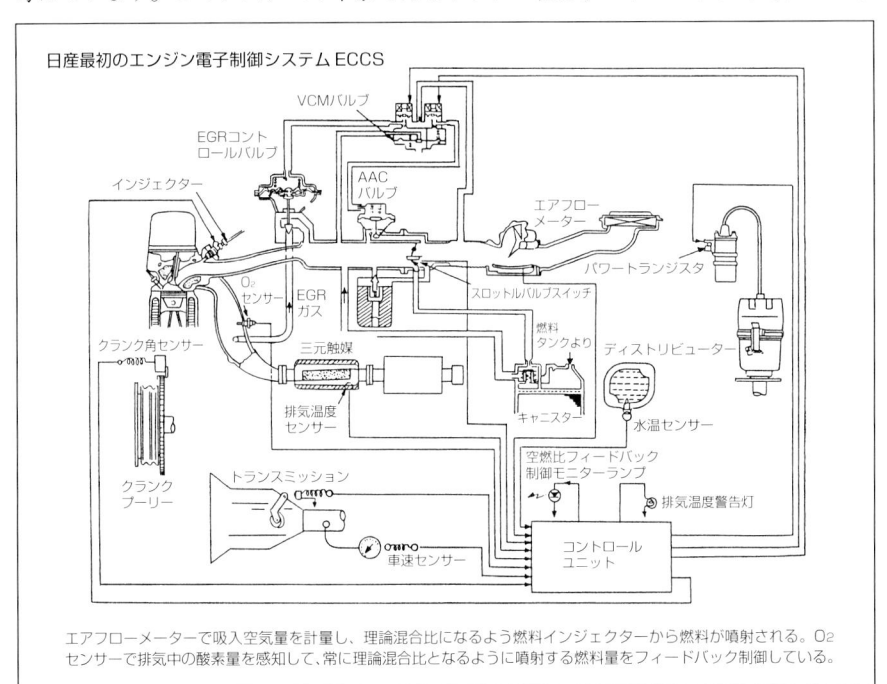

日産最初のエンジン電子制御システム ECCS

エアフローメーターで吸入空気量を計量し、理論混合比になるよう燃料インジェクターから燃料が噴射される。O2
センサーで排気中の酸素量を感知して、常に理論混合比となるように噴射する燃料量をフィードバック制御している。

2. 出力性能向上を図るには

すので、以後は、モトロニックという名称で話を進めます。

7)電子制御システムはどのような仕組みになっているのか

　それまでのLジェトロニックシステムはアナログ制御で、エアフローメーターからのポテンショ信号で吸入空気量を検知し、またイグニッションコイルの点火信号によりエンジン回転を検知し、その両者から供給する燃料量を決定していました。もちろん、水温センサーでエンジンの暖機状態をチェックして、混合比の増減など最低限の条件補正はしていましたが、点火システムは相変わらずディストリビューターでガバナーとダイヤフラムによる機械式制御でした。

　モトロニックシステムではクランク角センサーでエンジン回転速度をデジタルでECUに取り込みます。従来のLジェトロニックではイグニッションコイルの信号から取るエンジン回転信号は120deg(6気筒)あるいは180deg(4気筒)ごとのラフなものであったのに対して、クランク角センサーではクランク角1degごとの正確さで検知しています。吸入空気流量もエアフローメーターでマスフローを計量します。

　このデータをデジタル処理して、やはりECUに取り込みます。ECUとはエンジン制御モジュールのことで、一般的にはコンピューターといっています。

　この空気量とエンジン回転速度がエンジン制御の基本となります。あらかじめ計算と実験によりエンジン回転速度と吸入空気量に対応した点火時期と燃料噴射量をマップ化しておきます。通常は縦軸が吸入空気量、横軸がエンジン回転速度です。マップの格子は、エンジン回転速度は400〜500rpm程度、吸入空気量はエンジン1回転の空気

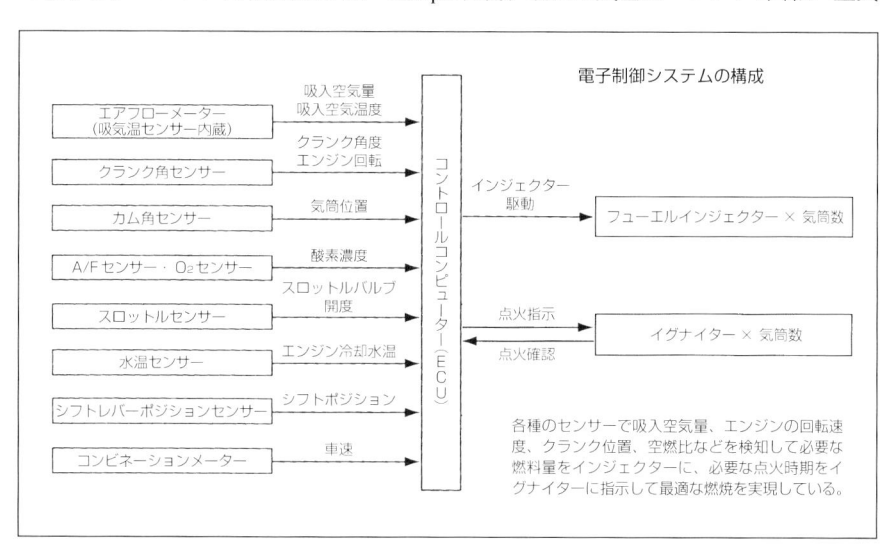

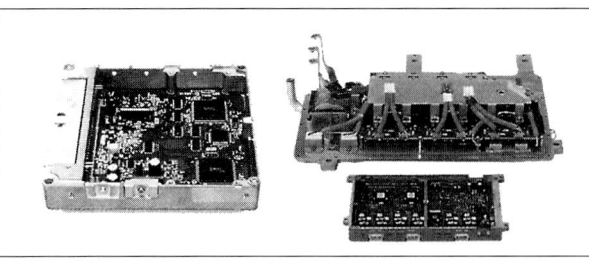

ECU

ECUは時代とともに高集積化して、小型になってきているのが一目瞭然。右下が最新。

量に対応する燃料量を供給するインジェクターの開弁時間(ms)で0.25～0.5ms程度の間隔でつくります。格子点の数は自動車メーカーによってまちまちで、16×16、20×25などさまざまです。格子点の数は多いほどきめ細かく制御できますが、その分データを取っていくのが大変になります。この格子点すべてについて、点火時期と燃料増量率を決定します。なぜ燃料増量率かというと、燃料噴射量の基本は理論混合比を基準としているからです。したがって、基本的に増量率はゼロですが、高負荷側ではエンジンの要求に応じて0～40％程度までの数字が入ります。

点火時期は0.5～1deg、燃料噴射量補正は0.8％程度が基本単位となります。燃料噴射量補正の単位が中途半端なのは16進法を使っているからです(100/128％＝0.78％)。

格子点の間の点は、いちばん近い点のデータを比例計算した値とします。たとえば、2200rpm、4msなら点火時期は26.5deg、増量率1.5％となり、5000rpm、3.75msならまわりの4点を平均して、点火時期は25.5deg、増量率15％となります。

その他、ターボチャージャーの過給圧や可変バルブタイミング、可変吸気システムの作動制御も、すべてこのような吸入空気量とエンジン回転速度をベースとしたマッ

点火時期マップ (deg) 例

空気量(ms)	エンジン回転速度(rpm)														
	400	800	1200	1600	2000	2400	2800	3200	3600	4000	4400	4800	5200	5600	6000	6400
6.5	10	16	18	20	25	25	25	25	24	23	22	20	20	22	24	25
6.0	10	16	18	20	25	25	25	25	24	24	23	21	21	23	25	26
5.5	10	16	18	20	25	25	25	25	25	24	22	22	24	26	27
5.0	11	16	18	20	25	25	25	25	26	25	22	25	27	28
4.5	12	16	18	20	25	25	25	26	27	26	23	24	26	28	29
4.0	13	16	18	20	26	27	27	27	29	28	27	24	25	27	29	30
3.5	14	16	18	20	26	30	30	30	31	30	29	26	27	29	31	32
3.0	15	16	18	20	30	33	33	33	32	31	30	27	27	29	31	32
2.5	16	20	24	24	30	35	35	34	33	31	30	28	28	30	32	33
2.0	17	22	26	27	30	35	35	35	34	32	31	29	29	31	33	34
1.5	18	26	30	32	33	35	35	35	34	33	32	30	30	32	34	35
1.25	19	30	34	35	35	36	36	36	35	34	33	31	31	33	35	36
1.0	20	30	34	35	35	36	36	36	35	34	32	32	34	36	37
0.75	20	30	34	35	35	36	36	36	35	34	33	33	35	37	38
0.5	20	25	27	29	32	34	36	36	36	35	31	31	33	35	35
0.25	20	20	20	20	20	20	20	22	23	24	25	25	25	25	25	25

エンジンの吸入空気量と回転速度に応じた最適な点火時期をあらかじめ実験で決めて、このようなマップを用意しておき、エンジンを最適に制御している。なお、網線はエンジンの最大トルクカーブを示し、この線より下の部分で運転される。

2. 出力性能向上を図るには

プ上で定義していきます。これらのマップは基本マップなので、エンジン水温や大気圧による補正、過渡の補正などが加わることになります。

この電子制御システムは、それまでのエンジン制御を革命的に変えました。キャブレターとディストリビューターによるアナログ制御では決してできなかったきめ細かい制御をいとも簡単にすることができるようになったのです。

たとえばキャブレターでは、空気量の増減に比例して空燃比を濃くしたり薄くしたりすることはできますが、2000rpmと3000rpmで空燃比14、その間の2500rpmでは空燃比15というような調整は不可能です。点火時期も同様です。電子制御システムなら、その特性変更も入力データを変更するだけで可能なのです。もちろん、そのデータを決めるまでは従来と同様に机上検討し、実験して決める必要があるのはいうまでもありません。

制御の内容も単なるフィードフォワードからラムダ制御、ノック制御などのフィードバック制御が加わり、制御の応答性を上げる学習制御も取り入れられています。

マイコン制御導入当初は、点火時期や混合比、アイドル回転などを制御するだけなので8ビット[*1]マイコン＋16メガバイト[*2]のPROM（プログラムロム＝1回だけ書き込み可能）でも充分でした。

それが現在では32ビットマイコンにRAMとROM[*3]を一体化したフラットパッケージが標準になっています。ROMも256キロバイト程度のEP-ROM（消去可能なロム）から1メガバイト以上の容量を持つフラッシュタイプになり、後からディーラーなどで書き換えが可能になっています。このようなハードウェアの進歩により、上記のような高度な制御が可能になっているのです。もっとも、最近のゲーム機では64ビットマイコ

混合比マップ （燃料増量率：％）例

空気量(ms)	エンジン回転速度(rpm)															
	400	800	1200	1600	2000	2400	2800	3200	3600	4000	4400	4800	5200	5600	6000	6400
6.5	3	3	3	3	3	3	3	5	10	13	16	20	25	30	32	32
6.0	3	3	3	3	3	3	3	5	10	13	16	20	25	30	32	32
5.5	3	3	3	3	3	3	3	5	10	13	16	20	25	30	32	32
5.0	3	3	3	3	3	3	3	5	10	13	16	20	25	30	32	32
4.5	3	3	3	3	3	3	3	5	8	10	12	16	25	30	32	32
4.0	3	3	3	3	3	3	0	0	0	8	10	12	20	28	28	28
3.5	3	3	3	0	0	0	0	0	7	8	10	18	25	25	25	25
3.0	3	3	0	0	0	0	0	0	7	13	15	19	19	20	20	20
2.5	0	0	0	0	0	0	0	0	5	5	8	10	13	13	14	14
2.0	0	0	0	0	0	0	0	0	0	4	4	5	8	8	10	10
1.5	0	0	0	0	0	0	0	0	0	3	3	3	3	4	4	5
1.25	0	0	0	0	0	0	0	0	0	2	2	2	2	2	2	2
1.0	0	0	0	0	0	0	0	0	0	2	2	2	2	2	2	2
0.75	0	0	0	0	0	0	0	0	0	2	2	2	2	2	2	2
0.5	0	0	0	0	0	0	0	0	0	2	2	2	2	2	2	2
0.25	0	0	0	0	0	0	0	0	0	2	2	2	2	2	2	2

同じく燃料増量率のマップ。基本は理論混合比なので増量率はゼロだが、高負荷条件では出力混合比にして出力を確保すべく混合比を濃くしている。空燃比のフィードバック制御をしているのは増量率ゼロの部分のみ。

ンが当たり前なので、まだ32ビットなのかと思うかもしれませんが、エンジン制御はゲーム機のように3D映像を高速処理する必要はないので、現時点では32ビットで充分です。

　今後はピエゾ式インジェクターを使った高度な筒内噴射やスーパーチャージャー・ターボチャージャー、可変バルブタイミングなどを組み合わせたシステムが採用されていき、ますます制御の高速化、高度化が必要となっていきますが、ゲーム機などに見られるようにハードウェアの進歩は目覚ましく速いので、その要求には充分対応できると思います。大ざっぱにいうと、この20年間で計算処理能力は100倍に上がり、システム全体の小型軽量化も急速に進んで半分以下になっています。あと10年もしないうちにさらに今の10倍の処理速度とさらに半分の重量・大きさになることは間違いのないところでしょう。

*1)　ビット数
マイコン内部で一度に処理できるデータの幅をいう。8ビットマイコンでは1度に8ビットしか演算できないが、32ビットマイコンなら4倍の32ビットの演算が可能。ビット数が多いほど一度にたくさんのデータを高速で処理できる。
なお、二つの選択肢から一つを特定するのに必要な情報量を1ビットという（2進法でいう0か1を選ぶということ）。

*2)　バイト
情報量の単位で、通常1バイトは8ビット（256の情報量）から構成される。

*3)　RAMとROM
メモリーにはROM（read only memory）とRAM（random access memory）がある。ROMはそのエンジンのためのプログラムや制御定数を格納するために使われる。ROMにはMask ROM（製造時に書き込む）、PROM、EPROM（紫外線照射で消去可能）、フラッシュメモリー（EEPROMの1種）、EEPROM（電気的な操作で消去可能）などの種類がある。
これに対してRAMは一時的なデータ処理作業用に使われ、ダイナミックRAM（一定時間経つとデータ消失）とスタティックスRAM（電気を供給している限り内容を保持）があるが、現在は集積度を高められるDRAMが主流となっている。

3
トルクの向上を図るには

　エンジントルクの単位はNmで、回転力です。出力のような時間の概念はありません。例えてみれば、神社の階段1000段をどのくらい早く駆け登れるかというのが出力で、階段1段を登る脚力はトルクに例えることができます。1段ずつしか登れない脚力の人と2段飛びで登れる脚力の人が1000段を登る場合を比較してみます。1段ずつしか登れない人が1分間に100段登る速さがあると、1000段を10分で登り切ります。2段飛びで登れる人が1分間に50回足を回転させられるとやはり1000段を10分で登り切ります。この場合、両者の出力は同じです。前者は回転で稼ぎ、後者は脚力で稼ぐという図式です。

　トルクのあるエンジンと出力のあるエンジンでは、どちらが乗りやすいか、あるいはどちらが速いのでしょうか。

　間違いなくトルクのあるエンジンの方が乗りやすくて速いのです。それは、トルクのあるエンジンは低速から力(出力)が出るのに対して、出力のあるエンジンは低速で力が出ないからです。

　以前、グループCカーのエンジン特性を変えて車両性能を比較したことがありました。

　　仕様1　　最大トルク　500Nm/4000rpm　　最高出力　500kW/7000rpm
　　仕様2　　最大トルク　650Nm/3500rpm　　最高出力　400kW/6000rpm

レーシングカーなのだから仕様1の方が速そうだと思う人が多いでしょう。

　しかし、富士スピードウェイを走った結果は逆でした。仕様1は、確かにストレー

トエンドでの最高速は速いのです。しかし、仕様2はスタートの加速、コーナーの立ち上がりなどほとんどの場面で仕様1より速いのです。80秒程度のラップタイムで1秒以上の差が出ました。しかも、運転が楽なのでミスが出にくく安定して速く走ることができるのです。

仕様1と2でドラッグレースをやると、スタートから数百メートルまでは仕様2がリードし、その後はじわじわと仕様1が追いつき、その後は出力の差にものをいわせて追い抜いていくという形になるでしょう。

出力が大きければ最高速度が速くトルクが大きければ低速からの加速が良いのです。だから、サーキットのような場所を速く走るためには、トルクの大きさがより重要になるということを、この結果は教えてくれています。

つまり、加速して到達する距離は速度の積分値になり、この積分値は最初の加速が良いほど大きくなるのです。次頁の図を見てもらうとすぐに理解できると思います。出力型エンジンが同じ時間で走る距離はA＋Cに、トルク型エンジンが走る距離はB＋Cになります。一目で明らかなとおり、A＋C＜B＋Cで最終的な到達速度は出力型の方が高いですが、走った距離はトルク型の方が長い、つまり同じ距離を走るならトルク型エンジンの方が速いのです。

1）トルク性能を重視した方が使いよいエンジンになるか

実際のクルマで走る場合のガソリンエンジンの使い方を考えてみます。

発進は2000rpmくらいからで、シフトアップは4000rpm程度で行います。これはマニュアルであれATであれ同じです。

一定速で高速道路を走るときは、せいぜい2000〜3000rpmでしょう。追い越しをする

力・熱・仕事率の単位換算表

力	kgf	N
	1	9.80665
	1.01972×10^{-1}	1

	kgfm	kWh	J	kcal
仕事 エネルギー 熱量	1	2.72407×10^{-6}	9.80665	2.34270×10^{-3}
	3.67098×10^{5}	1	3.60000×10^{6}	8.60000×10^{2}
	1.01972×10^{-1}	2.77778×10^{-7}	1	2.38889×10^{-4}
	4.26858×10^{2}	1.16279×10^{-3}	4.18605×10^{3}	1

	PS	kgfm/s	kW	kcal/h
仕事率 熱流	1	75.0000	7.35500×10^{-1}	6.32529×10^{2}
	1.33333×10^{-2}	1	9.80665×10^{-3}	8.43371
	1.35962	1.01972×10^{2}	1	8.60000×10^{2}
	1.58095×10^{-3}	1.18572×10^{-1}	1.16279×10^{-3}	1

ときでもせいぜい5000rpm以下だと思います。最高出力発生回転である6000rpm付近を使うことは通常の走行ではまずないといっても良いでしょう。ということは、通常使うエンジンの回転域は、アイドル回転から4000rpmくらいまでということになります。これがディーゼルエンジンだと3000rpmくらいまでになります。

このように見てくると、使いやすいエンジンというのは、4000rpm程度までのトルクが大きいエンジンということになります。実際に、低速トルクが小さいと市街地での加速が悪く、もたもたした感じを与えます。ディーゼルエンジンのクルマで市街地を走ると、とてもパワーがあるように感じるのは、実は3000rpmくらいまでのトルクがガソリンエンジンよりも大きいからなのです。そのかわり4000rpm以上ではトルクが落ち込むので、パワーはガソリンエンジンに劣ります。しかし、そのような高速域を使うことは日常ではあまりありません。

ということで、使いやすいエンジンというのは、実用回転域である4000rpmくらいまでのトルクが大きいエンジンということになります。

これはすでに説明したとおり、街中を走るクルマだけではなく、レーシングカーにもいえることなのです。

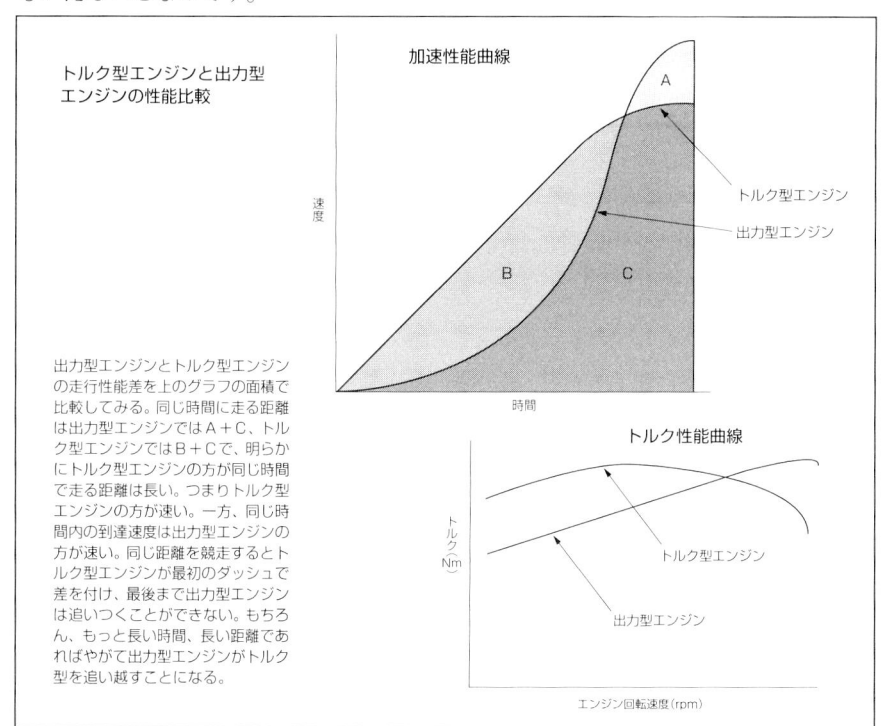

トルク型エンジンと出力型エンジンの性能比較

出力型エンジンとトルク型エンジンの走行性能差を上のグラフの面積で比較してみる。同じ時間に走る距離は出力型エンジンではA＋C、トルク型エンジンではB＋Cで、明らかにトルク型エンジンの方が同じ時間で走る距離は長い。つまりトルク型エンジンの方が速い。一方、同じ時間内の到達速度は出力型エンジンの方が速い。同じ距離を競走するとトルク型エンジンが最初のダッシュで差を付け、最後まで出力型エンジンは追いつくことができない。もちろん、もっと長い時間、長い距離であればやがて出力型エンジンがトルク型を追い越すことになる。

加速性能曲線（速度／時間）：A、B、C領域、トルク型エンジン、出力型エンジン

トルク性能曲線（トルク[Nm]／エンジン回転速度(rpm)）：トルク型エンジン、出力型エンジン

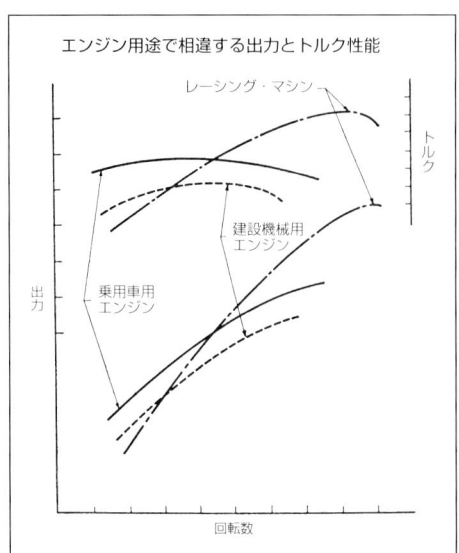

エンジン用途で相違する出力とトルク性能

（図：縦軸 出力／トルク、横軸 回転数。レーシング・マシン、建設機械用エンジン、乗用車用エンジンの特性曲線）

乗用車用エンジンでは、低速から高速まで広い回転レンジで使われるので、フラットなトルク特性が要求される。それに対して建設機械用では定格運転で使うので、そのトルクでの燃費が重要性能になる。レーシングカーの場合は、もちろん高回転域の出力性能が最重要視される。

2006年のルマン24時間レースでディーゼルエンジン搭載車が優勝したのも、決して偶然ではないのです。加速(到達距離)は速度の積分値なので、いかに最初の立ち上がり速度を上げるかが重要になるのです。

確かに低速トルクがなく、最高出力が高いエンジンで走ると低速で加速が悪い分、高速の加速が良い感じがします。しかし、並べて加速を比べてみると、最初の加速で置いて行かれた分を後半の加速で挽回するのはむずかしいのです。

競馬では、第四コーナーを回ってから追い込む馬が強いのはどうしてでしょう。これも高速の馬力ではなく、ダッシュする最初の加速が良いので、その勢いで先行馬をやすやすと追い抜くことができるのです。走りを分析してみるとよく分かりますが、加速はむちが入った瞬間から数秒間がいちばん良くて、後はそのスピードを維持する感じで走っているはずです。

F1のエンジンの場合は、どうなのでしょうか。2007年現在のF1用エンジンは、最高回転速度は19000rpmに達しています(レギュレーションで19000rpm以下に制限されている)。実際の常用回転域は12000rpm以上でしょう。このような場合でも、加速立ち上がり時のトルクの大きさは重要です。しかし、F1の場合は完全自動の多段変速機を有しており、より有効にエンジンのトルクを使うことが可能なため、あのような高出力型エンジンでも高い加速力を得ることができるのです。

2）ロングストロークはなぜトルクが上がるのか

一般にロングストロークエンジンというのは、ボア径よりもストローク長さの方が10%程度以上大きいエンジンをいいます。

同じ排気量でショートストロークとロングストロークのエンジンを比べてみます。

ショートストロークのエンジンではボア径が大きいので、吸排気バルブの傘径を大きく取ることができます。つまり吸入、排気のポテンシャルが高いので、高出力を得るの

に適しているといえます。

一方、ロングストロークエンジンではこの逆で、バルブ傘径はあまり大きく取ることができません。しかし、ストロークが長いと、同じエンジン回転速度で比較したときピストンスピードが速くなるので、吸入空気はより速い速度でシリンダー内に取り入れられます。バルブ傘径も小さいので、そこを通る空気の流速はより高められます。燃焼室に取り入れられる混合気のスピードが速くなればなるほど燃焼室内に発生する乱流が大きくなり、速い燃焼が実現されます。

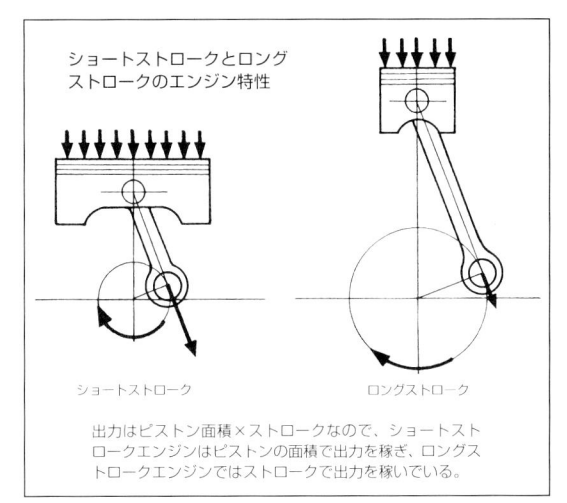

この急速燃焼は図示熱効率を向上、つまりより大きな出力を得ることができるのです。特に中低速回転域では混合気の撹拌がむずかしいので、この乱流は効果的に働きます。このような理由でロングストロークエンジンは中低速トルクを向上させるのに有利なのです。

3)慣性過給など充填効率の向上を図るとなぜトルクが上がるのか

基本的に発生するトルクは吸入する空気量に比例します。もちろん、厳密にいうと図示トルクが空気量に比例するのですが、正味トルクも吸入空気量につれて大きくなるといっても大きな間違いはありません。

充填効率というのは、標準状態におけるシリンダー容積に相当する空気量に対して、実際にどの程度の空気量が入っているかをパーセントで表します。1シリンダー500ccのエンジンでしたら20℃、1気圧で500ccの空気の質量に比較して、運転状態でどの程度の空気量がシリンダーに入っているかを表す指標です。

慣性過給を使わなければ90%程度が普通ですが、慣性過給を使えば110%も実現可能です。つまり、慣性過給により普通に吸入するよりも10〜20%空気を吸い込めるということです。

慣性過給というのは、空気の慣性力を利用して混合気をより多くシリンダーに押し込める方法です。ピストンがシリンダー内を下がり出すと、混合気がシリンダーに入って来ます。ピストンが下死点に達しても混合気は勢いよく入ってきているので、

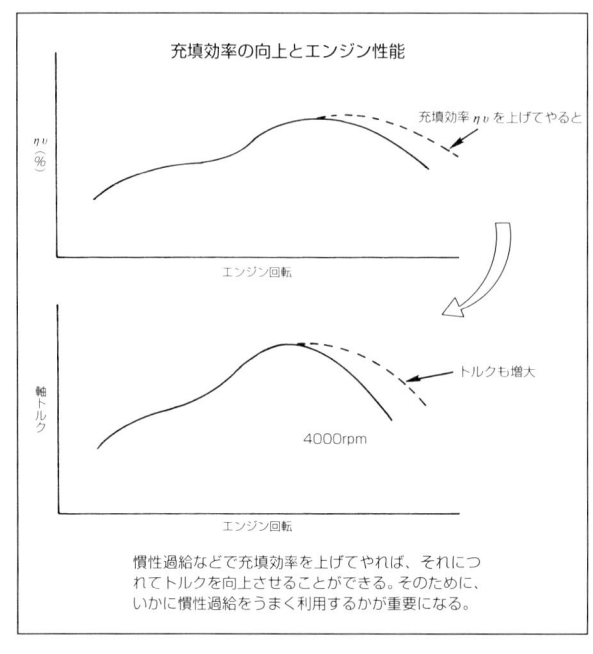

急には止まりません。電車が急停車すると体が前に放り出されるのと同じ原理です。吸気バルブが開いていれば、その混合気の慣性力でピストンが上昇し始めてもまだ混合気はシリンダーに入ってきます。

この現象を慣性の法則といっています。ある程度ピストンが上昇すると、今度は混合気がシリンダーから押し出されてしまいます。この押し出される直前に吸気バルブを閉じれば、最大限の混合気を取り入れることができます。

このように、慣性過給をうまく利用すれば100％以上の充填効率を実現することができるのです。混合気が最大限に入るための吸気バルブを閉じるタイミングは、吸気ブランチの長さやエンジン回転速度によって変わります。吸気ブランチの長さが長いほど、慣性過給が最大になるエンジン回転速度は低速側になります。また、エンジン回転速度が高くなるほど慣性が大きくなるので、最適な吸気バルブを閉じるタイミングは遅くなります。

4）主運動部品の軽量化はトルク向上に効果があるのか

主運動部品というのはピストン、コンロッド、クランクシャフト、フライホイールなどクランクシャフト周りの往復または回転運動している部品をいいます。

これらの主運動部品の重量はトルクとどのような関係があるのでしょうか。

大きく分けて二つの影響があります。
①フリクショントルク
②加速抵抗

まずフリクショントルクについて説明します。

ピストンが主運動部品の最重要部品です。ピストンを軽くできれば往復運動する慣

3. トルクの向上を図るには

性能が小さくなるので、コンロッドを軽くつくることができます。ピストンとコンロッドを軽くできればコンロッドメタルやクランクメタルにかかる荷重が減るので、メタルの直径や幅を小さくできてフリクションを減らすことができます。このように往復運動する部品が軽くなればフリクションを減らすことができるのです。ピストンやコンロッドが軽くなれば、クランクシャフトに付けるカウンターウェイトも小さくできるので、これもクランクメタルのフリクションに効いてきます。

このように、主運動部品が軽くなればフリクショントルクを減らすことができるわけです。エンジンの発生トルク（正味トルク）は図示トルクからフリクションを引いた残りですから、当然フリクションが減れば発生トルクは増えます。もちろん、フリクションが小さくなれば燃費も良くなります。

次に加速抵抗について説明します。

加速抵抗というのはある一定回転で回っているエンジンの回転速度を上げるときに

主運動部品の摺動回転部

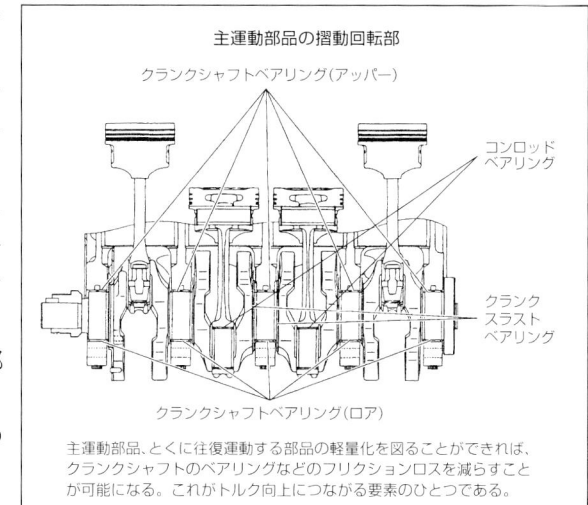

クランクシャフトベアリング（アッパー）
コンロッドベアリング
クランクスラストベアリング
クランクシャフトベアリング（ロア）

主運動部品、とくに往復運動する部品の軽量化を図ることができれば、クランクシャフトのベアリングなどのフリクションロスを減らすことが可能になる。これがトルク向上につながる要素のひとつである。

ベアリング摺動面積と摩擦トルク

ベアリングの摩擦トルクは軸受け数、軸径の4乗及び軸受け幅に比例する。そのため軸径を細くすることが摩擦トルクを減らすことには最も有効であるが、クランク軸の曲げ剛性も軸径の3乗に比例するので簡単には行かない。
V6エンジンはメインメタルが4つであり、7つある直列6気筒よりもフリクション的には有利だと思われがちだが、V6のメインジャーナル径は剛性を確保するために、一般に直6よりも径が大きくなりがちで、必ずしも有利というわけではない。コンロッドメタルはメインメタルよりも負荷が高く、それに伴いフリクションも大きくなる。メタル破損の不具合は、大抵はコンロッドメタルで発生する。

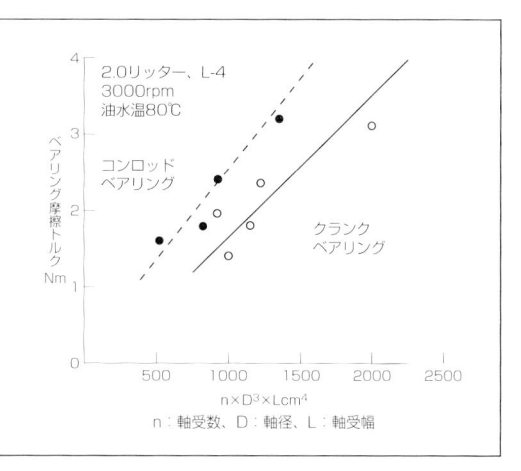

2.0リッター、L-4
3000rpm
油水温80℃

コンロッドベアリング
クランクベアリング

ベアリング摩擦トルク Nm

$n \times D^3 \times L cm^4$

n：軸受数、D：軸径、L：軸受幅

発生する抵抗です。これは、回転している部品の慣性モーメントによるためです。自転車のタイヤを空回ししているとき、止めようとしても、回転を上げようとしても力が必要ですね。この力が必要なのは回っている自転車の車輪に慣性モーメントがあるからです。たとえばトラックのタイヤで同じことをしようとすると、もっと大きな力が必要なことは想像できると思います。トラックのタイヤの方が慣性モーメントが大きいからです。

　エンジンの主運動部品、特にフライホイールの慣性モーメントが加速抵抗に大きく影響してきます。主運動部品の慣性モーメントが大きいとエンジンを加速させるために多くの発生トルクを使ってしまい、肝心のクルマを加速させるために使える余裕トルクが少なくなり、加速が悪くなります。レース用のエンジンがフライホイールを軽くしているのは、このような理由からです。

　主運動部品が軽ければエンジンの回転上昇、回転落ちともに良くなります。いわゆるレスポンスが良いということです。テレビでF1のエンジンの空吹かし音を聞いていると驚くほどレスポンスが良いことが分かると思います。このように、主運動部品が軽いと加速の良いエンジンにすることができます。しかし、一定速走行時にはあまり効果がありません（フリクション分だけ）。

　そしてフライホイールなど主運動部品を軽くするとエンジンの回転落ちが速くなる、発進時にエンストしやすくなるといった跳ね返りが生じます。エンジンの回転落ちが速くなって何か不都合があるのかと思うかもしれませんね。シフトアップ時にエンジン回転が下がりすぎてクラッチの繋がりがギクシャクしてしまうのです。これらはすべて慣性モーメントが小さくなり、回転速度変化が速くなったためです。

4

エンジンのレスポンスを向上させるには

　エンジンレスポンスはアクセルペダル開度に対する発生トルクの忠実度で定義されるものです。アクセルを開けただけ、ドライバーが意図したトルクを時間遅れ最小限で発生するのが理想です。

　このドライバーが意図しただけというのがポイントです。ドライバーは千差万別で、期待値も千差万別なのです。このドライバーの期待値の差は、チューニングで味付けを変えていくことで対応が可能です。

　普通のドライバーにとって、F1エンジンのようなレスポンスは恐怖以外の何者でもありません。アクセルを1mm踏んだだけで鋭く回転を上げ、アクセルを戻すとあっという間に回転を落とすというカミソリのようなエンジンは、とても扱いきれる代物ではないのです。しかし、もしサーキットを走るのに慣れているプロドライバーなら、そのレスポンスはとても頼もしく感じられるはずです。

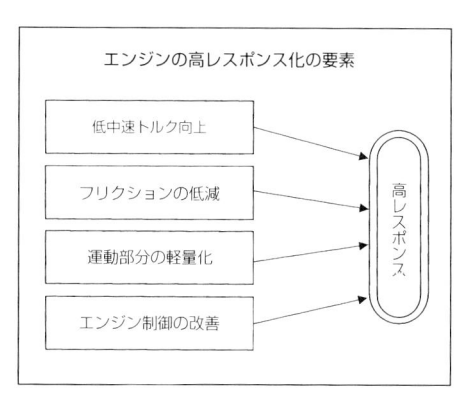

　オートマチックトランスミッションでは、ドライバーの運転特性に合わせてシフトスケジュールを変更するアダプティブ制御がすでに採用されているので、アクセルレスポンスについても、将来的にはこのアダプティブとい

エンジンの高レスポンス化の要素
- 低中速トルク向上
- フリクションの低減
- 運動部分の軽量化
- エンジン制御の改善
→ 高レスポンス

う考え方は取り入れても良いように思います。
　レスポンスを少し細かく要素に分解してみると以下の通りに分類されます。
①アクセルを踏んでからエンジンのトルクが出始めるまでの時間遅れ
　アクセルを踏んでからエンジントルクが出始めるまでの時間遅れの要素としては、アクセル操作系のガタや遊び、スロットルバルブからシリンダーまでの空気ボリューム、エアフローメーターまたは吸気圧センサーからスロットルバルブまでの空気ボリューム、エアフローメーターまたは吸気圧センサーがスロットル開度変化を検知してから実際にインジェクターから燃料が噴射されるまでの時間遅れ、加速時の混合比などが考えられます。
②空吹かし時（アイドル回転からアクセル全開時）のエンジンの回転の上がり方（どのくらい速く回転上昇するか）
　エンジン回転速度の上がり方の速さの要素としては上記に挙げた要素に加えて、アイドル回転速度、そのエンジン回転速度における最大トルク、エンジンの慣性モーメントがあります。
③アクセル開度とエンジン発生トルクの関係
　アクセル開度とエンジン発生トルクの間には、アクセルペダルとスロットル開度の関係、その回転で発生しうるエンジンの最大トルク、エンジン・駆動系の慣性モーメントなどの項目があります。
④エンジン発生トルクと加速度
　エンジン発生トルクと加速度の間には、ウェイトトルクレシオ、ギア比、エンジン・パワートレーンの慣性モーメント、シフトダウン時のタイムラグ、トルクコンバーターの滑りなどの項目が上げられます。
⑤アクセルを戻したときのエンジン回転低下速度（どのくらい素早くエンジン回転が落ちるか）
　アクセルを戻したときのエンジン回転低下速度の要素としては、エンジンのフリクショントルク、エンジン・駆動系の慣性モーメント、車両の走行抵抗などの項目が考えられます。
　それぞれの項目について詳しく見ていくことにしましょう。

1）アクセルを踏んでからエンジンのトルクが出始めるまでの時間遅れ

①アクセル操作系のガタや遊び
　時間遅れの要素の一つには、アクセルワイヤー、リンクの遊びや摺動抵抗があります。アクセルペダルはワイヤーやリンクによりスロットルバルブと連動していますが、このあいだのガタや遊びが大きいと、アクセルペダルの動きとスロットルの開閉

が同期しなくなります。

　アクセルペダルやペダルブラケットの剛性が低いと、踏力による変形によりアクセルペダルの動きがダイレクトにスロットルの動きに伝わりません。

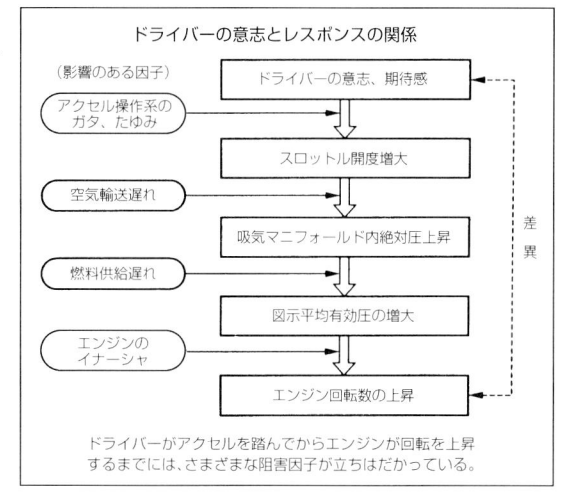

　ペダルブラケットの車体への取り付け剛性も重要です。この取り付け剛性が足りないと、アクセルを踏んだときに一緒にブラケットが動いてしまい、ダイレクトにアクセルペダルの動きがスロットルに伝わりません。アクセルペダルを全開にしたときにスロットルバルブも全開になっているかを確かめることも必要です。どうもパワーがないと思っていたらスロットルが全開になっていなかったということも考えられます。

　また、アクセルワイヤー、リンク系の摺動抵抗もスロットルの動きを鈍くするので適切に調整する必要があります。といってあまりアクセルペダルが軽いとアクセルを一定に保つことがむずかしくなり、車両の動きがガクガクしてしまいます。そして、アクセルペダル～スロットルバルブ間のフリクションが適度にないと、アクセルペダルの重さと保持力のバランスが悪くなります。アクセルを開けるときの踏力はある程度必要ですが、ペダルの保持力があまり高いと一定走行時に足が疲れてしまうのです。アクセルを開く力と戻す力の間に適当なヒステリシスが必要なのです。

　くだらないようですが、これらの操作系をきちっとチューニングするだけで、驚くほどアクセルレスポンスは改良されます。レーシングカーのアクセル操作系を実際に触ってみると良く分かりますが、アクセルにほんの少し足を乗せただけで、忠実にス

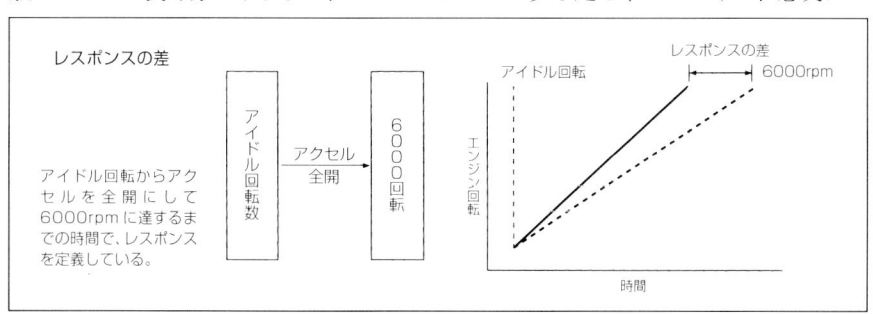

ロットルが反応します。

　以上はアクセルペダルとスロットルバルブがワイヤーやリンクでつながっている場合の話ですが、アクセルバイワイヤーの場合もアクセルペダルからアクセルセンサーまではワイヤーやリンクでつながっているので基本的には同じです。

②スロットルバルブからシリンダーまでの空気ボリューム

　スロットルバルブが開くと、その下流のシリンダーへ向かって空気が流れ始めます。そのあいだの空気ボリュームが大きいと、それだけアクセル開からトルクが発生するまでのタイムラグが大きくなります。

　通常の燃料噴射システムでは、スロットルバルブの下流に吸気コレクター(サージタンク)があり、そこから各気筒の吸気ブランチを経てシリンダーへと吸気が導入されます。したがって、吸気コレクターの容積、吸気ブランチの太さと長さが、スロットルバルブ下流のボリュームに関係してきます。

　吸気コレクターの容積は慣性過給の効果に影響があり、あまり容積が小さいと互いに他気筒の圧力変動の影響を受けて、慣性過給効果が小さくなってしまいます。

　また、吸気ブランチの長さや太さも慣性過給効果に影響するので、吸気ボリュームを減らすためだけに短くしたり細くすることはできません。

　この問題を解決する手段は二つあります。一つは各気筒にスロットルバルブを配置する多連スロットルです。多連スロットルにすれば吸気コレクターはスロットルバルブの上流になるので、この容積の影響を受けることがなくなります。スロットルバル

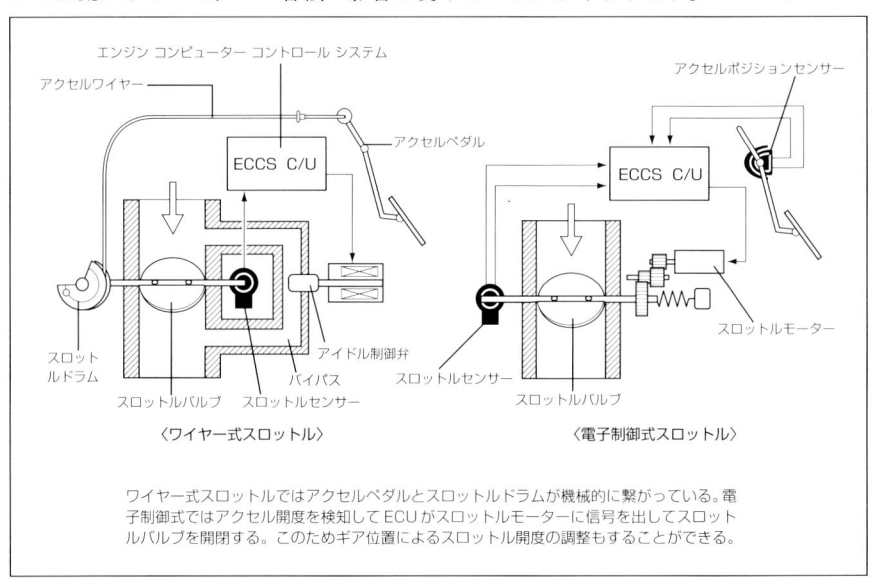

〈ワイヤー式スロットル〉　　〈電子制御式スロットル〉

ワイヤー式スロットルではアクセルペダルとスロットルドラムが機械的に繋がっている。電子制御式ではアクセル開度を検知してECUがスロットルモーターに信号を出してスロットルバルブを開閉する。このためギア位置によるスロットル開度の調整もすることができる。

4. エンジンのレスポンスを向上させるには

ブからシリンダーまでの容積は劇的に減少するので、吸入空気のレスポンスは大幅に改善されます。

たとえば、日産スカイラインGT-Rに搭載したRB26DETTエンジンでは、スロットルバルブ下流の容積は多連スロットル採用で約1/5に激減しています。

もう一つの方法は最近BMWが採用し、他社も追随しつつあるバルブトロニック(スロットルレス)システムの採用です(136頁参照)。このシステムでは吸入空気のコントロールをスロットルバルブの代わりに吸気バルブのリフトと作動角により行うので、実質的なスロットルの役割をする吸気バルブからシリンダーまでの容積は実質ゼロとなります。スロットルバルブ下流の吸気ボリュームを減らす目的には、このバルブトロニックが究極のシステムといえます。

③エアフローメーターまたは吸気圧センサーからスロットルバルブまでの空気ボリューム

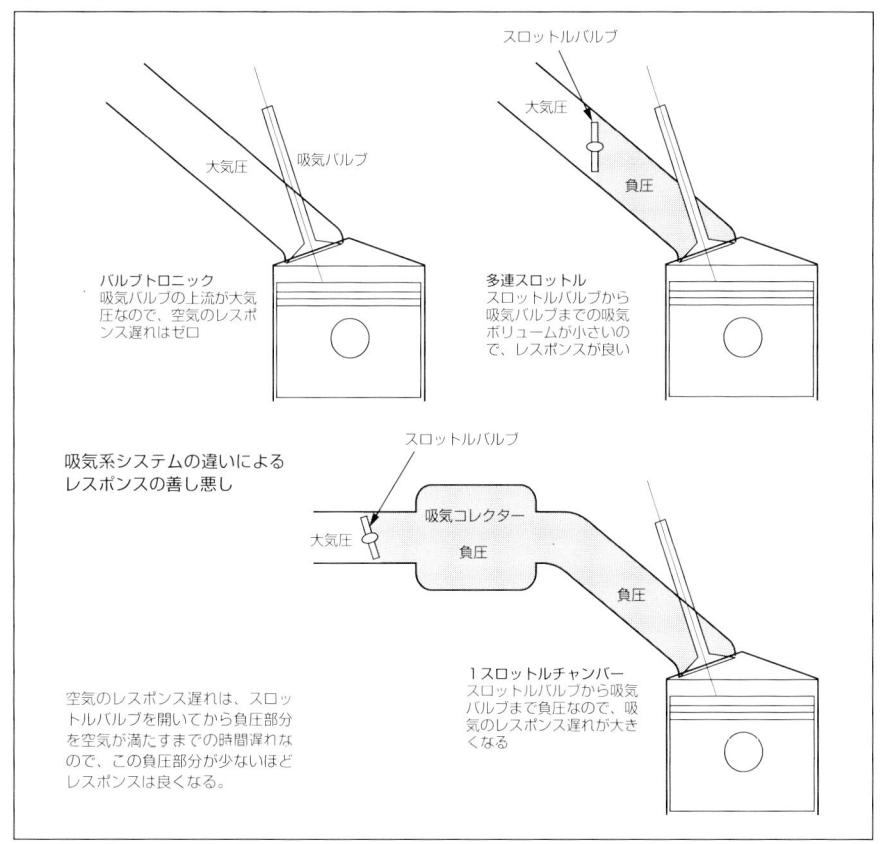

バルブトロニック
吸気バルブの上流が大気圧なので、空気のレスポンス遅れはゼロ

多連スロットル
スロットルバルブから吸気バルブまでの吸気ボリュームが小さいので、レスポンスが良い

吸気系システムの違いによるレスポンスの善し悪し

1スロットルチャンバー
スロットルバルブから吸気バルブまで負圧なので、吸気のレスポンス遅れが大きくなる

空気のレスポンス遅れは、スロットルバルブを開いてから負圧部分を空気が満たすまでの時間遅れなので、この負圧部分が少ないほどレスポンスは良くなる。

> 空気量計量方式の違い
>
> Dジェトロニック式の圧力センサー　　　Lジェトロニック式のホットワイヤー式エアフローメーター
>
> Dジェトロニック式では、スロットル下流に置かれた圧力センサーで吸入空気量を計量する。一方、Lジェトロニック式ではスロットル上流に置かれたホットワイヤー式エアフローメーターで吸入空気量を計量する。

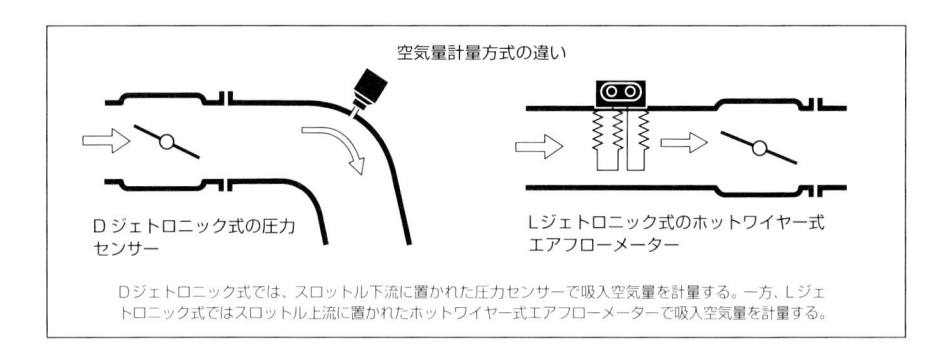

　吸入空気量の検知はLジェトロニックの場合はエアフローメーターで、Dジェトロニックの場合は吸気圧センサーで行っています。エアフローメーターはエアクリーナー直後に配置され、吸気圧センサーは吸気コレクターに配置されます。

　吸気圧センサーの場合は、スロットルバルブに近い位置なので時間遅れはほとんど問題になりませんが、エアフローメーターの場合は吸気通路が長いと時間遅れが生じます。

　特に音振対策のためにエアクリーナーの下流にレゾネーターを配したり、ターボ仕様でインタークーラーを使っている場合は、相当な吸気ボリュームになります。最近では混合比制御の正確性の問題もあり、Dジェトロは使われなくなっており、この吸気の時間遅れは電子制御エンジンの共通の問題になっています。

　このエアフローメーターからスロットルバルブまでのボリュームによる時間遅れはスロットルバルブの回転を検知するスロットルセンサーにより補正することができます。スロットルバルブが開いた瞬間はまだエアフローメーターは吸気量が増えたことを感知できませんが、スロットルセンサーの動きを見ることでどのくらいアクセルが開いたか、どのくらい素早く開けられたかを知ることができます。この情報から要求されている加速を計算し、見込まれる吸入空気量に見合った燃料を噴射することができるのです。

④エアフローメーターまたは吸気圧センサーがスロットル開度変化を検知してから実際にインジェクターから燃料が噴射されるまでの時間遅れ

　一般に最近の制御では、燃料インジェクターは2回転に1回燃料を供給しています。したがって、燃料を吹き終わった直後にスロットルバルブが開いたとすると、2回転後に初めてその加速の情報が反映されることになります。

　この遅れを避けるために通常の噴射とは別に、スロットルセンサーによる加速を検知したときは割り込み噴射を行うようにしています。これにより通常の燃料噴射が終わった後の加速情報に対しても対応することができ、もたつきのない素早い加速を実

割り込み噴射

燃料を吹き終わった直後にスロットルバルブが開くと、加速の情報が遅れてしまうので、これを避けるために通常の噴射とは別にスロットルセンサーによる加速を検知したときは割り込み噴射を行う。これによって、もたつきのない素早い加速を可能にしている。

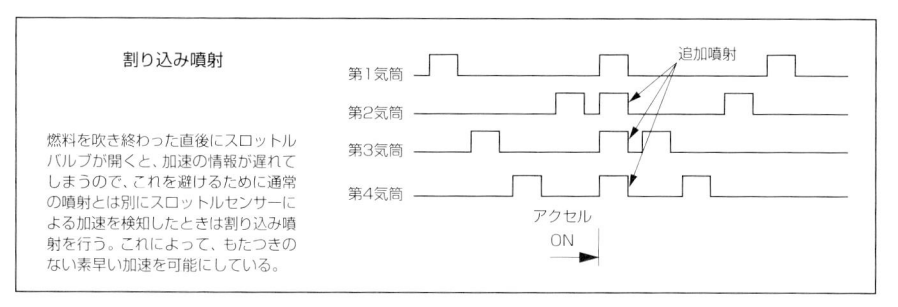

現することができます。

⑤加速時の混合比

過渡時にはエアフローメーターはまだ正確な吸入空気量を検知できないので、スロットルバルブの動きを検知して空気量を予想する必要があります。

また、インジェクターから噴射された燃料はそのすべてがシリンダーに入るわけではなく、吸気ポートの壁を伝ってシリンダーに入る分もあるので過渡時には混合比が変化します。加速時は一瞬燃料が少なくなり混合比が薄くなり、減速時には一瞬燃料が多くなって混合比が濃くなるのです。これを補正するため、過渡時には加減速に応じてインジェクターから噴射する燃料補量を調整しています。これを壁流補正と呼んでいます。

2)エンジン回転の上がり方(どのくらい速く回転上昇するか)

①アイドル回転速度

エンジンの空吹かしにおけるレスポンスはアイドル回転速度が高いほど良くなります。

エンジンの回転を上げるためのエネルギーをΔWとすると

$$\Delta W = \frac{1}{2} I \omega_2^2 - \frac{1}{2} I \omega_1^2$$

となります。

ここでω_1はアイドル回転速度、ω_2は到達回転速度とします。

式で見て分かるとおり、ΔWはアイドル回転速度ω_1が高ければ、その2乗に比例して小さくなります。

レース用エンジンは一般にアイドル回転速度が高いですが、それはエンジンの慣性モーメントが小さくてエンストしやすいためだけでなく、吹き上がりのレスポンスを良くするためにも有効なのです。

②そのエンジン回転速度における最大トルク

そのエンジン回転におけるエンジンの最大トルクが高いほど加速するための余裕ト

ルクは大きくなり、回転上昇が速くなります。したがって、低速トルクの大きなエンジンほど空吹かしの回転上昇は速くなります。ディーゼルエンジンは低速トルクが大きいのですが、エンジンの慣性モーメントも大きいので素早い空吹かしというわけには行きません。

③エンジンの慣性モーメント

すでに説明したとおり、回転上昇のためのエネルギーΔWは前頁の式で表されました。この式のI、つまりエンジン（クラッチやトルクコンバーターも含む）の慣性モーメントが大きいと、それだけ大きなエネルギーを要することになります。この理由からディーゼルエンジンの空吹かしが、それほど素早くないのです。

3)アクセル開度とエンジン発生トルクの関係

①アクセルペダルとスロットル開度の関係

アクセル全開での加速であれば、エンジンは最大トルクを発生します。しかし、パーシャルではアクセル開度に応じたトルクを発生します。このアクセル開度とエンジンの発生トルクは、スロットルバルブの径やアクセルペダルのストロークとスロットルバルブ開度の関係、またアクセルストロークによって変わってきます。スロットルバルブの径が大きいほど早開きになります。

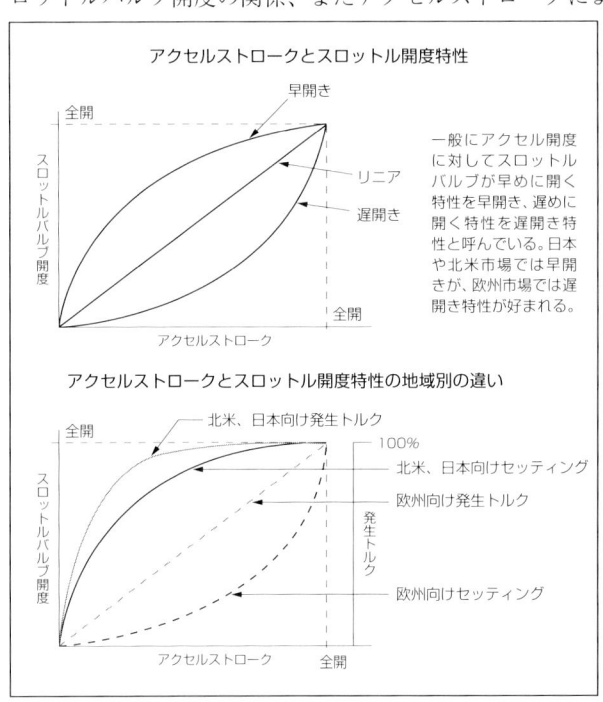

一般論でいうと、欧州向けの車両はアクセルストロークが長く遅開きで、北米、日本向けはアクセルストロークが短く早開きの特性になっています。これは、欧州のドライバーはアクセルの開き始めのトルク発生は穏やかで、アクセルストロークに見合ったトルク発生を好む傾向にあるからです。特に１３０～１８０km/h程度のクルー

アクセルストロークとスロットル開度特性

一般にアクセル開度に対してスロットルバルブが早めに開く特性を早開き、遅めに開く特性を遅開き特性と呼んでいる。日本や北米市場では早開きが、欧州市場では遅開き特性が好まれる。

アクセルストロークとスロットル開度特性の地域別の違い

4. エンジンのレスポンスを向上させるには

ジングでのアクセルコントロール性を重視します。

これに対して北米、日本のドライバーはアクセルの応答性が敏感なことを好みます。アクセルを1/4程度開いただけで全開の70〜80%のトルクを発生するようなスイッチ的な特性を好むのです。さすがに200kWを超えるような大出力のエンジンではそれほどでもないですが、150kW程度の出力まではこのような早開きの特性が好まれるのです。

たぶんアクセルを1/4程度踏んで、この程度のトルクが出るのだから、全開にしたらさぞかし速いだろうという期待感を持たせるのが良いのでしょう。北米や日本のドライバーは滅多にアクセルを全開まで踏まないのです。

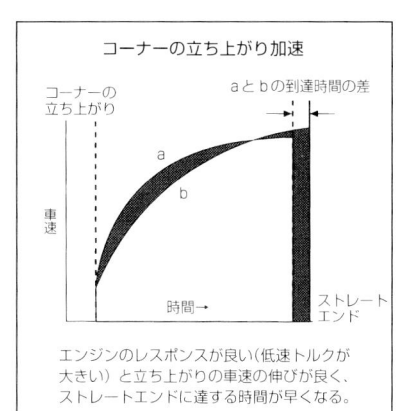

この違いは良い悪いというのではなく、運転のスタイルが違うということを物語っているのです。

ドライバーは大出力エンジンであれ小排気量のエンジンであれ、アクセルを1/4程度まで踏んだときの期待トルクは、それほど変わらないという仮説を筆者は立てています。それは人間が足でコントロールできる出力の幅(アクセルストロークに対する発生トルクの比)は、ある程度限られているからです。

そうだとすると、パワーのない小排気量エンジンでは早開き特性にし、大出力エンジンでは遅開きにするという手法が理に適っているように思うのです。小排気量エンジンではアクセルを踏み出したときには、そこそこのパワーを感じるがすぐ頭打ちになってしまう。しかし、そこは割り切って我慢する、という考え方です。これに対して、大出力エンジンではアクセル開度に応じた出力を発生させるようにしてコントロール性を確保するのです。

アクセルバイワイヤーを採用している車両ではギア位置によってアクセル開度とスロットルバルブの開度の関係を変えています。低速ギアでは遅開きにしてコントロール性を確保し、高段位のギアでは早開きにして応答性を良くするようにしているのです。

②その回転で発生しうるエンジンの最大トルク

最大トルクの大きさに応じてパーシャルのトルクも大きくなるので、当然ながら最大トルクが大きいほどパーシャルのトルクも大きくなります。しかし、あまりパーシャルのトルクが大きいとコントロールしづらくなるので、大出力エンジンの場合はある程度遅開き特性にして調整します。

コーナーの立ち上がり加速

エンジンのレスポンスが良い(低速トルクが大きい)と立ち上がりの車速の伸びが良く、ストレートエンドに達する時間が早くなる。

③エンジン・駆動系の慣性モーメント

　エンジンの発生するトルクが同じでも、エンジンや車両を加速するとき、回転を上げるために使われるトルクが大きければそれだけ加速は悪くなります。

　回転上昇に使われるトルクをTとして、時間Δtの間に$\Delta\omega$だけ回転角速度が変化したとすると

$$T = I \cdot \Delta\omega / \Delta t$$

と表されます。

　エンジンや駆動系の慣性モーメントが大きいほど回転上昇に使われるトルクが大きくなり、また回転上昇が速いほど、やはり回転上昇自身に使われるトルクが大きくなり、それだけ加速が悪くなります。空吹かしではすべてのトルクがエンジンの回転上昇だけに使われるわけです。実際の走行時は、ローギアが一番回転上昇に使われるトルクが大きく、上位のギアになるほど少なくなります。

4) エンジン発生トルクと加速度

①ウェイト・トルクレシオ

　車両の加速度はその車両の重量と発生するトルクの比、ウェイト・トルクレシオと密接な関係があります。発生トルクが大きく、車重が軽いほど加速は良くなります。そして人間の感じる加速感は低速ほど大きくなるので、低速トルクの大きなエンジンは加速が良いという印象をより強く与えます。この理由でディーゼルエンジン搭載車や1960年代の北米の大排気量エンジン搭載車は力強い加速感を感じるわけです。

②ギア比

　ギア比が低く、ローギアードなほど加速は相対的に良くなります。しかし前の項で説明したとおり、ローギアードなほど回転上昇に使われるトルクが増えるので、あまり大きな余裕トルクを持たせるのは得策とはいえません。

③エンジン・パワートレーンの慣性モーメント

　この慣性モーメントが大きいと、やはり回転上昇に費やされるトルクが大きくなって加速が悪くなります。

④シフトダウン時のタイムラグ、トルクコンバーターの滑り

　A/T仕様では加速時のシフトダウンのタイムラグやトルクコンバーターの滑りが加速を遅らせます。

5) アクセルを戻したときのエンジン回転低下速度

①エンジンのフリクショントルク

　ノーロード(無負荷)でのエンジンレスポンスでは、特にエンジンのフリクショント

4. エンジンのレスポンスを向上させるには

ルクが回転落ちの速さに関係してきます。フリクショントルクが大きいと、それだけ速くエンジン回転は落ちるのが速くなります。エンジン回転の落ちが悪いとシフトアップの回転が合わせにくくなりますが、逆に速すぎても回転を同期させるのがむずかしくなります。

②エンジン・駆動系の慣性モーメント

　ノーロードでのエンジン回転落ちの速さに一番大きく影響するのがエンジンの慣性モーメントの大きさです。慣性モーメントが小さいと回転上昇も速いですが、回転落ちも非常に速くなります。レース用エンジンはフライホイールなどが軽量化されており、エンジンの回転上昇、回転落ちが非常に速くなっています。慣れないとシフト時のエンジン回転合わせがうまくできないほどです。

　ちょっとアクセルを踏むとエンジン回転は素早く上昇し、ちょっとアクセルを放すと即座に回転が落ちてしまうからです。

③車両の走行抵抗

　これはエンジンの駆動力がタイヤに伝わっていて減速をしている場合です。特に高速走行中では空気抵抗が大きいのでアクセルを戻すと一気に減速をすることになります。

レース用のフライホイールとチタンコンロッド

エンジンの慣性モーメントを小さくすることはレスポンス向上に有効なので、レース用エンジンではフライホイールの軽量化を図り、往復運動部品も軽くすることが大切。

5 エンジンの軽量・コンパクト化

　エンジンの軽量・コンパクト化はエンジンが生まれてから現在に至るまでの大きな課題で、これで終わりということはないでしょう。以前はコンポーネントがまずあって、それをベースに車両の構成を考えていましたが、近年は車両のコンセプトがまずあって、それに合うコンポーネントを開発するという方向に変わっています。
　直列6気筒→V型6気筒の流れやVWの狭角V型、W型エンジンもその方向の流れの延長上にあります。

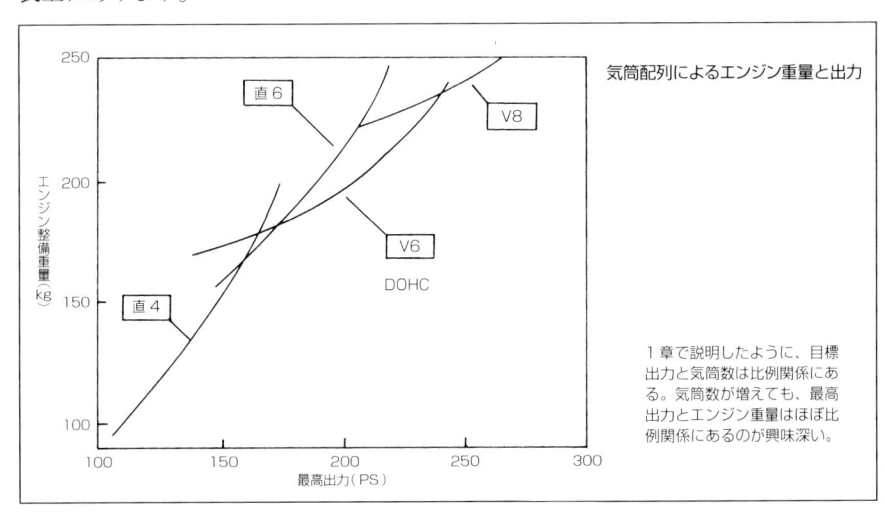

気筒配列によるエンジン重量と出力

1章で説明したように、目標出力と気筒数は比例関係にある。気筒数が増えても、最高出力とエンジン重量はほぼ比例関係にあるのが興味深い。

5. エンジンの軽量・コンパクト化

　このように、従来はエンジン全体をコンパクトに設計することや、個々の部品を軽量化することで軽量・コンパクト化を図っていましたが、現在は気筒配列まで戻って再検討するようになって来ています。

　軽量化は大きく分けて次の三つに分けることができます。
① 巧妙な設計による駄肉取りや鋳造法案の工夫による軽量化。
② 性能を落として形状変更することによる軽量化。
③ 材料置換による軽量化。

　その具体的な例についてみていくことにしますが、設計の工夫や生産技術の工夫で軽量化はでき、コストも一緒に下げることができます。したがって、エンジンの軽量化は各メーカーの技術力の水準を測るものともいえます。しかし、これも限度があり、あるところまで軽量化が進むと限界が来てしまいます。それ以上の軽量化は性能を犠牲にする恐れが出てきます。

　エンジンは車両重量の15％以上を占めており、エンジンの軽量化は車両の軽量化に大きく影響してきます。エンジンが軽ければそれを支えるためのマウントブラケットも軽くつくれるし、車体の補強も少なくて済みます。車両前後の重量配分も改善されるので、操縦性にも良い影響を与えます。もちろん、加速や燃費も良くなります。したがって、たとえ多少コストがかかってもエンジンを軽くすることは、車両全体から見れば合理的である場合も少なくないのです。

1) 軽量コンパクト化はどのように進行して来たか

　エンジンの軽量コンパクト化は、動力発生源であるエンジンにとって永遠の課題といえます。

　日本のモータリゼーションの発展とともにトヨタ、日産、プリンス、いすゞなど各社から乗用車用直列4気筒、その4気筒をベースに2気筒を追加した直列6気筒エンジンが開発されたのは1960年代でした。その頃のエンジンは海外メーカーのエンジンを参考にしたこともあり、各社似たような寸法、重量でできていました。その中で富士重工が開発したスバル1000ではFF方式の採用で軽量コンパクトな水平対向4気筒アルミブロックエンジンを開発、意欲的なものとして注目されました。

　1970年代から始まった車両のFF化の流れは、1980年代に入ると本格化してきました。1970年代は、日産サニーに搭載されたA12型エンジンを、横置き用として補機配置やオイルパン形状を変更してチェリーに搭載したように、FR用縦置きエンジンを改造して横置きFF化していました。それが1980年代になると、FF横置き専用のエンジンを各社が開発するようになります。

　FF搭載するには何よりも軽量でコンパクトなことが求められます。エンジンの全

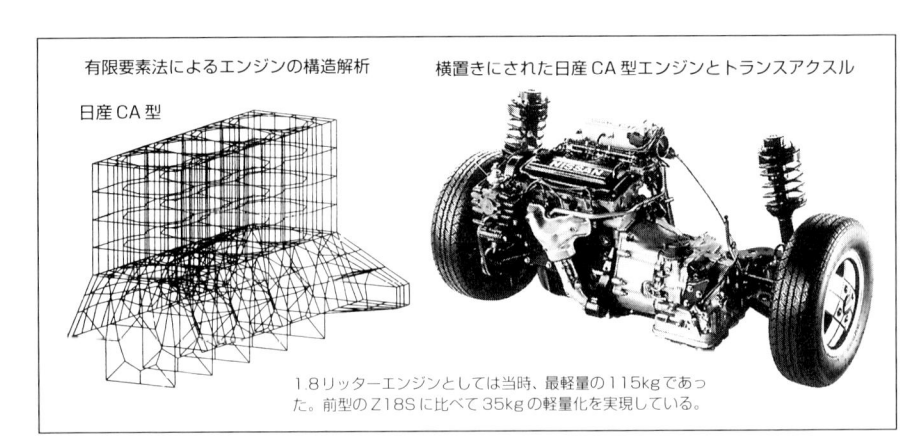

有限要素法によるエンジンの構造解析　横置きにされた日産CA型エンジンとトランスアクスル

日産CA型

1.8リッターエンジンとしては当時、最軽量の115kgであった。前型のZ18Sに比べて35kgの軽量化を実現している。

長、全幅、全高を大幅にコンパクト化し、重量も150kg台から一気に120kg以下まで軽量化されました。

　一方で、エンジンの軽量化は音振性能とトレードオフ関係にあり、音振性能の悪化を伴います。この頃設計されたエンジンは軽量コンパクトを標榜するあまり、音振性能が若干犠牲にされたものが多くなりました。軽量につくるためにはシリンダーブロックの壁を薄くし、ウォータージャケットを減らし、クランクシャフトのカウンターウェイトを減らすなど音振を結果的には悪化させてしまう設計をしたからです。

　一般的に、軽くなれば同じ出力でも振動は大きくなります。それは重いものの方が振り回しにくいのと同じ原理です。軽量化されて高出力になれば、それだけで音振性能は悪化することになります。

　このような事情により、この時代に設計された車両は、軽量コンパクトで燃費も良くなったがどうも音がうるさいという感じでした。これらの問題は、エンジン各部の改良で徐々に改善されるとともに、少しずつ重量も増しました。

　1980年代中盤になると各社でDOHC化、ターボ装着による高性能化が競われました。この高性能化の波でベースエンジンの軽量化は一息ついた感じになります。派生の高性能エンジンに引っ張られて軽量化の優先度が少し下がったのです。この後設計されたエンジンはDOHC4バルブが基準となり、それまでのSOHCベースからの世代変化がありました。これらのエンジンはDOHCが標準仕様でしたが、高性能版DOHC仕様と基本構造を共有していたので、音振性能や剛性も軽量化一辺倒だったそれ以前のエンジンよりも1ランク上がった基本性能を有していました。

　以上述べた軽量化は主として大衆車、小型車に搭載される1～2リッタークラスの直列4気筒エンジンを対象としたものでした。

　一方で、小型上級クラスでも1980年代に入るとエンジンの変革期を迎えます。それ

5. エンジンの軽量・コンパクト化

まで6気筒といえば直列6気筒が当たり前でしたが、横置きFF搭載を可能にするV型6気筒エンジンの出現です。

日本では日産のVGエンジンがV6の先駆けとなりました。日本ではセドリック／グロリアに搭載されて高級車用エンジンというイメージでしたが、北米ではマキシマにFF横置き搭載されて月間1万台以上の販売を記録しました。従来の直列6気筒エンジンでは2リッターで170kg程度の重量がありましたが、このVGエンジンでは2リッターで153kg、3リッターでも168kgに収まっています。

日産のRB型直列6気筒エンジンは、このVG型と同じコンセプトで設計されたエンジンです。2～3リッターまでのバリエーションを持ちながら従来のL型エンジンより大幅な軽量化、フリクション低減を実現しています。

日産VG型エンジンの主構成部品

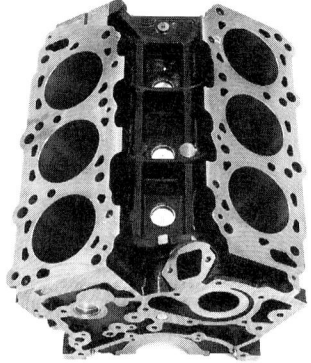

OHC型のVGエンジン。

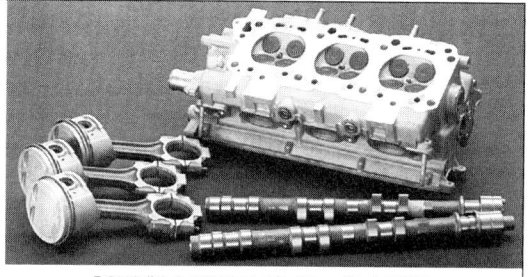

DOHC化したVG型エンジンのヘッドと主要部品。

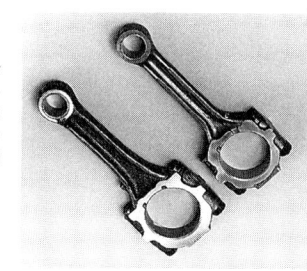

日産VQ型エンジンの主構成部品

VQエンジンのシリンダーブロック(下)のボア間にはスリットを入れて冷却性を良くしている。コンロッドとクランクシャフトはいずれもVG型との比較で大幅に軽量化されている。

小型4気筒エンジンに端を発した小型軽量化の波は、急速に直列6気筒や高性能エンジンの代名詞であったDOHCにも波及していきました。トヨタはLASERエンジンシリーズ、日産はPLASMAエンジンシリーズとして一連のエンジンを軽量コンパクト化していきました。

　1990年代に入ると、北米の燃費規制(CAFE)がさらに厳しくなり、エンジンの一段の軽量化と低燃費化が要求されるようになりました。そのようななかで、日本メーカー各社は小型車用エンジンとして最重要な3リッタークラスのV6エンジンの更新をして行きました。

　日産ではVG型エンジンに代わってVQエンジンが登場しました。90年代前半にFF用VGエンジンをDOHC化したVEエンジンを新たに発表したものの、性能は大差なくコストと重量も増えてしまう失敗作で、わずか2年でVQエンジンに取って代わられました。

　トヨタがV6エンジンを開発したのは他社に比べて遅く1987年で、FF専用エンジンとして1VZ型を発表しました。当初は2リッターでしたが、1990年の税制改正以後2.5リッターが追加されました。北米輸出に対応した本格的V6として開発されたのが1MZ型で、1995年に発表されました。軽量化、低フリクション化をコンセプトとしたエンジンでしたが、新しく設計されたGRエンジンに取って代わられることになります。

　日産のVQエンジンは1994年に登場以来、2006年に初めて大がかりな改良を受けました。吸排気系の改良、吸排気可変バルブタイミングによる出力の向上、クランク剛性向上、ラダービーム採用などによる音振性能向上など主要な採用技術だけでも、27項目に及んでいます。

2) シリンダーブロックなどのアルミ化は軽量化に有効か

　材料のアルミ化は、エンジンを軽量化する上で、もっとも有効な手段といえます。現在はアルミ製であることが常識なシリンダーヘッドですが、1950年代までは鋳鉄製

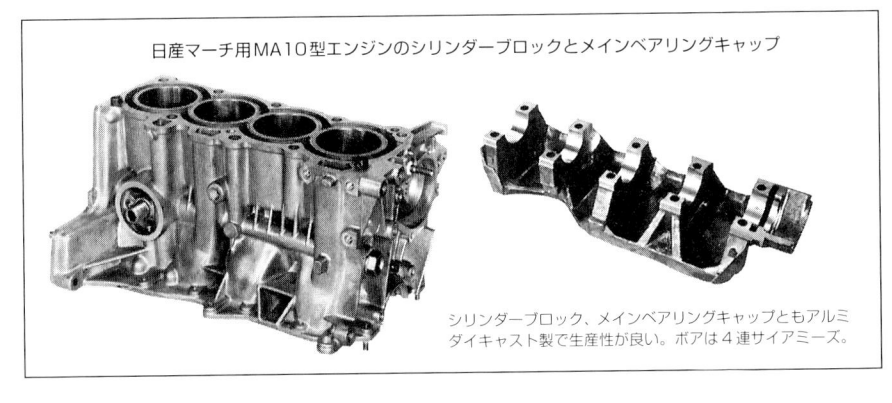

日産マーチ用MA10型エンジンのシリンダーブロックとメインベアリングキャップ

シリンダーブロック、メインベアリングキャップともアルミダイキャスト製で生産性が良い。ボアは4連サイアミーズ。

5. エンジンの軽量・コンパクト化

でした。1960年代に入り、高度成長とともに急速にモータリゼーション化が進み、動弁系がOHVからOHCに変更されるとともに、シリンダーヘッドの材質もアルミ化されて行きました。

1980年代はV6エンジンやDOHCエンジンが次々と発表されて高性能化の時代でしたが、シリンダーブロックはまだ鋳鉄製が主流でした。そのなかで、1981年に日産の新型車マーチに搭載されたMA型はアルミブロックの先駆けといえます。その後、ホンダの4気筒DOHC、90°V6エンジンなどにアルミブロックが採用されています。その他のメーカーが本格的にアルミブロックを採用し始めるのは、1980年代の後半になってからです。

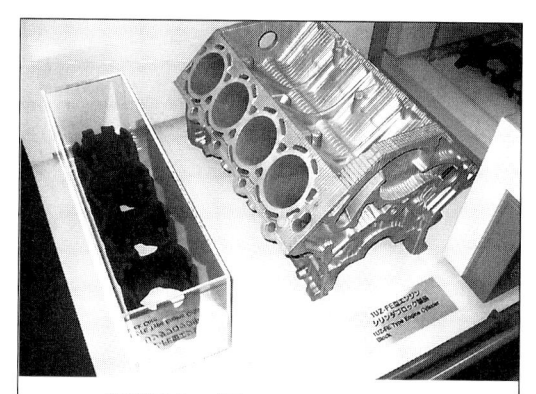

吸引鋳造法で成形されたトヨタ1UZ-FE V型8気筒エンジンのシリンダーブロック
A390 アルミ合金製でライナーレスを実現している。

アルミは鋳鉄に比べて比重が約1/3で熱伝導性にも優れている(3倍以上)ので、シリンダーヘッドやブロックなどの構造部材として良い材料といえます。ただし、アルミの線膨張係数は鉄の2倍以上と温度変化に敏感なこと、引っ張り強さは鋳鉄の約半分しかないことなどに留意する必要があります。もちろん、単位重量あたりのコストもアルミの方が4～5倍高価です。電気炉で精錬されるためアルミ材の市況は原油価格により大きく変動します。

シリンダーブロックの製法は大きく分けて、中子を使う重力鋳造とプレッシャーダイキャストの2種類があります。もちろん、プレッシャーダイキャスト製法の方が生産性が高いのですが、中子を使えないためシリンダーヘッド取り付け面はオープンデッキとなり、ジョイント面の剛性がクローズドデッキに比べて低くなります。

シリンダーブロックでは、鋳鉄からアルミ鋳造に変更することで30%程度の軽量化が可能になります。アルミ材は鋳鉄に比べて比重は1/3ですが、引っ張り強さも鋳鉄の約半分でしかありませんから、比重分軽量化することは不可能です。比重がアルミの2/3であるマグネシウム鋳造にすれば、さらに軽くなります。

BMWの3シリーズ用直列6気筒エンジンでは、シリンダーライナーとバルクヘッド部をアルミ鋳造でつくり、これをマグネシウムダイキャストで鋳包むコンポジット製法を採用しています(87頁参照)。生産エンジンの場合、冷却水通路部分をマグネシウムでつくることは腐食の観点からむずかしく、また、シリンダーのピストンと摺動す

る部分はマグネシウムでは成り立たないので、アルミにする必要があります。レース用エンジンではアルミライナーを挿入して対応していますが、BMWはマグネシウムの腐食を避けること、ライナーを使わずにつくることを考えてアルミコンポジットを採用したわけです。オールマグネシウムほど軽くはできませんが、それでもアルミブロックに比べて10kgの軽量化を実現したとBMWは公表しています。

シリンダーヘッドはすでにアルミ鋳造が一般的であり、それ以上の軽量材料は今のところ開発されていません。今後もアルミ鋳造が続くでしょう。

3)軽量素材としての樹脂やマグネシウムなどの採用は進んでいるか

性能を犠牲にせずに軽量化をさらに進めるためには、材料置換という方法が使われます。一般的に軽量な材料はコストが高いので、これ以上の軽量化ではコストが上がって行きます。しかし、樹脂材料などでは材料技術の進化でコストを上げずに軽量化ができるようになってきています。最近使われだしている、アルミ鋳造の代わりに樹脂を用いた吸気マニフォールドやスロットルチャンバー、エアフローメーターなどは、軽量化された上にコストが安くなります。

また、カムカバーや、オイルパン、ベルトカバーなどのカバー類も従来のアルミ鋳造や板金製から樹脂材料に置換されて来ています。コスト、重量、防振性など樹脂の利点は多いので、今後も多く使われていくと思われます。これは材料原価が安いこと、樹脂の耐熱強度が強くなり充分実用に耐えるようになったことなどによります。

マグネシウム材の比重は、アルミ材の約2/3と非常に軽量なので、軽量化のための材料としては有望です。ただし、強度的にはアルミ材より弱いので、構造部材として使

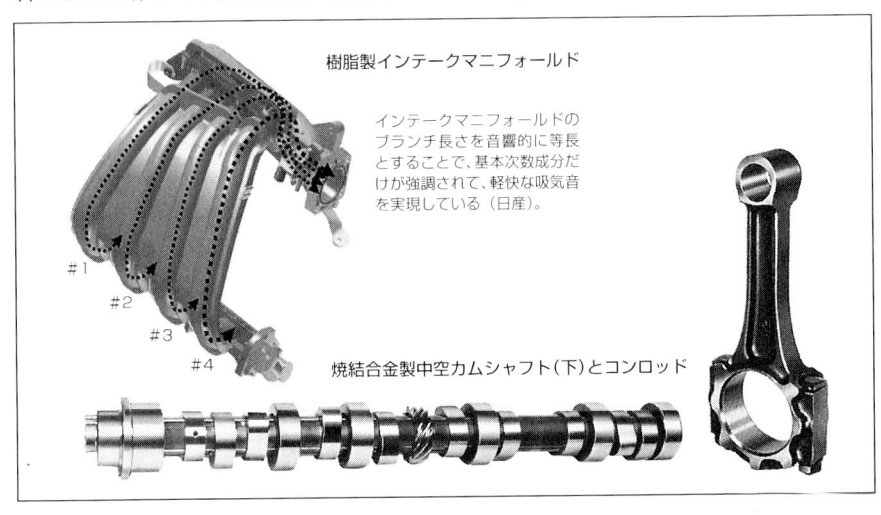

樹脂製インテークマニフォールド

インテークマニフォールドのブランチ長さを音響的に等長とすることで、基本次数成分だけが強調されて、軽快な吸気音を実現している（日産）。

#1
#2
#3
#4

焼結合金製中空カムシャフト(下)とコンロッド

5. エンジンの軽量・コンパクト化

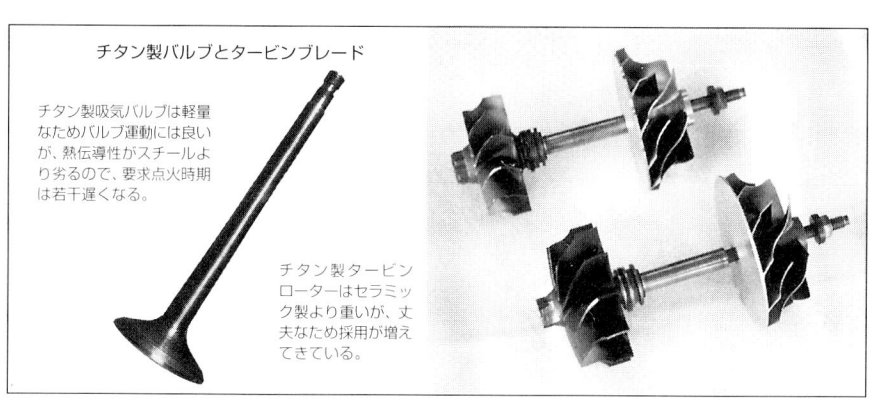

チタン製バルブとタービンブレード

チタン製吸気バルブは軽量なためバルブ運動には良いが、熱伝導性がスチールより劣るので、要求点火時期は若干遅くなる。

チタン製タービンローターはセラミック製より重いが、丈夫なため採用が増えてきている。

う場合は注意が必要です。また、材料コストはアルミ材よりさらに高価です。F1などのレース用のエンジンでは、シリンダーブロックにマグネシウムを使うのが常識となっていますが、市販車では前に説明したBMWのシリンダーブロックやカムカバーなどに使われている例があります。

エンジン以外ではロードホイールやトランスミッションのベルハウジングに使われている例があります。マグネシウム材を使うときに注意すべきことは腐食です。表面が腐食するとそこから内部に腐食が進行して割れに至るので、特に構造部材として使用する場合は、表面には塗装を施す必要があります。また、使用中も傷などにより腐食が発生していないか定期的なチェックが必要です。

コンロッドは、現在のところスチール鍛造あるいは鋳造が一般的ですが、鉄系の焼結製法も一部では使われています。焼結は駄肉が少なく、加工が少なくて済むのが利点ですが、強度はスチールや鋳造に劣ります。鋳鉄製コンロッドは生産性が良いため北米メーカーを中心に多く採用されています。しかし、強度的にはスチール鍛造の方が勝っており、性能を重視する日本や欧州メーカーは鍛造製を多く採用しています。

アルミ製のコンロッドも実用化が検討されていますが、強度的に鉄より劣るために同じ強度を持たせようとするとどうしても大きくなってしまい、狭い空間で動かなくてはいけないコンロッドにはなかなか採用しづらいのが実情です。

むしろコストは高いですが、スチールと同等の強度を持つチタン製が実用化されてきています。チタンは航空機用、メガネのフレーム、腕時計、ゴルフヘッド、人工骨などに採用され、身近な材料になりつつあります。しかし、需要拡大に伴い原材料価格が高騰しており、廉価チタン合金が開発されつつあります。

チタンは比重が鉄の60%と軽く、引っ張り強さも炭素鋼に匹敵するほど強いので、タービンブレードやコンロッドなど強度を要する部品に使うには最適の材料といえます。非常に錆びにくいのも、大きな利点です。反面、被切削性が悪く、材料コストが

高いのが難点です。レース用エンジンではコンロッドやボルトなどに広くチタン材が採用されています。しかし、まだまだコストは高いので、市販エンジンではNSXに搭載されたC30などごく一部の採用に留まっています。

4)ボアピッチなどボア間の寸法縮小はどこまで進んでいるか

　以前はシリンダーブロックのシリンダー間には冷却水を通すのが常識的でしたが、最近の直列エンジンではサイアミーズと呼ばれるシリンダー間に水ジャケットがない方式が主流になっています。これはもちろん、エンジン全長を詰めるのにサイアミーズ方式の方が有効だからです。

　ボア間に冷却水を通すためには、ボア間のすき間は最低でも10mm程度必要になります(シリンダーの壁の厚さ3mm、水ジャケットの幅4mm必要と仮定した場合)。これがサイアミーズ方式であれば、ボア間の吹き抜けや熱集中のみを考慮すればよいので、6mm程度まで詰めることができます。しかし、ボア間には冷却水が通らないので局部的に熱が集中しやすく、ボア変形や焼き付きに充分留意する必要があります。

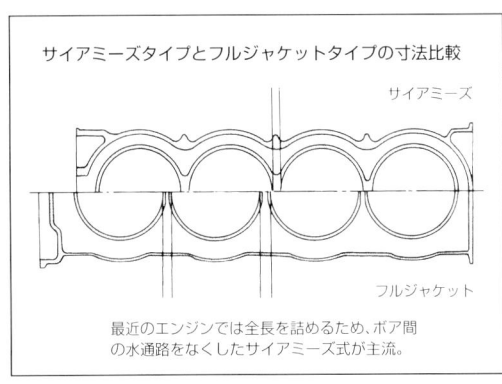

　アルミブロックで鋳鉄製ライナーを使う場合は、サイアミーズでもボア間寸法は8mm程度は確保する必要があります(ライナー厚さ2.5mm、ライナー間の肉厚3mm

サイアミーズタイプとフルジャケットタイプの寸法比較

サイアミーズ
フルジャケット

最近のエンジンでは全長を詰めるため、ボア間の水通路をなくしたサイアミーズ式が主流。

軽量化によるシリンダーブロックの形状の相違 - 日産SR型とQR型

旧型のSR型では重力鋳造であるが、新型のQR型では生産性を向上するため、プレッシャーダイキャストに変更されている。

SR型　　QR型

とした場合)。

　鋳造の場合、型ズレによる寸法ばらつきをどうしても1～1.5mm程度は見ておく必要があります。このため、これ以上ボアピッチを詰めるのは現状ではむずかしいところです。今後鋳造の精度が上がり、型ズレを1mm以下に押さえ込めるようになれば、あと1mm程度詰めることは物理的には不可能ではないでしょう。しかし、あまりボア間を薄くしていくと、熱の逃げ場がなくなってボア変形を引き起こし、ガス漏れや焼き付きに至る重大問題を引き起こす可能性があります。そこまで至らなくても、ボア変形によりオイル消費が悪化することもあるので要注意です。

シリンダーライナー入りのブロック

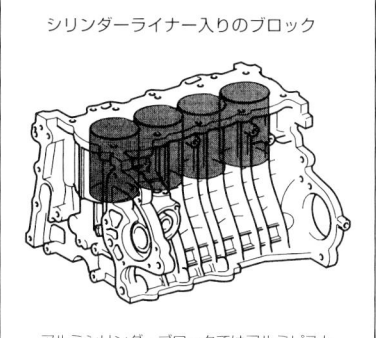

アルミシリンダーブロックではアルミピストンとの溶着を防ぐため、鋳鉄製シリンダーライナーを採用している。挿入方法は圧入と鋳込みがあるが、最近は鋳込みが主流。

　また、シリンダーライナーの薄肉化によっても軽量化できますが、シリンダーライナーには強度とともに剛性も要求されます。

　100気圧以上の燃焼圧力を受けても、亀裂を生じないだけの強度が要求されるわけです。同時に熱や圧力を受けたときに変形して真円でなくなると焼き付きや燃焼ガスがピストンリングから抜けて出力ダウンを生じるので、そうならないように剛性も確保しなければなりません。そのため、ライナーなしの鋳鉄ブロックの場合はシリンダー壁の厚さ3.5mm、アルミブロックで鋳鉄鋳込みのライナーの場合はライナー厚さ2.5mmは確保しなくてはなりません。鋳鉄鋳込みライナーの方が薄くて済むのは、アルミで鋳囲んでいるためその分だけ強度、剛性が増すためです。

　ライナーレスアルミブロックの場合はどうでしょうか。最近では生産性を良くするためオープンデッキ方式が広く採用されています。このオープンデッキの場合、トップデッキ部はシリンダーヘッドとのシール性を確保する必要があり、強度や剛性だけを考えて設計するわけには行きません。シール性を考慮するとライナー厚さは最低でも4mm程度は取っておく必要があります。BMWの直列6気筒用コンポジットシリンダーブロックはこの限界まできており、現時点ではほとんどどこれ以上の短縮はむずかしいと思います。

5)同じ気筒数、排気量でもエンジンによって軽量化の差は出てくるのか

　同じメーカーが同じ考え方で設計しても、ボア・ストロークが変われば重量は変わってきます。一般的にはロングストロークに設計した方が重量は軽くなります。ロングストロークの方がボア径が小さいためピストンが軽くつくれるからです。ピスト

ンが軽ければコンロッドも軽くなり、これら主運動部品が軽ければクランクやそれを支持するブロックも、それほどがっしりとつくる必要がありません。

もちろん、ボア径が小さければボアピッチも小さくできるので、シリンダーブロックやシリンダーヘッドの全長、全幅も抑えられます。ショートストロークではデッキハイトを抑えることができますが、この高さよりも全長、全幅の方がより重量には効いてくるので、ロングストロークにした方が軽くなるのです。

それではボア・ストロークが同じ場合、どのような点で重量が変わってくるのでしょうか。

まずはエンジンの系列の考え方があります。最大排気量をどこまで考えるかでそのエンジンの大きさ、重量が決まってきます。ボアアップやストロークアップによる排気量増大を考えるとエンジンの大きさ、重さは大きくなります。

次に目標性能と設計の安全率です。もちろん、出力目標性能が高ければそれだけ高出力に耐えなければいけないので、重量は重くなります。主運動部品ではピストンやコンロッドの重さなど、構造部品ではシリンダーライナーの肉厚、シリンダーブロックのデッキ厚さ、シリンダーヘッドのロアデッキ厚さ、シリンダーヘッドボルトのネジの太さなどが挙げられます。

安全率はメーカー各社の過去のノウハウで、どのくらいの安全率を持つかを決めています。どこまでその安全率を減らすことができるかが設計のキーポイントとなっています。あまり減らしすぎると壊れてしまうし、かといって安全率が高すぎるとコストの高い、重いエンジンになってしまいます。

実際の安全率は、異常入力の大きさと頻度の想定、製造のバラツキ、過去の不具合の経験、市場での使われ方の調査結果などから総合して決められます。

吸気系や排気系部品ではブランチ長さや各気筒の集合をどのようにするかで重量は変わってきます。このあたりは性能への影響が大きく、かつレイアウトによって重量が変わってくるので設計者の腕の見せどころです。

鋳造部品では、各部品の鋳造法案を駄肉が付かないようにうまくできるかどうかで、部品の重量は結構変わってきます。このあたりは生産技術部者の技術力にかかってきます。もちろん、設計段階で一番駄肉が付かない鋳造法案を念頭に部品形状を

軽量化が図られたピストン

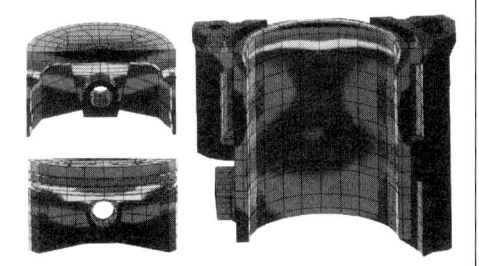

日産VQエンジンのピストン及びボアの熱応力解析結果。この解析結果に基づいてピストンのコンプレッションハイトを短縮するなど軽量化設計を実施している。

5. エンジンの軽量・コンパクト化

決定する必要があります。

ところで、エンジンを軽量につくるためには、なるべく部品点数を減らす方が有利です。そういう目でDOHC4バルブとSOHC4バルブを比較してみましょう。

DOHC4バルブレイアウトでは普通、直動式の動弁システムを採用します。DOHCですとカムシャフトは2本になりますが、ロッカーアームやロッカーシャフトは不要です。

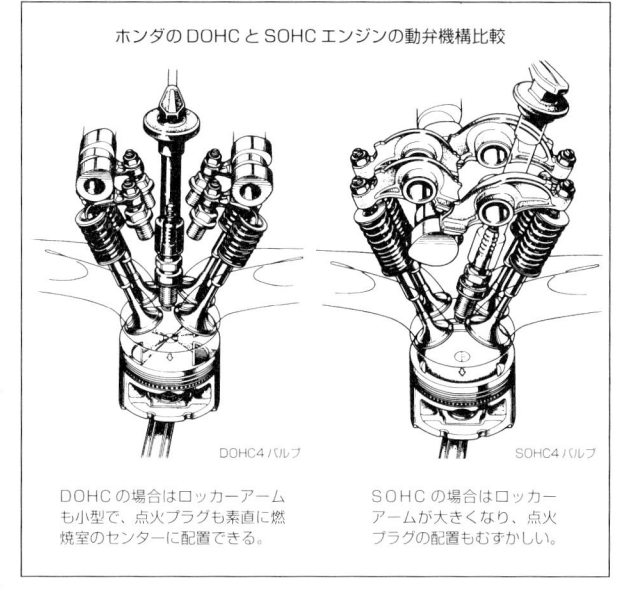

ホンダのDOHCとSOHCエンジンの動弁機構比較

DOHC4バルブ　　　　　　　　　　　　SOHC4バルブ

DOHCの場合はロッカーアームも小型で、点火プラグも素直に燃焼室のセンターに配置できる。

SOHCの場合はロッカーアームが大きくなり、点火プラグの配置もむずかしい。

一方、SOHC4バルブではカムシャフトは1本で済むものの、ロッカーアーム、ロッカーシャフトが必要になってきます。重量的に見た場合、どちらも良い勝負といった感じでしょう。動弁構造的にはSOHC4バルブの方が複雑になるし、点火プラグをDOHC4バルブのように理想的な場所に置くことはむずかしいことが難点です。

しかし、ローラーロッカーを使うというようなことを考えるとSOHC4バルブも悪くはありません。すでにロッカーアームがあるので、それを改造すれば比較的簡単に追加することができます。これに対して直動式のDOHC4バルブではローラーロッカーにするためには直動式をやめてロッカーアーム式に変更する必要があります。

ロッカーアーム式動弁システムを採用する場合、DOHC4バルブの方が構造的には4バルブSOHCよりもシンプルにできます。また、位相角を変えるような可変動弁をSOHC4バルブで実現するのは構造的にむずかしいといえます。これは1本のカムで吸気と排気の両方のバルブを作動させているからです。

結論としてDOHC4バルブにした方が有利で、今後はSOHC4バルブはなくなっていくでしょう。動弁形式は最初はSV（サイドバルブ）から出発し、OHVを経てSOHC2バルブ主流の時代が長く続き、1980年代中盤からDOHC4バルブが標準になり今に至っています。5バルブも今となっては過去の技術となっています。

6) カチ割りコンロッドが最近増えているが軽量化に効果的なのか

ストレスのかからないところ、剛性を上げるのに寄与しないところの駄肉を取ることは、軽量化にとってもっとも重要なことです。また、鋳造法の工夫により型抜き時の駄肉を残さず、設計図面に忠実につくることができれば、軽い部品にすることができます。しかも、コストがかからずに材料費の分だけ安くすることができます。

もちろん、鋳造を工夫するため型割が複雑になったり、型が増えたりすれば初期投資は高くなりますが、部品のコスト(変動費)は安くなります。

どうしても型抜きで軽量化できない場合、型抜きの後、追加工して肉を取る場合もあります。この場合は、加工を入れる分、コストは高くなります。

性能を落として形状変更することによる軽量化の例としては、目標性能を落として運転時のストレスを減らすというやり方です。発生燃焼圧力を10％落としてピストン、コンロッドを軽量化する、シリンダーブロックのアッパーデッキ厚さを薄くするなどが考えられます。最高回転速度を落とすことも、軽量化には大きな効果があります。たとえば、最高回転速度を10％落とせば20％ストレスを減らすことができるのです。

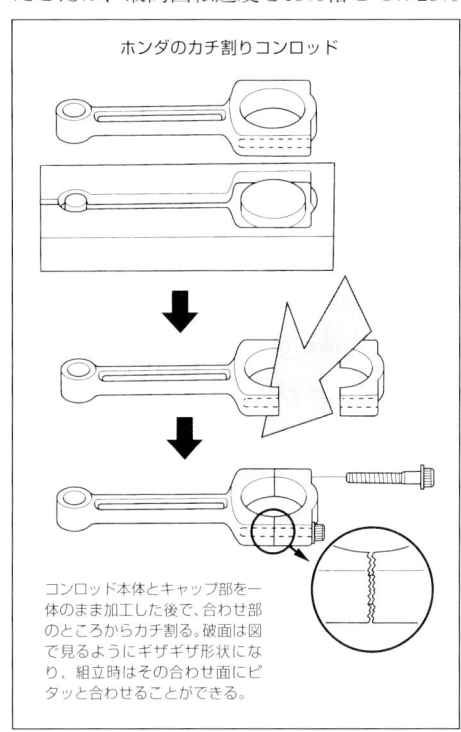

吸排気部品などでは、吸気マニフォールドのブランチ長さを短くする、排気の各気筒の集合を、排気干渉が発生してしまうことに目をつぶって不等長で集合させてしまうなどが考えられます。コスト最優先でつくられたエンジンにはよく見られる設計方法です。

要するに、設計段階で工夫することが軽量化やコスト削減につながります。その一つとして、最近用いられるようになったカチ割りコンロッドについてみてみましょう。

従来、コンロッドは本体側は一体で鍛造または鋳造された後に、切り分けられて合わせ面を加工され、ボルトナットで締め付けて、大端部を真円加工します。このときにリーマボルトや位置決めピンで本体とキャップがずれ

ホンダのカチ割りコンロッド

コンロッド本体とキャップ部を一体のまま加工した後で、合わせ部のところからカチ割る。破面は図で見るようにギザギザ形状になり、組立時はその合わせ面にピタッと合わせることができる。

ないようにしてあります。

　カチ割りコンロッドは、この位置決め加工を省略し、ボルトだけで締め付けることを目的とした工法です。コンロッド本体とキャップを一体のまま大端部の真円加工をして、センター部からカチ割ります。割った破面はギザギザの形状のためぴったりと合わさり、位置決めの必要がありません。そのため、ボルトで締め付けるだけできちっと合わせることができます。

　コンロッド本体側にナットを配置する必要がなく、部品削減、ナットの座省略に伴う重量の削減が実現できます。技術的にはカチ割ったときに真円を失わないよう、材料や熱処理の選定をする必要があります。

7)BMWのコンポジットマグネシウムブロックは軽量化に効果的か

　BMWは直列6気筒にこだわり続けており、あらゆる技術を駆使してV型6気筒に対する優位性を保とうとしています。それはBMWの考えるファントゥードライブ実現のためにFR方式にこだわっているからでもあります。

　エンジンが長くなる直列6気筒ではむずかしいといわれていたアルミシリンダーブロックも、10年も前に実用化していますし、2005年にはコンポジットマグネシウムブロックも実用化に成功しました。

　このコンポジットマグネシウムシリンダーブロックの利点は以下の点に集約されます。

①軽量化

　ライナー部とバルクヘッドは一体でアルミ材で製作し、これを鋳込む形で全体をマグネシウムで鋳造するという構造です。コンポジット部分の体積は全体の5割程度と推定されるので、重量軽減分はすべてをマグネシウムでつくった場合に比べると50%程度になります。それでも、たとえば、アルミ鋳造で50kgだったとすると、このコンポジット化で、$50 \times 1/2 \times 2/3 = 12.5$(kg)、つまり12.5kgの軽量化という計算になります。

　BMWは10kgの軽量化を実現したと公表しているので、この計算からそれほどかけ離れてはいないと思います。

②ライナーレス化

　もし全体をマグネシウムでつくったとすると、シリンダーライナー部にはアルミまたは鋳鉄製のライナーを挿入する必要があります。アルミピストンとマグネシウムを直接摺動させることは相性の点から困難だからです。鋳包みであれ圧入であれ、別体ライナーを使うとその分だけボアピッチが広がってしまいます。エンジン全長を極力詰めたいBMWとしては、そのような別体ライナーを使うことは避けたかったと思います。BMWはアルミ材にシリコン含有の多いA390合金を使い、ライナーレスを実現しています。

BMWのアルミ・マグネシウムコンポジット直6シリンダーブロック

シリンダーライナー、ウォータージャケット、バルクヘッドを一体のアルミ成形した後、マグネシウムダイキャストに鋳込んでいる。

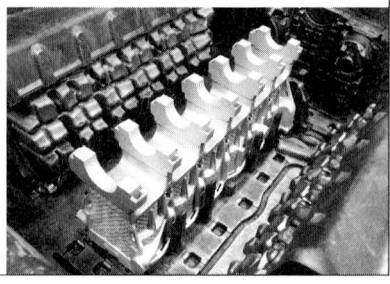

各気筒のボア間寸法を極限まで詰めて全長短縮を図っている。

③冷却水通路の腐食防止

　マグネシウム材は、水に直接接触していると腐食が進行します。レース用など短時間の使用であれば問題ありませんが、生産車では大きな問題となります。このような腐食を避けるために、冷却水を通す部分はアルミ材で製作しているわけです。

　BMWはなぜここまでしても直列6気筒にこだわるのでしょうか。それはやはりBMWが長年培ってきた直列6気筒に対する絶対の自信でしょう。出力のポテンシャル、音質、振動特性の点では、V6は直列6気筒を越えられない壁があるのです。

　一方、FF搭載と共用化できないのは突き詰めればコストの問題であり、FF搭載をラインナップに持たないBMWはそれを問題としていないのです。

　これはメーカーとしてのラインナップの事情でもあります。重量や全長（衝突安全性）に関してはコストをかけて対応しており、問題は解決されているのです。ここまでして直列6気筒を大切にしているBMWというメーカーに敬意を表したいと思います。スバルやポルシェが水平対向エンジンにこだわるように、BMWは直列6気筒のレイアウトにアイデンティティを持っているのです。

8）VW TSI(ハイブリッド過給)は今後の潮流になりうるか

　このエンジンは2007年に登場して日本でも話題となったものです。必ずしも軽量コンパクト化を狙ったわけではありませんが、排気量を小さくして、なおかつ性能を犠牲にしない燃費の良いエンジンというコンセプトです。その狙いは、自動車用エンジンにとって実に緊急で重要な課題に対するVWの答えとして注目されています。

　過給と排気量ダウンの組み合わせで、出力は維持して燃費を向上するというのがVW TSIの発想ですが、これは特に目新しい発想ではありません。しかし、きちっと

5. エンジンの軽量・コンパクト化

商品として低速トルク、出力を維持して燃費を向上したところに価値があります。VWのTSIの場合、2リッター自然吸気と同等の性能を1.4リッターのスーパーチャージャー＋ターボを選択して確保しています。

VWがTSIでガソリンエンジンでの過給による排気量ダウンの可能性を証明しつつあるわけで、この手法がユーザーに受け入れられるなら他社も追随するでしょう。

このTSIに現時点の問題点は二つあると思います。

一つは2リッターNAエンジンと比べるとコストが圧倒的に高いということです。エンジン本体は排気量1.4リッターと2リッターではコストは大して変わりませんが、

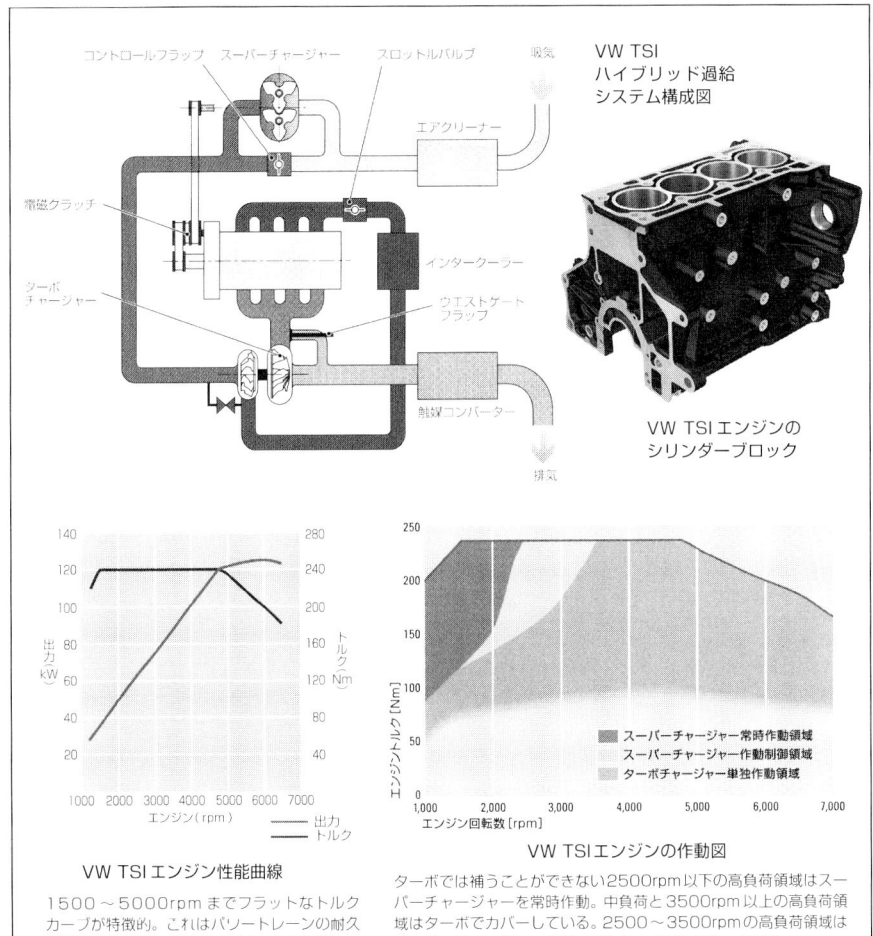

VW TSI
ハイブリッド過給
システム構成図

VW TSIエンジンの
シリンダーブロック

VW TSIエンジンの作動図

VW TSIエンジン性能曲線
1500～5000rpmまでフラットなトルクカーブが特徴的。これはパワートレーンの耐久性限界が240Nmであることを示している。

ターボでは補うことができない2500rpm以下の高負荷領域はスーパーチャージャーを常時作動。中負荷と3500rpm以上の高負荷領域はターボでカバーしている。2500～3500rpmの高負荷領域はスーパーチャージャーをターボとミックスして使っている。

スーパーチャージャーとターボと二つの過給機、それにインタークーラー、配管、制御まで含めた装備でコストアップになります。

　もう一つの問題点は、排気量を小さくして性能は同じで燃費の良くなったエンジンになりますが、そのためにクルマの値上げをユーザーが受け入れるかという問題です。欧州では走行距離が長くなるため燃費が良いことが重要なので、多分大丈夫だと思いますが、日本ではそうはいかないかもしれません。

　VW TSIではガソリンエンジンの排気量をダウンさせて性能向上を図った最初の試みであり、万全を期した仕様を選定しています。今後は可変バルブタイミングなどをうまく組み合わせてスーパーチャージャーなしで同じような性能のエンジンにすることができるのではないかと期待します。

9)ターボエンジンのかかえる問題点

　ディーゼルエンジンの世界では、すでにターボ化による排気量ダウンは常識化しており、ガソリンエンジンもようやくそうした方向に踏み出してきたという感じです。ディーゼルエンジンの場合は、発進のところでは過給されないので、もっさりした感じは残りますが、過給し出せばかったるい感じはなくなります。ワンボックスカーなど2トン級重量車が2リッター程度のエンジンを搭載している場合は、このもっさり感が結構大きな問題として残っています。

　こうしたマイナス面をなくすために、発進性向上を狙ったモーター付きターボも検討がされています。このモーターにより排気タービンが働き出す前から過給を立ち上げることができます。

　ディーゼルエンジンでは、もともと低速トルクが大きいのでスーパーチャージャーまでは装着せず、ターボだけで済ませている、というより我慢しているといった方が良いかもしれません。どちらにせよ2リッタークラスのエンジンで、2トン以上のクルマを軽々と発進させるのはそう簡単な話ではないのです。

　話は戻りますが、過給してエンジンの排気量を小さくするというのは必然の方向であり、ディーゼルエンジンは一足先に技術が整って実用化されたわけです。

　ここで日本車のターボについて言及しておきます。確かに1980年代から90年代のターボエンジンは、過給ゾーンで混合比をリッチ化して排気温の上昇を防ぐ代償として、燃費の悪化がありました。しかし、求められる出力とコストのバランスという意味では良い線を狙っていたといえます。排気温1100℃対応仕様を20万円高で買う人はなかなかいなかったと思います。年がら年中ターボを効かせて走れるような合法的な場所はサーキット以外はないわけですから、一瞬の燃費の悪さは許容できたわけです。しかし、幸か不幸か排気規制強化、特に低温のHC、COの排出に対しては、ター

5. エンジンの軽量・コンパクト化

ボを通すことで排気温度が上がらず触媒の活性化がむずかしかったため、ガソリンエンジンターボは一時撤退しました。

一方、欧州では150km/h以上の連続高速巡航が日常的ですから、ターボ車はそれなりのコストをかけて排気部品の耐熱対策をし、燃費の低下を防ぐというコンセンサスが自動車メーカーとユーザーの間にできているのです。

これからは仕切直しで、日本でも出力も出るけど燃費も良いというターボの時代がくるでしょう。ディーゼルエンジンがその可能性を証明しています。

エンジンを2気筒にするなどして大幅に軽量化して、ターボを装着すれば、そこそこの性能を獲得することができます。それでは、そうした思い切った軽量コンパクトエンジンは実用化するか考えてみましょう。

エンジンの形式としては、軽自動車用では360ccの時代は直列2気筒が一般的でした。例えば直列2気筒660ccエンジンにターボを追加すれば小排気量のターボ付きエンジンをつくることができます。現在の軽自動車では直列3気筒＋ターボというのが標準的ですが、これは出力性能を狙ってではなく、音振性能のためです。

直列2気筒ではクランクのピン配列は等間隔燃焼を狙えば360°位相をずらせる、つまり二つのピストンは同期して上下することになります。これは慣性1次の加振力が発生して振動特性が良くありません。といって180°位相のクランクにすると今度は燃焼間隔が180°－540°と不等間隔になり、特にアイドル時には「どどっどど」という

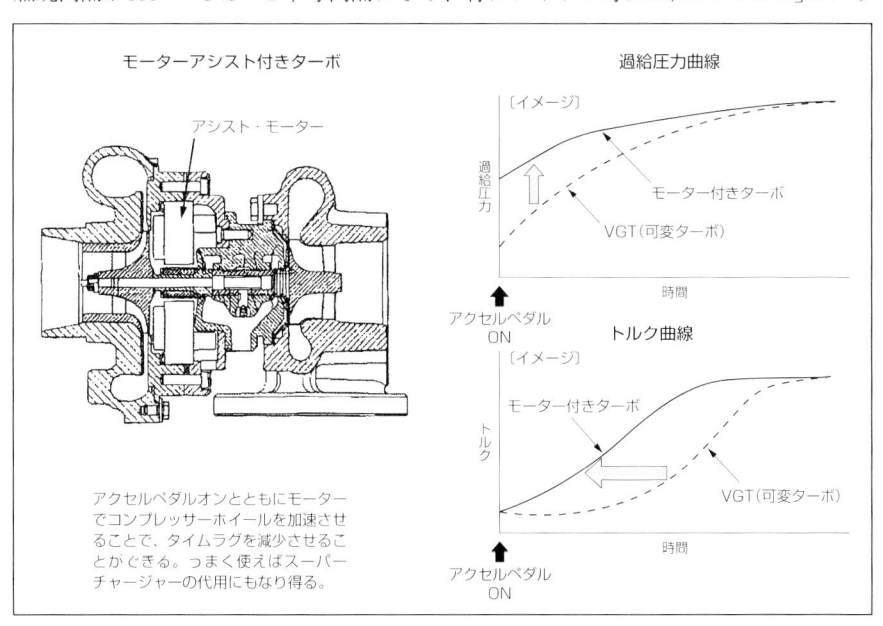

モーターアシスト付きターボ

アシスト・モーター

過給圧力曲線
〔イメージ〕
過給圧力
モーター付きターボ
VGT（可変ターボ）
時間
アクセルペダル
ON

トルク曲線
〔イメージ〕
トルク
モーター付きターボ
VGT（可変ターボ）
時間
アクセルペダル
ON

アクセルペダルオンとともにモーターでコンプレッサーホイールを加速させることで、タイムラグを減少させることができる。うまく使えばスーパーチャージャーの代用にもなり得る。

ような音とともに不快なアイドル振動を発生します。しかし、慣性1次の加振力が大きくなる高回転域では180°クランクの方が振動特性は良くなります。

　現実的には360°クランクのエンジンにバランサーを付加したエンジンがベストかと思います。

　このようにつくったエンジンを1500cc程度のエンジンの代わりに使えば、軽量で燃費の良いクルマがつくれると思います。

　直列2気筒にこだわらず、現在ある3気筒660ccエンジンをベースにすれば、すぐにでもこのようなコンセプトの車両をつくることは可能です。個人的には新しいフィアット500などはこのようにつくった方が面白かったのではと思います。

6

混合気の燃焼促進について

　燃焼は目に見えない化学現象なので、ややもすると取っ付きにくい印象を受けると思います。目に見えないうえに分析もむずかしかったので、長いあいだ燃焼はブラックボックスでした。燃焼の結果として出てくる出力や排気、音などを分析して、あれこれと想像しながら改良が続けられてきました。したがって、的を得た改良もあれば的外れなことも多々ありました。

　ここ20年くらい前から高速度写真で燃焼を分析する技術が進んで、ガス流動や燃焼状態を直接目で見ることができるようになり、現象の解析も飛躍的に向上しています。

　昔からエンジニアのあいだでいわれている、良い燃焼のための3要素は「良い混合気」「良い圧縮」「良い点火」ですが、私はこれに「良い燃焼室」を加えた4要素が重要と考えています。

　「良い混合気」は空気と燃料が均質に混合された状態を意味し、そのためには燃料の微粒化、スワールやタンブルなどによる混合気の撹拌、そして燃焼室内での燃焼ガスのガス流動が重要な要素となります。

　「良い圧縮」は混合気を燃焼に最適な状態に持っていくための重要な要素です。圧縮が足

4バルブペントルーフ型燃焼室における火炎伝播の様子

中央に点火プラグから燃え広がる様子が確認できる。排気バルブ側のほうが早く燃焼が進んでいるのが分かる。

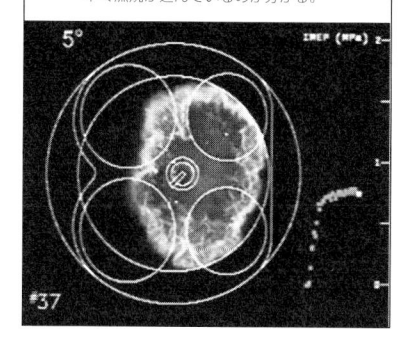

燃焼室形状の進化

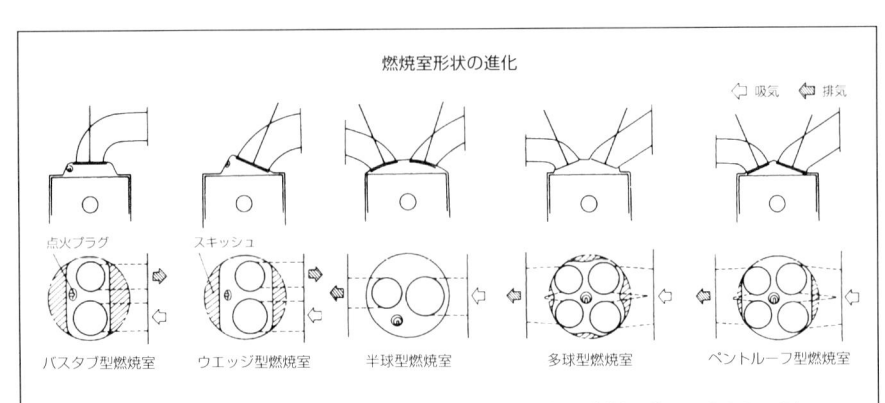

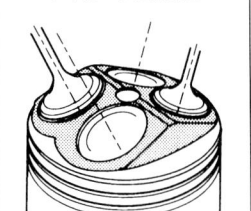

バスタブ型燃焼室　ウエッジ型燃焼室　半球型燃焼室　多球型燃焼室　ペントルーフ型燃焼室

バスタブ型はOHVと組み合わせたが、バルブがピストンに対して垂直で一直線上に並んでいるので、コストは安い。しかし、バルブ径の大きさに制限があり、吸排気ポートの曲がりも大きいので、高性能化には適していない。ウエッジ型は吸排気バルブが傾いているので、吸排気ポートの曲がりを小さくできる。スワール流も付けやすいので、急速燃焼にも適しているが、ターンフロー型でそれほど高性能化はできない。半球型は2バルブとしては最も進んだ燃焼室の一つで、S/V比が小さく、吸排気の流れもクロスフローで高性能化に適している。多球型はペントルーフ型が一般化する以前に採用されていた燃焼室で、2バルブ／4バルブ両方に使われていた。燃焼室形状やS/V比で比較するとペントルーフ型より劣っており、現在では使われていない。

りないと期待する出力を得ることができず、といって欲張って圧縮しすぎるとノッキングなどによりエンジンを破損する危険が待っています。

　そして「良い点火」は強力な点火エネルギーで混合気の中心付近に着火し、確実に火炎を伝播させるための重要な要素です。

　この3要素をきっちり実現させるための器が燃焼室です。いくらこの3要素が上手く機能しても、肝心の燃焼室が良くなくては効果半減です。現時点では、4バルブペントルーフ燃焼室の中央点火がベストな燃焼室としてコンセンサスを得ています。これまで3バルブや5バルブ、ウェッジ燃焼室や半球燃焼室などいろいろな試みがなされましたが結局、すべてのガソリンエンジンは、4バルブペントルーフ燃焼室＋中央点火に収束しつつあります。もちろん、一部の廉価版エンジンでは、今後もまだ2バルブも残ると思います。

　以上を踏まえた上で、少し具体的な話に入りましょう。

　純粋に燃焼という観点からは、ガソリンエンジンの場合、適切な混合比の混合気を均一に混ぜて燃焼室に導入し、点火した後はガス流動によりすばやく燃やすことが重要ということになります。ディーゼルの場合もほぼ同じですが、点火プラグによる点

ペントルーフ型燃焼室

吸排気効率、急速燃焼、冷却損失の観点から燃焼室は4バルブ＋中央点火がベストであり、それを具現化したのがペントルーフ型燃焼室といえる。

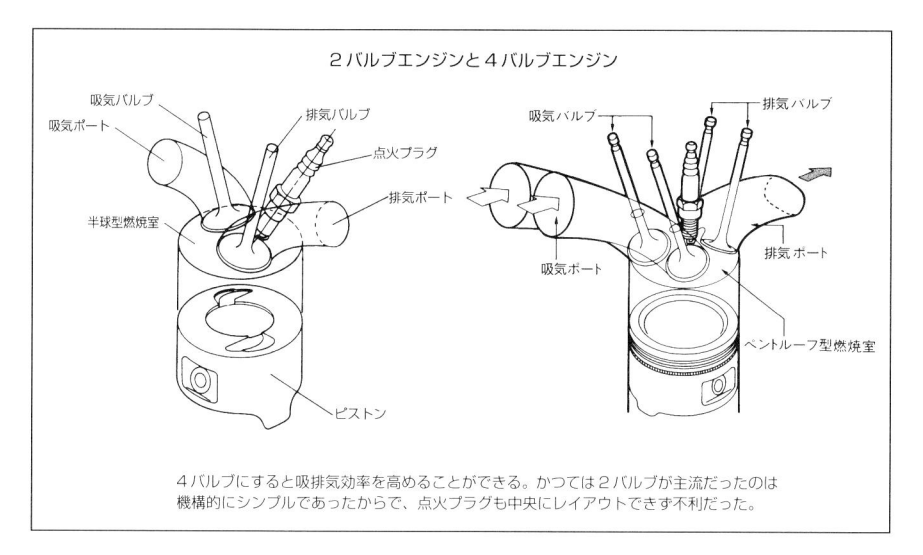

2バルブエンジンと4バルブエンジン

(図)
吸気バルブ／吸気ポート／半球型燃焼室／排気バルブ／点火プラグ／排気ポート／ピストン
吸気バルブ／吸気ポート／排気バルブ／排気ポート／ペントルーフ型燃焼室

4バルブにすると吸排気効率を高めることができる。かつては2バルブが主流だったのは機構的にシンプルであったからで、点火プラグも中央にレイアウトできず不利だった。

火ではなく圧縮による自己着火になります。

　ガソリンエンジンの場合、吸気ポートに燃料を噴射し、吸気に乗せて混合気としてシリンダーに導入します。インジェクターから噴霧された燃料は小さな粒状になりますが、粒径が大きいと充分に霧化せず一部は吸気ポートに付着して液体となります。液体となって燃焼室に入った燃料は出力には貢献せず、HCとなって排出されます。この燃焼に寄与しない燃料があるため、計算上の理論混合比(14.7)と実際の混合比は、ずれを生じます。たとえば、実際にもっとも出力が出るのは計算上の理論混合比よりも少し濃い混合比(12.5程度)になります。

　燃費を向上し、HCの排出を抑えるには、燃焼室の壁面に付着する燃料をいかに減らすか、ということが課題になります。

　また、ガソリンエンジンの筒内直噴に関しても、燃焼と関係が深いので、この章で触れることにします。

1)急速燃焼はなぜ良いのか

　ガソリンエンジンの燃焼サイクルであるオットーサイクルは等容燃焼であり、上死点で瞬時に燃焼が完了するのが理想です。上死点で瞬時に燃焼すれば、いちばん圧縮されたところで瞬間的に力が発生するので、燃焼によるパワーはもっとも効率的にピストンを押し下げる力に変換されます。

　しかし、実際の燃焼では瞬時に燃焼が終わるわけではなく、たとえば、4000rpm全負荷(フルロード)の場合、上死点前10〜20°で点火をし、燃焼をしながら上死点を通

燃焼の時間損失

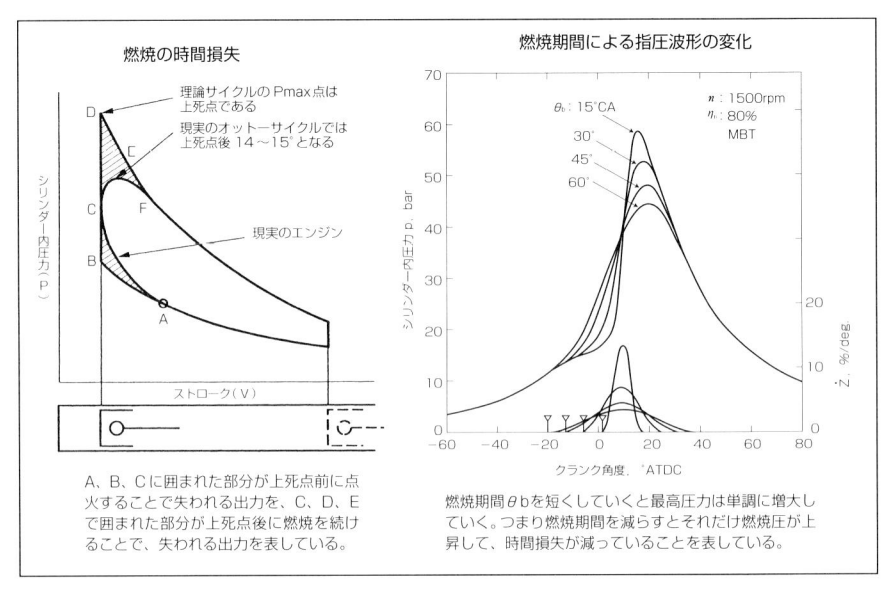

理論サイクルのPmax点は上死点である
現実のオットーサイクルでは上死点後14〜15°となる
現実のエンジン

シリンダー内圧力（P）
ストローク（V）

A、B、Cに囲まれた部分が上死点前に点火することで失われる出力。C、D、Eで囲まれた部分が上死点後に燃焼を続けることで、失われる出力を表している。

燃焼期間による指圧波形の変化

n：1500rpm
n_i：80%
MBT
θ_b：15°CA
30°
45°
60°

燃焼期間θbを短くしていくと最高圧力は単調に増大していく。つまり燃焼期間を減らすとそれだけ燃焼圧が上昇して、時間損失が減っていることを表している。

過し、上死点後15°付近で最高燃焼圧になります。これでは上死点前の燃焼はまったくパワーには寄与せず、上死点後15°付近になってやっと最高パワーが出るのでは、ピークを過ぎた力で下がっていくピストンの背中を後押しするようで、効率的とはいえないわけです。

　これは、ひとえに燃焼には時間がかかるからです。したがって、急速燃焼を実現できれば、この時間遅れによるロスは少なくすることができます。この時間遅れを指圧線図で表すと上の図のようになります。

　以上のような燃焼の時間遅れは、等容サイクルで考えると圧縮比（＝膨張比）が低下したことと等価と考えて良いでしょう。急速燃焼とは燃焼サイクルを等容サイクルに近づけることで、見かけの圧縮比を実際に有効な圧縮比に近づける抜本的な方策であるといえます。

　このように高い効率を得るのに急速燃焼は効果的である一方、急速燃焼であるがゆえの問題も抱えています。それは、効率とは裏腹である急激な燃焼による圧力上昇の速さとその最大圧力の高さが燃焼音を増大させるのです。

　日産は1975年に排気対策エンジンとして2プラグのZ

2プラグによる急速燃焼

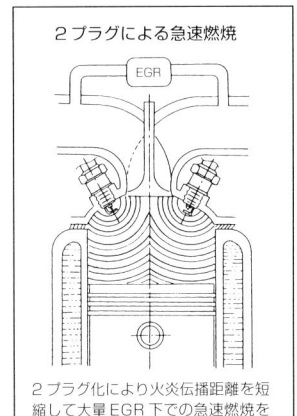

EGR

2プラグ化により火炎伝播距離を短縮して大量EGR下での急速燃焼を実現した。酸化触媒との組み合わせで昭和53年規制をクリアしている。

エンジンを発表しました。

これは2点点火により、大量EGR下でも安定して急速燃焼を実現させるというコンセプトでした。部分負荷時には、この狙いが充分達成されるのですが、高負荷時にはEGR量が減ることもあり、必要以上の急速燃焼による燃焼音の問題を抱えました。そのため、高速高負荷時には1点点火に切り替えて急速燃焼を抑える手法を取っていました。

このように、実用エンジンでは効率のみを追求することができないのがむずかしいところです。

2)燃焼と燃焼室形状との関係

燃焼は燃焼室形状及び吸気ポート形状と密接な関係があります。燃焼室形状を形づくるのはシリンダーヘッドとピストン冠面です。吸気ポートが燃焼に関係あるのは、吸気ポート形状で燃焼室に導入される混合気の渦流が変わってくるからです。

ここでは、燃焼室と吸気ポートに分けて話を進めることにします。

燃焼室形状はなるべく球状に近く、その中心に点火プラグを配置する、いわゆるコンパクトな燃焼室が良いわけですが、実際の燃焼室ではいろいろと制約があり、理想的にはなかなか行きません。

理想形状を念頭に、実際に燃焼室を設計すると、ペントルーフ燃焼室＋フラットもしくは凹型冠面のピストンという形になります。燃焼室は4バルブでそのセンターに点火プラグを配置する形になります。

燃焼室をコンパクトにするには容積を中央に寄せて、その周りはスキッシュ形状になります。しかし、あまりコンパクトにしても、ピストン冠面にバルブの逃げを大きく付けたり、スキッシュ面積が大きすぎて未燃焼の燃料が溜まる部分を多くしてしまうと、HC排出が増えてしまいます。

吸気ポートは燃焼室に導入する混合気に旋回流を与えて、混合気をうまく撹拌する

燃焼室容積の相違による圧縮比と熱効率

燃焼室容積をV_1、燃焼室表面積をS、排気量をV_2とすると、圧縮比はそれぞれ

$$\rho = \frac{V_1 + V_2}{V_1}, \quad \rho' = \frac{V_1' + V_2}{V_1'}$$

となる。
$V_1 < V_1'$なので$\rho > \rho'$となり、理論熱効率は左側の燃焼室の方が高い。しかしS/V比を見てみると$S/V_1 > S'/V_1'$であり、冷却損失は左側の燃焼室の方が多くなる。これは圧縮比を上げても、その分がすべて高出力化にはまわらない、ということを示している。

高圧縮比燃焼室　　低圧縮比燃焼室

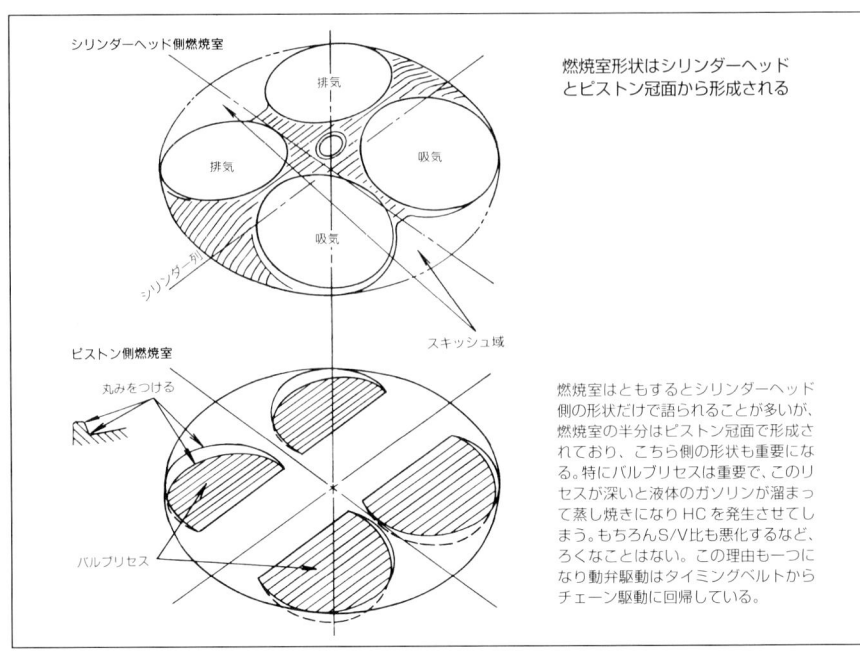

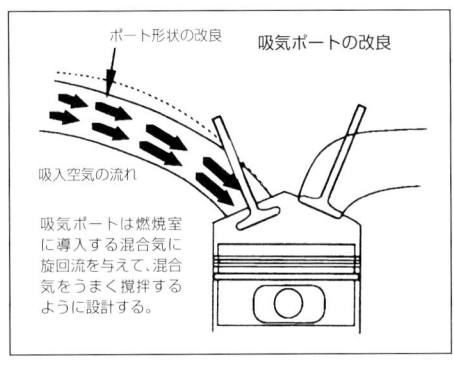

ように設計することが重要です。燃料は吸気ポートあるいは燃焼室に直接噴射(直噴の場合)されます。この燃料を空気とうまく混ぜ合わせて均質な混合気を形成するために、旋回流が重要な役割を果たします。旋回流はスワールと呼ばれる横向き(シリンダー長手方向と垂直な面での)旋回流と、タンブルと呼ばれる縦向き(シリンダー長手方向)の旋回流があります。

スワールを付けるために、吸気ポートを曲げたり遮断弁を付けたりすると吸入空気量を減らす弊害が出やすいのが欠点です。これに比べてタンブル流は吸気ポートを立てることで実現でき、出力との両立が図りやすいという特徴があります。

3) 混合気が燃えやすくするにはどうするのか

ガソリンエンジンではA/F(空気／燃料重量比)が14.7が理論空燃比です。理論空燃比というのは空気と燃料がその比率のときにどちらも過不足なく燃焼するということで

6.混合気の燃焼促進について

す。しかし、実際には燃料は完全に霧化して空気と混ざり合うわけではなく、一部は液体のまま燃焼室に付着します。その付着した燃料は完全燃焼することなく、燃焼による熱で蒸し焼きにされてHCなどの形で残ってしまいます。そのため、吸入した空気を有効に使い切るためには理論空燃比以上の燃料を燃焼室に送り込んでやる必要があるわけです。その量は一般的には18%程度といわれており、混合比でいうと12.5程度になり、これが出力空燃比といわれます。

　ガソリンエンジンでは、混合気はある混合比範囲のときにしか燃焼できません。燃料が多すぎると失火を起こし、薄すぎると着火できなくなります。一般的には10.5〜16.5程度が可燃混合比の範囲といわれています。もちろん、燃焼室や燃料の性状によってこの可燃範囲は変わってきます。

　燃えやすくするためには、以下の条件が必要になります。
①燃料を充分霧化させて空気とよく混ぜ合わせる。
②燃え広がりやすい燃焼室形状にする。

　同じ体積の場合、燃焼速度が同じであれば、球形の中心で点火するのがもっとも速く燃え広がることができます。もちろん、表面積／体積の比(いわゆるS/V比)も球形が最小になります。このS/V比が小さいほど燃焼したガスが燃焼室内で冷やされる割合(冷却損失)が小さくなります。燃え広がりやすいとは、なるべく球に近い燃焼室で、その中心付近で点火することです。
③ガス流動を促進する。

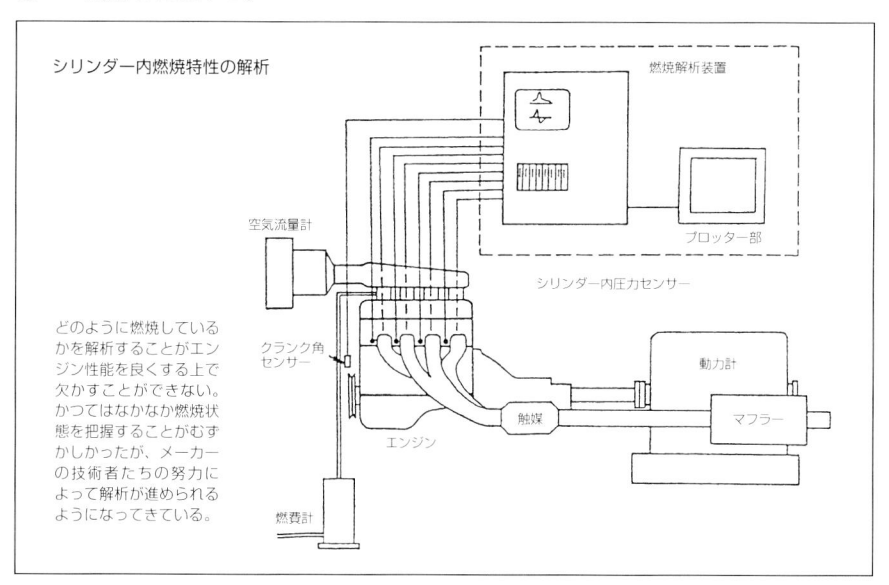

シリンダー内燃焼特性の解析

どのように燃焼しているかを解析することがエンジン性能を良くする上で欠かすことができない。かつてはなかなか燃焼状態を把握することがむずかしかったが、メーカーの技術者たちの努力によって解析が進められるようになってきている。

着火した燃焼ガスを積極的に流動させると、未燃ガスと混ざって燃焼がより速くなります。スキッシュやスワールは、このようなガス流動を促進するのに有効な手段の一つです。

　混合気が燃えやすいというのは、まず燃料と空気が均質に混ざっていて、燃焼が始まるとその燃焼している部分が未燃部分に素早く燃え広がるということです。燃料と空気を均質に混ぜるためには、スワールやタンブルなどの旋回流で燃焼室に導入される空気を燃料とよく混ぜ合わせることが重要です。

　燃焼を速めるには、コンパクトな燃焼室でその中心付近で点火することや、上死点付近でのガス流動が重要で、このためにはスキッシュも有効な手段となります。

4) スワールやタンブル流はどのように形成されるのか

　旋回流には横方向のスワールと、シリンダー長手方向のタンブル流があります。

　スワールもタンブルも吸入空気と燃料をよく混ぜ合わせ、燃焼室内においては圧縮後のガス流動を起こさせるのが狙いです。しかし、吸入空気は燃焼室の中に入ると回転力は減衰してガス流動が弱まってしまうのが普通です。それを補うため、燃焼室内でガス流動を起こすためにスキッシュが使われます。スキッシュは混合気圧縮時に燃焼室とピストンに挟まれて押し出された混合気によりガス流動を起こすというのが基本の考え方です。

　スワールは吸気ポートをシリンダー軸に垂直な面で曲げる、遮断弁(スワールコントロールバルブ)を付ける、捻れポートにするなどの方法があります。いずれの方法も直流抵抗が増えるため、流量係数が低下して最高出力が下がってしまうという欠点

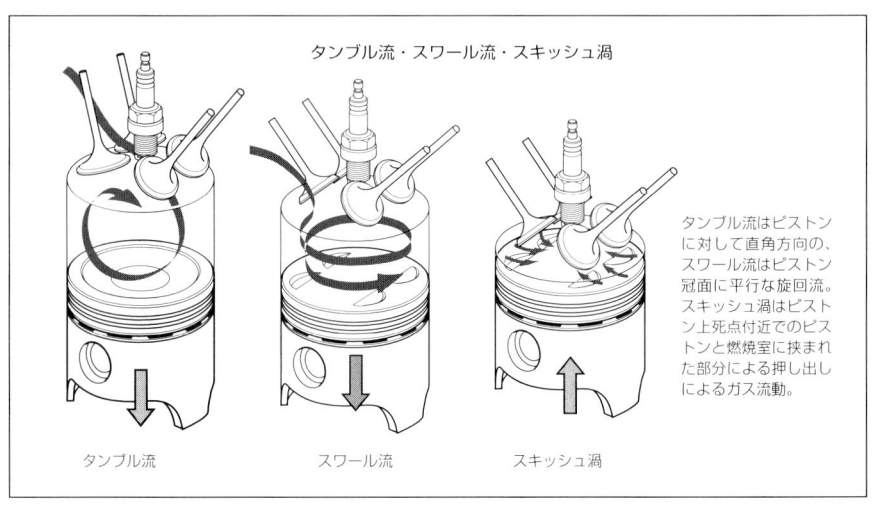

タンブル流・スワール流・スキッシュ渦

タンブル流　　スワール流　　スキッシュ渦

タンブル流はピストンに対して直角方向の、スワール流はピストン冠面に平行な旋回流。スキッシュ渦はピストン上死点付近でのピストンと燃焼室に挟まれた部分による押し出しによるガス流動。

6.混合気の燃焼促進について

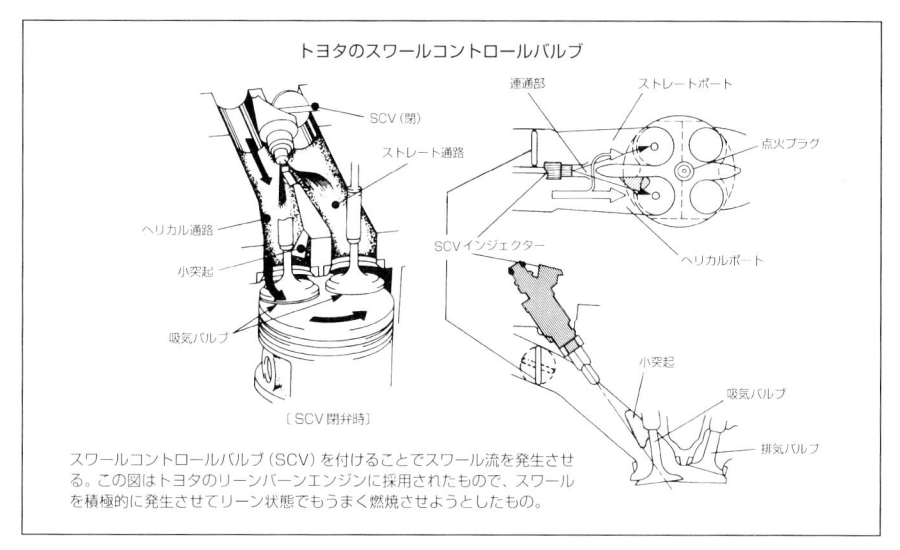

トヨタのスワールコントロールバルブ

〔SCV閉弁時〕

スワールコントロールバルブ（SCV）を付けることでスワール流を発生させる。この図はトヨタのリーンバーンエンジンに採用されたもので、スワールを積極的に発生させてリーン状態でもうまく燃焼させようとしたもの。

があります。

これに対して、シリンダー長手方向の旋回流であるタンブル流は比較的流量係数を落とさずに実現しやすいため、最近ではスワールよりもタンブル流を使うことが多くなっています。タンブル流は吸気ポートをストレート形状にして立てて、燃焼室の壁面に沿わせて導入するような形を取っています。

スワールやタンブルの強さを表す指標としてスワール比やタンブル比という値が使われます。スワール比、タンブル比というのは混合気がまっすぐに進む速さに対して回転する速さがどの程度であるかを表しています。たとえばスワール比が2であれば、混合気がまっすぐ進む速さ1に対して横方向の回転する速さは2倍であることを示しています。

スキッシュをうまく使えばガス流動を起こさせることができ、燃焼を促進することができます。そのため1990年代にはスキッシュが好んで使われました。しかし一方でスキッシュは未燃燃料の溜まり場になりやすく、またS/V比を悪化させるので冷却損失からみると良いとはいえません。得失をよく比較して使うことが必要です。

とはいえ、うまくガス流動を起こすことができれば低速域で急速燃焼させることができ、トルク向上、燃費向上に果たす役割は大きいのです。

5)燃料の微粒化はどのように達成するのか

燃料の微粒化は急速燃焼、完全燃焼には必須といえます。燃料が充分に微粒化していないと空気とうまく混合できず、燃焼せずに蒸し焼き状態になってしまいます。そ

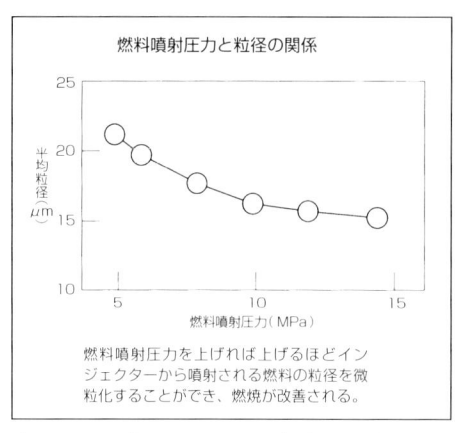

燃料噴射圧力と粒径の関係

燃料噴射圧力を上げれば上げるほどインジェクターから噴射される燃料の粒径を微粒化することができ、燃焼が改善される。

の分の燃料は燃焼に寄与しないので無駄になってしまうだけでなく、HCとなって排気されるので有害です。

吸気ポート噴射の場合、インジェクターは吸気ポートに取り付けられ、約3barの圧力で燃料を噴射します。このインジェクターは、ソレノイドバルブで100μm程度リフトさせる時間を変化させて流量を制御しています。流量はこのソレノイドバルブのニードル太さと相手の穴径の大きさで決まってきます。この面積が小さいほど燃料の噴射されるスピードが速くなり、微粒化しやすくなります。

大流量のインジェクターではこの面積が大きくなり、燃料の粒径が大きくなってしまいます。2リッター4気筒の生産車用インジェクターでは、燃料の粒径は100～200μm程度で、ニードルを円錐状にして噴霧の広がりが20°程度になるようにしています。

筒内直接噴射用インジェクターでは、燃焼室に直接噴射するため吸気ポート噴射に比べると一桁～二桁高い50～100bar以上の圧力で噴射します(圧縮行程時のシリンダー内圧力は10bar程度まで上昇するので、このくらい高圧で噴射しないと噴射量がシリンダー内圧の影響を受けてしまう)。このような高圧で燃料を噴射することで吸気ポー

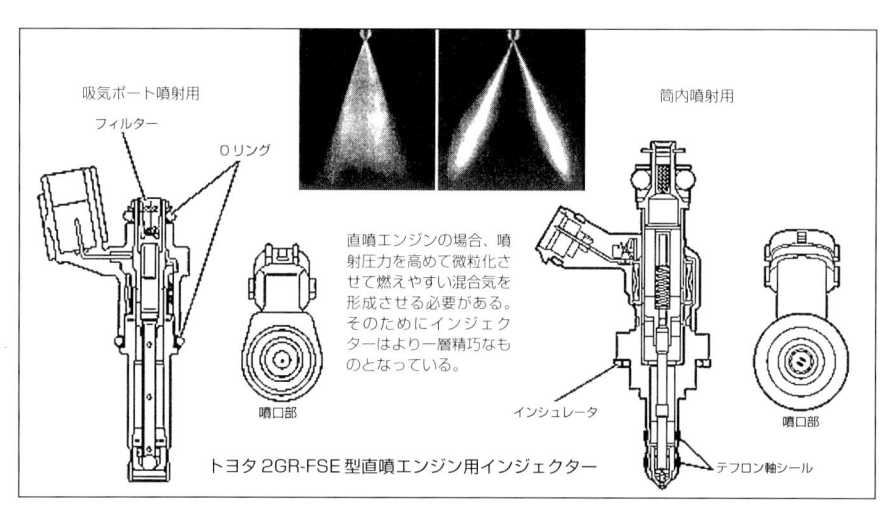

直噴エンジンの場合、噴射圧力を高めて微粒化させて燃えやすい混合気を形成させる必要がある。そのためにインジェクターはより一層精巧なものとなっている。

トヨタ 2GR-FSE型直噴エンジン用インジェクター

ト噴射インジェクターに比べると、一桁小さい10〜20μm程度の粒径の燃料を噴霧することができます。

6) 燃焼による膨張圧力を有効に生かすには

燃焼による熱発生により、燃焼ガスは膨張してピストンを押し下げます。この押し下げる力を有効に使うためには以下の点が重要になります。

①排気バルブ開のタイミング

あまり早くに排気バルブを開けて、燃焼ガスが充分仕事を仕切らないうちに、排気に逃がすことがないようにすることが重要です。しかし、一方で排気バルブの開きがあまり遅くなると充分な排気ができなくなり、次の新気の導入に支障をきたします。この排気バルブ開の適切なタイミングは、エンジン回転速度によって変わってきます。低回転域ではあまり慣性がつかないためゆっくり開く方が良く、高回転域では慣性により素早く排気させる必要があるため、早めに排気バルブを開く必要があります。可変バルブタイミングを使えば、この両立を図ることができますが、固定バルブタイミングの場合は両者の妥協点のタイミングに設定します。

②冷却損失の低減

せっかく燃焼によって発生した熱が燃焼室の表面から奪われてしまうとその分、出力が減ってしまいます。しかし、そうかといってピストンや燃焼室を冷やさないと、熱によるダメージを受けてしまいます。また、燃焼室の温度が高すぎるとノッキングを発生するので、それを避けるために点火時期を遅らせると出力が低下してしまいます。この相反する要求を満たすためには、どうすればよいのでしょうか。

まず、燃焼ガスがなるべく燃焼室表面に触れないようにする、つまりコンパクトな

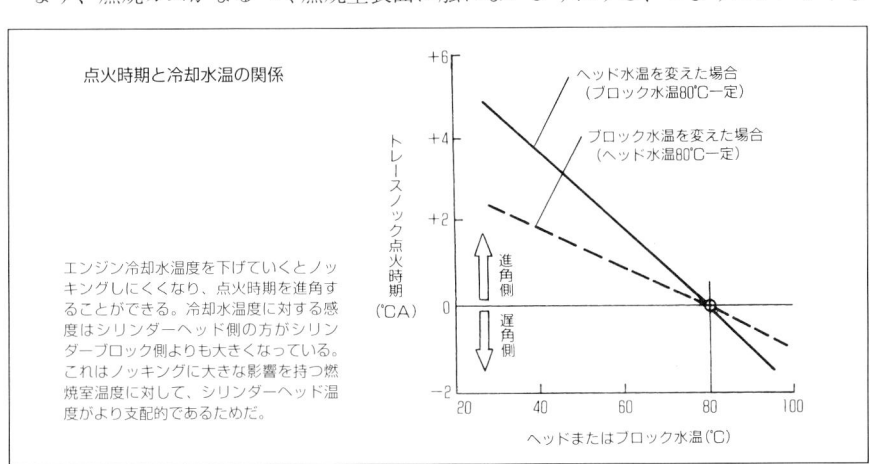

点火時期と冷却水温の関係

エンジン冷却水温度を下げていくとノッキングしにくくなり、点火時期を進角することができる。冷却水温度に対する感度はシリンダーヘッド側の方がシリンダーブロック側よりも大きくなっている。これはノッキングに大きな影響を持つ燃焼室温度に対して、シリンダーヘッド温度がより支配的であるためだ。

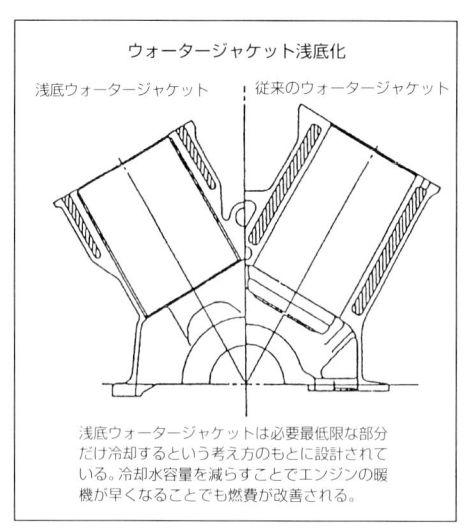

燃焼室にすることが必要です。燃焼ガスの表面積が小さければ燃焼室壁面で冷やされる割合も少なくてすむからです。

次に、急速燃焼させることです。熱発生に時間がかかればかかるほど余分に冷やされる割合が多くなります。

もう一つは、必要のない部分はあまり冷やさないようにするということです。燃焼によって発生する熱の70～80％がシリンダーヘッドに行くので、シリンダーブロック部分はそれほど多くの熱を受けません。

ウォータージャケット浅底化

浅底ウォータージャケットは必要最低限な部分だけ冷却するという考え方のもとに設計されている。冷却水容量を減らすことでエンジンの暖機が早くなることでも燃費が改善される。

受ける熱の大部分はピストンの冠面からトップリングを通してシリンダーブロックに伝えられます。燃焼期間はクランク角で40～60°程度かかるので、上死点後40°前後には終了しています。ストローク80mmとしても上死点から20mm程度までしか受熱しないということです。

ですから、シリンダーブロックの冷却はこの程度の範囲で充分といえます。事実、燃費が重視されるようになった1990年代以降、シリンダーブロックのウォータージャケットは小さくなってきています。

しかし、ウォータージャケットはもう一つの隠れた、音を遮断するという役割を持っており、この面ではウォータージャケットを小さくすると不利になるので、この兼ね合いが考慮されて決められます。

7)筒内噴射ガソリンエンジンはどう進化していくのか

ガソリンエンジンの筒内噴射の歴史は古く、1954年に世界で初めてメルセデスベンツが300SLの直列6気筒エンジンに採用しています。また、1950～1960年代のレーシングカーには数多く筒内燃料噴射システムが採用されています。この頃のインジェクターはディーゼル用を流用した機械噴射システムでした。

日本でもルーカスやクーゲルフィッシャーの燃料噴射システムが1960年代後半にレース用車両に採用されましたが、直噴ではなく吸気ポート噴射でした。この頃は出力を出すことが狙いだったので、もちろん均質の混合気による燃焼でした。

その後、吸気ポート燃料噴射システムはボッシュ社が電子制御システムを開発し、1970年代から採用され始めました。そして排気規制が始まると、電子制御燃料噴射シ

6. 混合気の燃焼促進について

ステムがたちまちキャブレターによる燃料供給を駆逐してしまいました。

しかし、300SL以降、筒内噴射システムは、長い間ガソリンエンジンでは採用されることがありませんでした。近年になって、このシステムに最初に注目したのが日本の自動車メーカーでした。

1980年代から燃費改善の手段として希薄燃焼システムが開発されてきましたが、その決定版とするために筒内噴射システムを採用したのです。

希薄燃焼システムでは空燃比20〜25であったのを、この筒内噴射により一気に40程度まで超希薄化することに成功したのです。最初に三菱自動車がGDIという名称で発表し、その後、トヨタや日産も相次いで筒内噴射エンジンを開発、発表しましたが、いずれも超希薄燃焼による燃費改善を狙ったものでした。

空燃比30以上で超希薄燃焼させるためには火種となる比較的濃い混合気を点火プラグ付近に形成する必要があり、そのためにはピストン冠面を凹み形状につくることが必然的に要求されました。

しかし、ピストンをそのような凹形状にしてしまうと、高速高負荷時の燃焼を阻害してしまいます。このような理由でメカニカルオクタン価はあまり高いとはいえない燃焼室でしたが、直噴のメリットを出すために、圧縮比は従来のエンジンより1程度高めに設定して熱効率を稼いでいました。

モード燃費はすばらしい燃費を謳っていましたが、実際の走行時は10-15モード運転のように必要なだけアクセルを踏むという運転はしないので、超希薄空燃比で走れる領域は意外と少ないのです。その結果、カタログデータと実用燃費とが大きく乖離してしまいました。

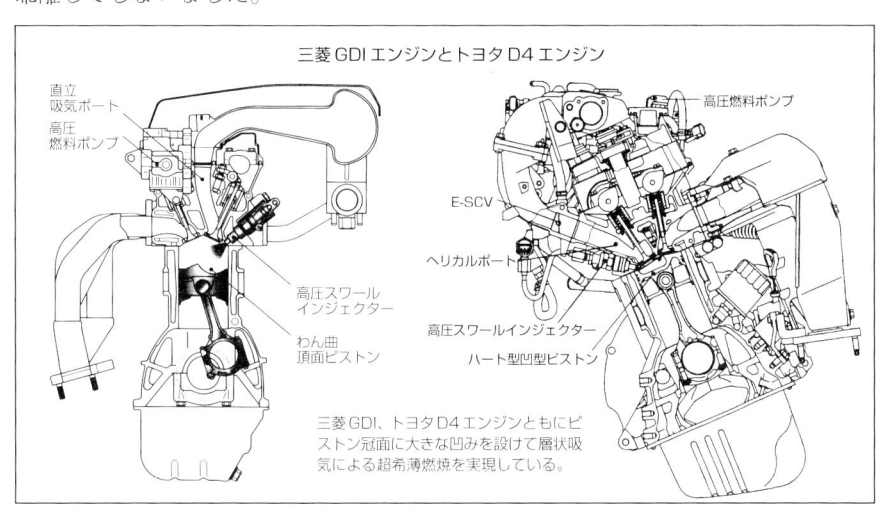

三菱GDIエンジンとトヨタD4エンジン

三菱GDI、トヨタD4エンジンともにピストン冠面に大きな凹みを設けて層状吸気による超希薄燃焼を実現している。

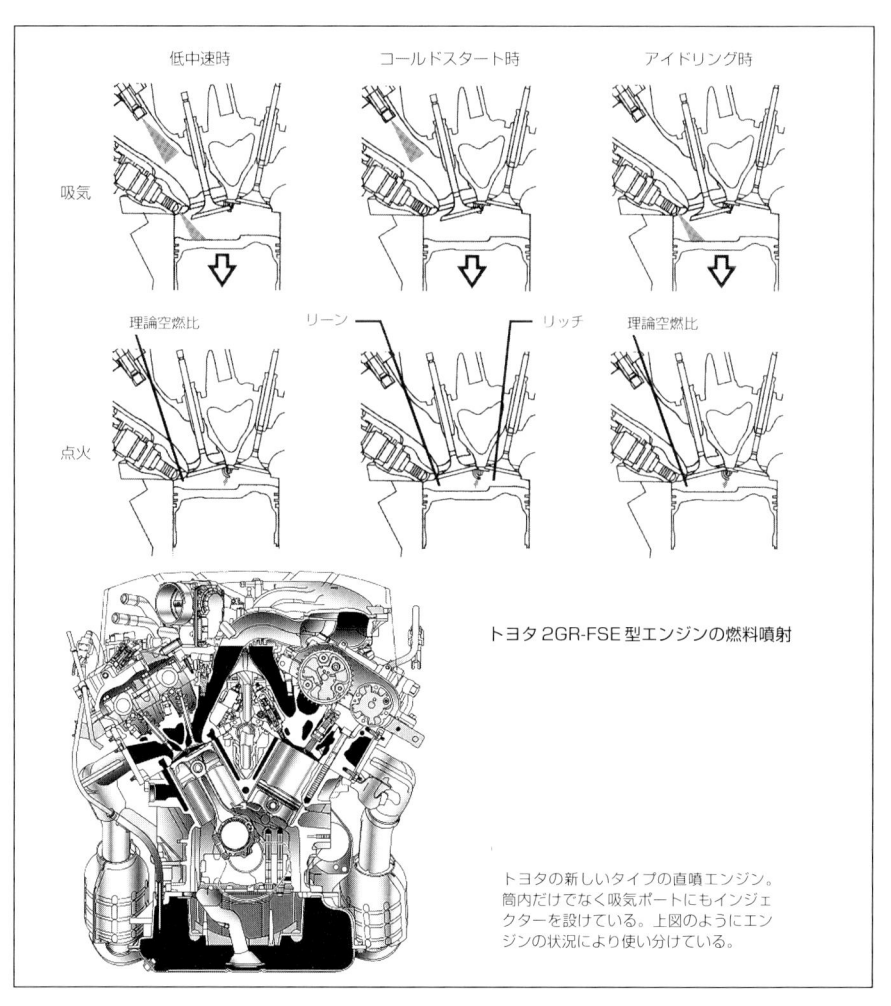

	低中速時	コールドスタート時	アイドリング時
吸気			
点火	理論空燃比	リーン　リッチ	理論空燃比

トヨタ 2GR-FSE 型エンジンの燃料噴射

トヨタの新しいタイプの直噴エンジン。筒内だけでなく吸気ポートにもインジェクターを設けている。上図のようにエンジンの状況により使い分けている。

　その後、希薄燃焼システムではより厳しくなる排気規制をクリアするのはむずかしくなり、三菱自動車や日産自動車は筒内噴射に及び腰になりましたが、トヨタ自動車はコンセプトを180°変えて、均質混合気のストイキ燃焼で高出力を狙う形で筒内噴射システムを採用しています。そのため、筒内噴射による超希薄燃焼はなくなっています。

　これは燃料インジェクターを二つ持ち、筒内と吸気ポートで分担して燃料を供給する方式を取っています。中低速では吸気ポートからは膨張〜吸入行程に噴射し、吸入行程前半に筒内噴射して混合気の均質化を狙っています。高速高負荷では筒内噴射のみとして吸入混合気をガソリンの気化熱で充分に冷却するようにしています。しか

6.混合気の燃焼促進について

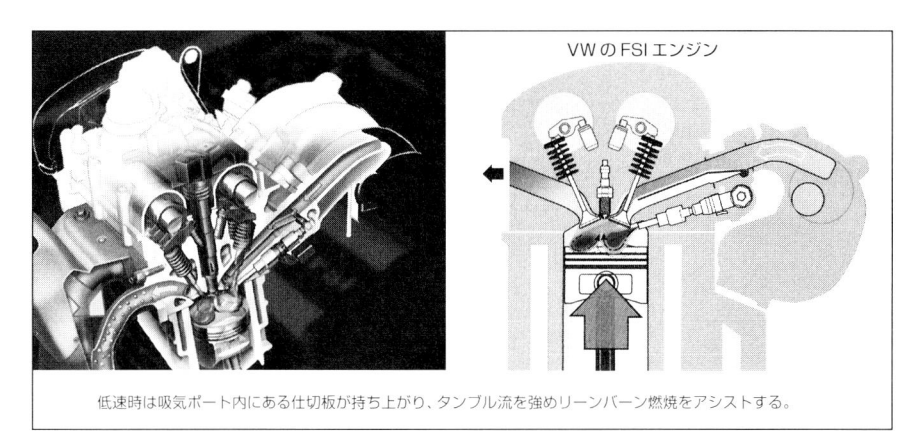

VWのFSIエンジン

低速時は吸気ポート内にある仕切板が持ち上がり、タンブル流を強めリーンバーン燃焼をアシストする。

し、二つのインジェクターを使っている本当の理由は冷間始動後の排気温度の急速上昇～触媒の暖機促進による排気性能向上のためでしょう。

一方で2000年代半ばから欧州メーカーで続々と筒内噴射ガソリンエンジンが発表されています。アルファロメオのJTS、VW/アウディグループからはFSI、BMWからは直

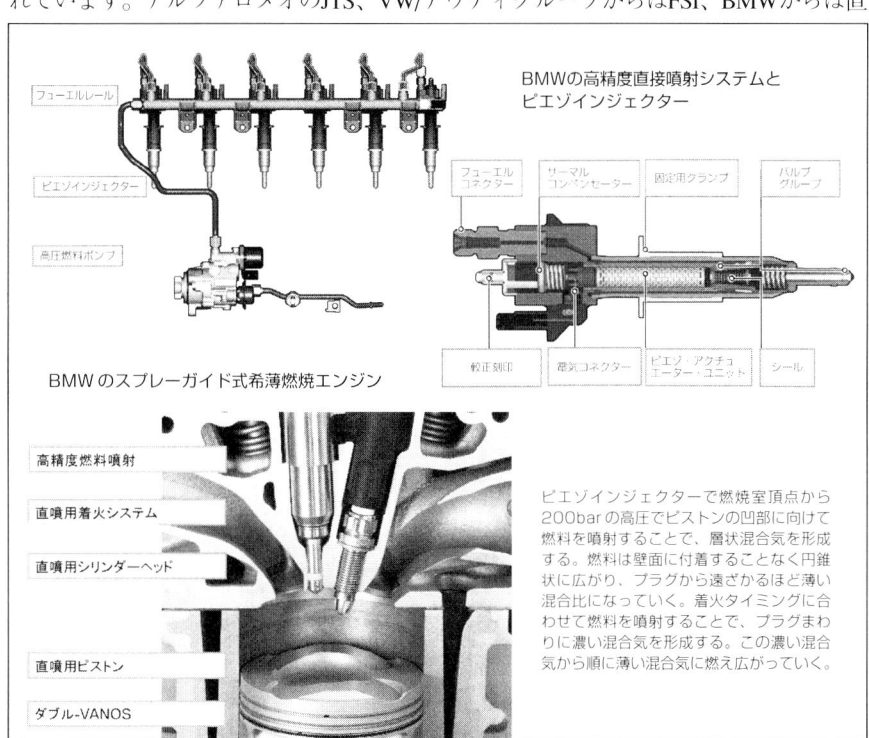

BMWの高精度直接噴射システムとピエゾインジェクター

フューエルレール
ピエゾインジェクター
高圧燃料ポンプ

フューエルコネクター
サーマルコンペンセーター
固定用クランプ
バルブグループ

BMWのスプレーガイド式希薄燃焼エンジン

較正別印
電気コネクター
ピエゾ・アクチュエーター・ユニット
シール

高精度燃料噴射
直噴用着火システム
直噴用シリンダーヘッド
直噴用ピストン
ダブル-VANOS

ピエゾインジェクターで燃焼室頂点から200barの高圧でピストンの凹部に向けて燃料を噴射することで、層状混合気を形成する。燃料は壁面に付着することなく円錐状に広がり、プラグから遠ざかるほど薄い混合比になっていく。着火タイミングに合わせて燃料を噴射することで、プラグまわりに濃い混合気を形成する。この濃い混合気から順に薄い混合気に燃え広がっていく。

列6気筒ツインターボと直列4気筒エンジンに、そしてメルセデスベンツからは3.5リッターV6エンジンに搭載されました。

JTSとFSIはフラットピストン＋斜め噴射ソレノイドインジェクターのストイキ燃焼ですが、BMWとメルセデスベンツはボッシュがディーゼル用に新開発したピエゾ式インジェクターを使って燃焼室中央からピストン中央を狙って燃料を噴射するスプレーガイド式燃焼システムを採用してリーン燃焼を実現しています。

燃焼室内のインジェクター噴口付近はオープンスペースとなっていて、燃料を安定した円錐型の噴霧として供給することができ、噴口から距離に応じた混合比の混合気を形成できます。

また、ピエゾ式インジェクターの応答は非常に速いので燃料を数度に分けて供給することもでき、混合気形成の自由度が高いのです。このように混合気をかなり自由に制御できるのでスワール制御などに頼ったガス流動をさせる必要がないのも大きな利点です。ピエゾ式インジェクターは今のところコストが高いのが難点ですが、近い将来はこのスプレーガイド式燃焼を使ったリーンバーンが主流となりそうな気がしています。

ところで、BMWが採用したスプレーガイド式希薄燃焼とバルブトロニックの棲み分けはどうなのでしょうか。両方ともポンプ損失低減が狙いの技術ですが、アプローチが異なります。

前者はスロットルを開くことで、後者はそもそもスロットルをなくすことでポンプ損失を低減しているので、コンセプトとしては両立しません(もちろん物理的に組み合わせることは可能です)。希薄燃焼には直噴スプレーガイド式、ストイキ燃焼にはバルブトロニックというのがガソリンエンジンの近未来像になると思われます。

7

圧縮比の向上を図るには

　ここでは、ガソリンエンジンの場合について考えることにします。
　圧縮比はノッキングと関係が深いので、まずノッキングについて説明することから始めますが、ノッキングとよく似た現象にデトネーションとプリイグニッションがあります。結果は似ていますが、原因は異なるので、まずその説明をしておきましょう。

① ノッキング

　ノッキングはエンドガスゾーンで自然発火を起こし、ほとんど瞬間的に燃焼して強い圧力波が発生する現象です。自然発火を起こすのは、燃焼が最後になる吸気バルブ側の点火プラグからもっとも遠い部分になります。この圧力波は燃焼室表面を熱から守っている境界層を破壊し、燃焼室表面が直接高温に晒されることになります。こう

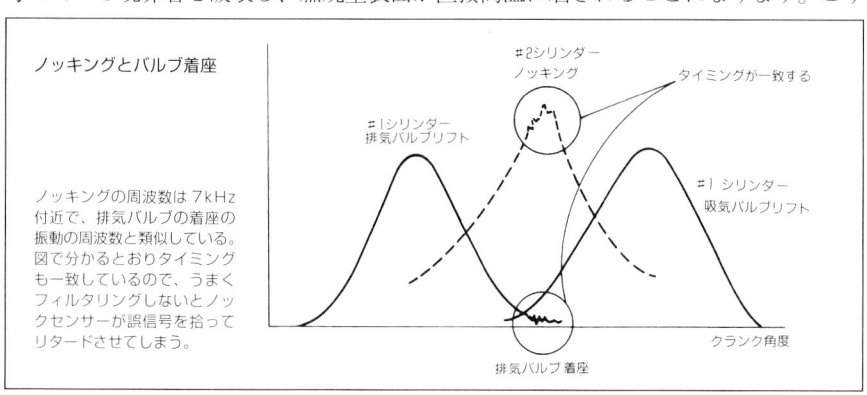

ノッキングとバルブ着座

ノッキングの周波数は7kHz付近で、排気バルブの着座の振動の周波数と類似している。図で分かるとおりタイミングも一致しているので、うまくフィルタリングしないとノックセンサーが誤信号を拾ってリタードさせてしまう。

（図：#1シリンダー排気バルブリフト、#2シリンダーノッキング、タイミングが一致する、#1シリンダー吸気バルブリフト、排気バルブ着座、クランク角度）

ノッキングの区分

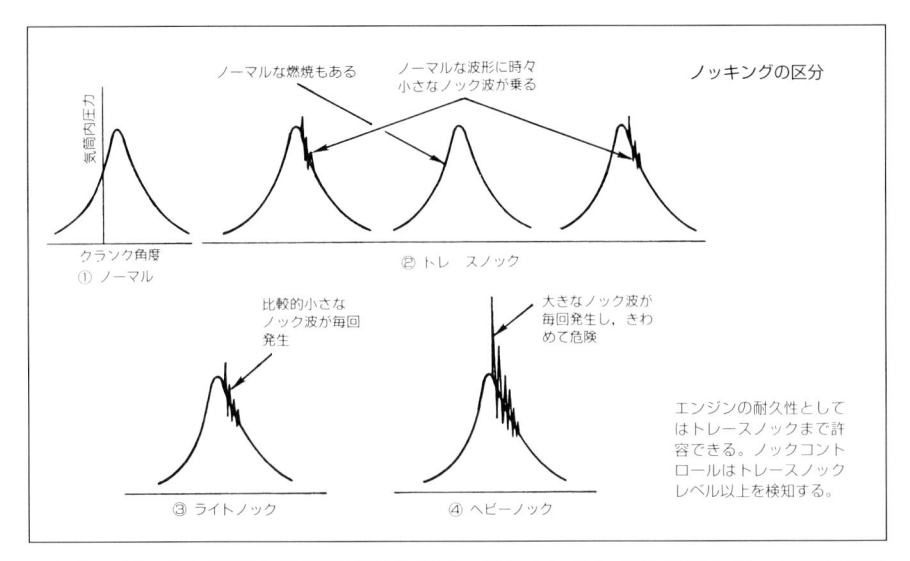

| 気筒内圧力 クランク角度 ① ノーマル | ノーマルな燃焼もある / ノーマルな波形に時々小さなノック波が乗る ② トレースノック |
| ③ ライトノック 比較的小さなノック波が毎回発生 | ④ ヘビーノック 大きなノック波が毎回発生し、きわめて危険 |

エンジンの耐久性としてはトレースノックまで許容できる。ノックコントロールはトレースノックレベル以上を検知する。

なると、ピストン冠面や燃焼室表面の溶損、ピストンリングの膠着などエンジン破損を引き起こすのです。

②デトネーション

　ディーゼリングとも呼ばれる現象で、燃焼により熱くなっている燃焼室内のヒートスポット（点火プラグや排気バルブなど）から点火前に自然着火してしまう現象です。高負荷時にこのデトネーションが発生するとピストンや燃焼室溶損など重大不具合に至ります。高負荷走行直後や燃焼室にデポジットが溜まっているとヒートスポットが起点となってデトネーションが発生し、エンジンキーを切ってもエンジンが停まらないという現象が発生することがあります。このとき、排気は未燃HCを大量に含み、近くにいると目が痛くなります。

③プリイグニッション

　点火系の誤信号により、想定しているよりも早期に火が飛んでしまう現象です。他の気筒用と一緒にハイテンションケーブルなどが近くに束ねられていると、他の気筒の点火信号をその気筒のケーブルが誤って拾って、早期点火をしてしまう現象です。プリイグニッションが発生すると、ピストンリングの膠着など重大な不具合を引き起こします。

1）なぜ圧縮比を上げると良いのか

　圧縮比を上げるというのは、つまり膨張比（＝上死点と下死点位置の燃焼室容積の比）を大きくするということです。混合気を高く圧縮して火を点ければ、圧縮せずに

火を点けたときよりも激しく燃えることは経験的にも多くの人が知っていることだと思います。これを数式的に表すと次のように書くことができます。

$$\eta_{th} = 1 - \frac{1}{\varepsilon^{\kappa-1}}$$

η_{th}：理論熱効率、ε：圧縮比、κ：比熱比

　空気の比熱比は1.4なので、圧縮比10で理論熱効率は60％以上となります。しかし、実際のエンジンではせいぜい40％にも満たない値です。いったいこの差はどうしたことなのでしょうか。

　それは混合気の比熱比は1.4よりも大幅に低く、たとえば理論混合比では、燃焼ガス温度2000°K下での比熱比は1.26程度に落ち込み、理論熱効率は45％に下がります。燃焼ガスの高温下で比熱比が下がる主な理由は、温度上昇とともに比熱が下がるからです。

　少し説明がむずかしくなってしまいました。ここでは、理論熱効率は圧縮比を上げるほど高くなり、混合比が濃くなるほど低くなるということを理解してもらえれば良いと思います。

　それでは、圧縮比を上げれば上げるほど出力は上がるのでしょうか。そのとおりではありますが、それは自ずと限度があります。

　その理由の一つは理論熱効率の式で表されるとおり、圧縮比が10以上になると圧縮比を上げても、それに比例しては熱効率が上がっていきません。一方では、圧縮比を上げるには燃焼室を小さくする必要がありますから、圧縮比が10を超える当たりからS/V比が悪化していきます（表面積Sはむしろ増えて容積Vが減っていく）。S/V比が悪化すると、冷却損失が増えて出力を減らされてしまうわけです。

　もう一つ重大な問題はノッキングです。圧縮比が高くなるとエンドガスゾーンで自

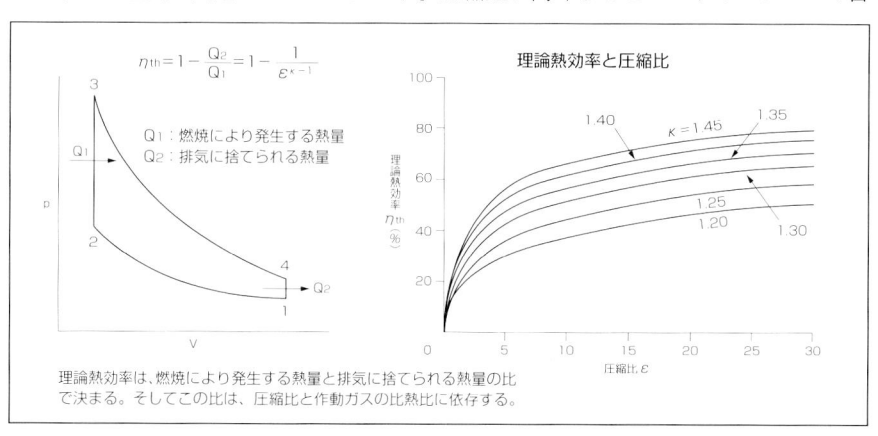

理論熱効率と圧縮比

$$\eta_{th} = 1 - \frac{Q_2}{Q_1} = 1 - \frac{1}{\varepsilon^{\kappa-1}}$$

Q_1：燃焼により発生する熱量
Q_2：排気に捨てられる熱量

理論熱効率は、燃焼により発生する熱量と排気に捨てられる熱量の比で決まる。そしてこの比は、圧縮比と作動ガスの比熱比に依存する。

ノッキングのメカニズム

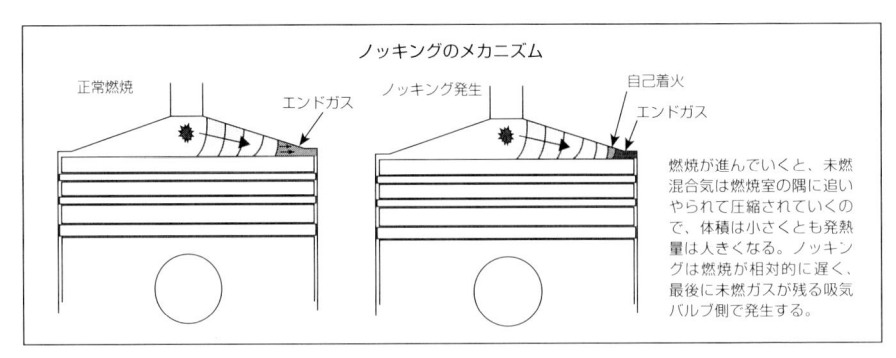

正常燃焼　　　　エンドガス　　ノッキング発生　　自己着火
　　　　　　　　　　　　　　　　　　　　　　　　エンドガス

燃焼が進んでいくと、未燃混合気は燃焼室の隅に追いやられて圧縮されていくので、体積は小さくとも発熱量は大きくなる。ノッキングは燃焼が相対的に遅く、最後に未燃ガスが残る吸気バルブ側で発生する。

然発火を起こし、ほとんど瞬間的に燃焼するので強い圧力波が発生します。この圧力は燃焼室表面を熱から守っている境界層を破壊し、燃焼室表面が直接高温に晒されることになります。こうなると、ピストン冠面や燃焼室表面の溶損、ピストンリングの膠着などエンジン破損を引き起こすのです。通常はピストンや燃焼室の表面を薄い空気の膜が覆っていて、燃焼ガスの高温には直接晒されないようになっています。ノッキングが発生すると衝撃波が生じて、この境界層を破壊してしまうのです。

このような理由から、実際のエンジンでは現時点でNA仕様で12程度、ターボ仕様で10程度が圧縮比の上限になっています。もちろん、バルブタイミングで実圧縮比が変わってくるので見かけ上の圧縮比だけで議論はできませんが。

ミラーサイクル(132頁参照)では、吸気バルブ閉のタイミングを早める、あるいは遅らせて混合気の吸入量を減らし、実質の圧縮比を落とすことで、膨張比を稼いでいるのです。通常のエンジンでは、圧縮比＝膨張比なのですが、ミラーサイクルでは吸入空気量を減らすことで実質の圧縮比を落として圧縮比＜膨張比としているのです。

2)燃焼室まわりの冷却によるノッキングの防止について

ノッキングを避けるため、またシリンダーヘッドやピストンを保護するために燃焼室やピストン冠面の冷却が重要になってきます。運転中の燃焼室まわりの温度分布の一例を図に示します。

燃焼室で発生する熱の約70～80％はヘッド、30～20％がピストン及びピストンのトップリングを介してシリンダーブロックに伝えられます。

高負荷での燃焼はクランク角ATDC30～40deg程度で終了するので、ブロック壁面が燃焼ガスの熱に直接晒されることは少ないはずです。シリンダーブロックにはピストンリング及びシリンダーヘッドとのジョイント面を通して伝わるのが大部分になります。

それでは、実際の部品について考えていくことにします。

まずは燃焼室の冷却です。実際の燃焼室まわりは点火プラグやバルブシートが配置

7. 圧縮比の向上を図るには

されていて、冷却水が充分燃焼室に接するのはむずかしいのが実情です。4バルブ・ペントルーフ燃焼室をシリンダーブロック側から眺めてみると、燃焼室壁面と呼ばれる部分はほとんどないに等しいくらいなことが分かります。それでも、バルブシートや点火プラグの間に少しでも冷却水を通し、冷却水流速を速めるなど工夫してヘッドの冷却を充分にしないと、ノッキングなどの原因となります。

シリンダーヘッドの冷却水通路を確保するために、小型プラグを使うのも一つの有効な方法です。自動車用の点火プラグのねじサイズはM14(14mm)が普通ですが、2輪車用にはM12、M10など小型サイズがあります。従来は耐久性や汎用性の面からM14サイズを使っていましたが、2006年に登場した日産の新しいVQエンジン(60°V6)ではM12の小型プラグが採用されています。従来でも、コスワースのV8など一部のレースエンジン用には小型プラグを使っていました。もちろん、シリンダーヘッドの冷却向上を狙ってのことです。

燃焼室の一部を形成している排気バルブにも、燃焼による熱が入ってきます。この熱は主にバルブシートを通じて燃焼室に伝えられる分とバルブステムからバルブガイドに伝えられる分があります。高性能エンジンでは、排気バルブにナトリウムを封入する技術が使われますが、これは高温になって液体化した金属ナトリウムがバルブの運動により傘部とバルブステムを往復し、傘部でナトリウムが受け取った熱をステム部で冷却水に伝達するようにしているのです。

このナトリウム封入排気バルブは当初、主としてターボエンジンに使われていました。ターボエンジンでは排気温度が1000℃程度まで上がるため、積極的に排気バルブ

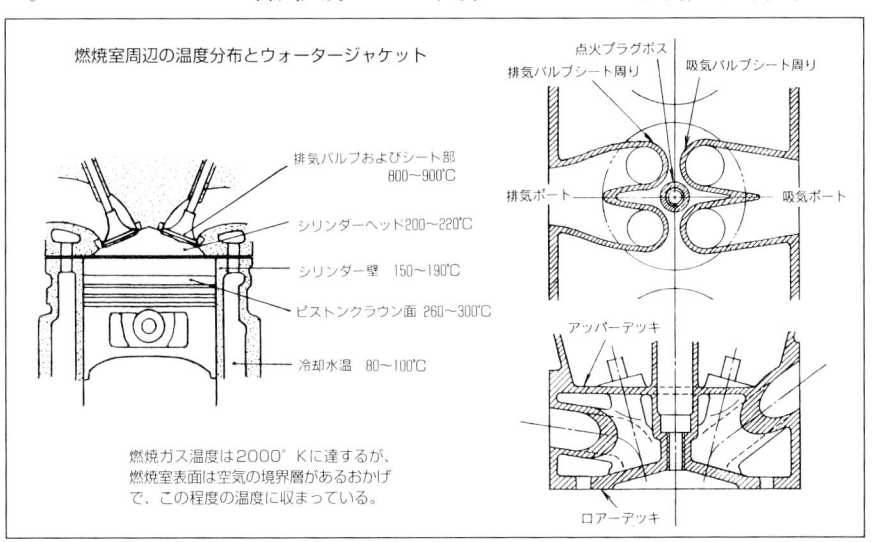

燃焼室周辺の温度分布とウォータージャケット

排気バルブおよびシート部 800〜900℃
シリンダーヘッド 200〜220℃
シリンダー壁 150〜190℃
ピストンクラウン面 260〜300℃
冷却水温 80〜100℃

燃焼ガス温度は2000°Kに達するが、燃焼室表面は空気の境界層があるおかげで、この程度の温度に収まっている。

点火プラグボス
排気バルブシート周り
吸気バルブシート周り
排気ポート
吸気ポート
アッパーデッキ
ロアーデッキ

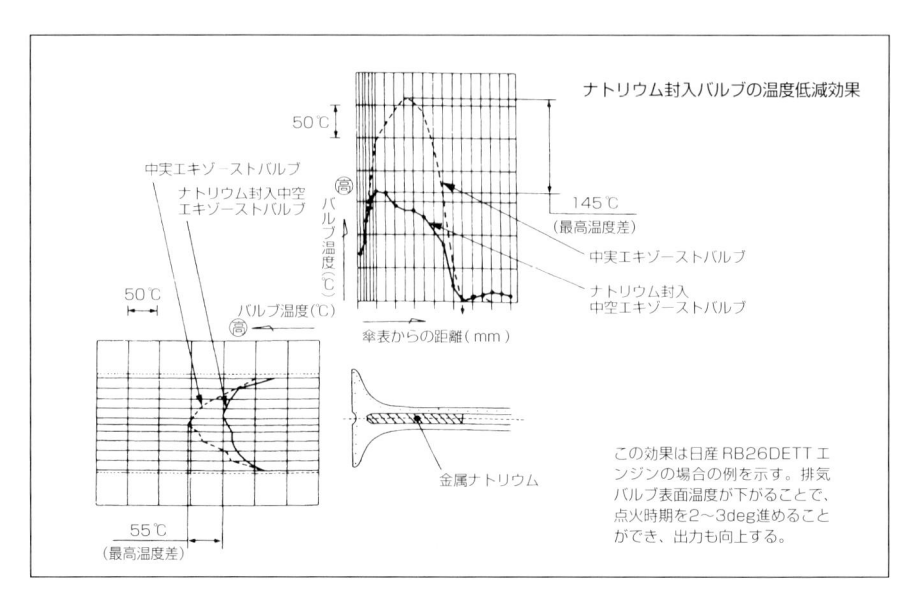

ナトリウム封入バルブの温度低減効果

50℃

中実エキゾーストバルブ
ナトリウム封入中空エキゾーストバルブ

145℃
(最高温度差)

中実エキゾーストバルブ
ナトリウム封入中空エキゾーストバルブ

バルブ温度(℃)
傘表からの距離(mm)

50℃
バルブ温度(℃)

55℃
(最高温度差)

金属ナトリウム

この効果は日産 RB26DETT エンジンの場合の例を示す。排気バルブ表面温度が下がることで、点火時期を2〜3deg進めることができ、出力も向上する。

を冷却しないと、熱による折損を起こす心配があるからです。

しかし、ナトリウム封入バルブは高性能NAエンジンにも使われています。NAエンジンの場合は出力性能を稼ぐためです。これにより、バルブ傘部の温度は50℃以上低くなり、点火時期を2〜3°進角することが可能になります。

次にピストンについて考えてみます。

ピストンは主として冠面で受熱し、トップリングを通してシリンダーブロック壁に熱を伝えます。その他、一部は冠面裏に跳ねかけられるオイルで冷やされ、また、一部はスカートからシリンダー壁に熱が伝えられます。

このように、ピストンでは主としてトップリングから熱が捨てられるため、ターボエンジンなど高負荷のエンジンでトップリング溝の温度が高くなりすぎると、材料の

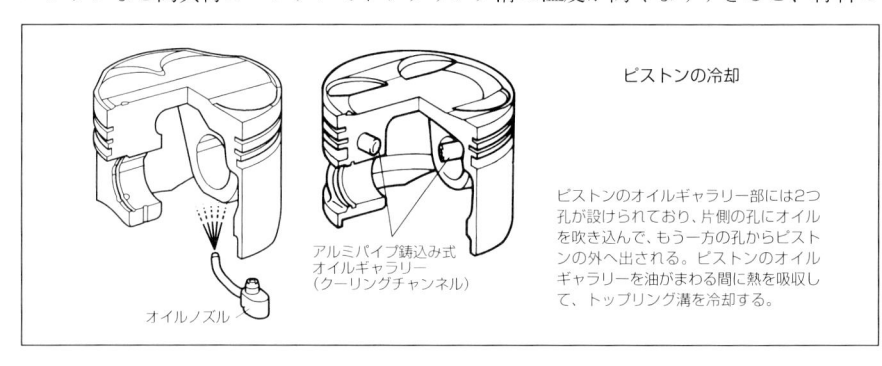

ピストンの冷却

アルミパイプ鋳込み式オイルギャラリー
(クーリングチャンネル)

オイルノズル

ピストンのオイルギャラリー部には2つ孔が設けられており、片側の孔にオイルを吹き込んで、もう一方の孔からピストンの外へ出される。ピストンのオイルギャラリーを油がまわる間に熱を吸収して、トップリング溝を冷却する。

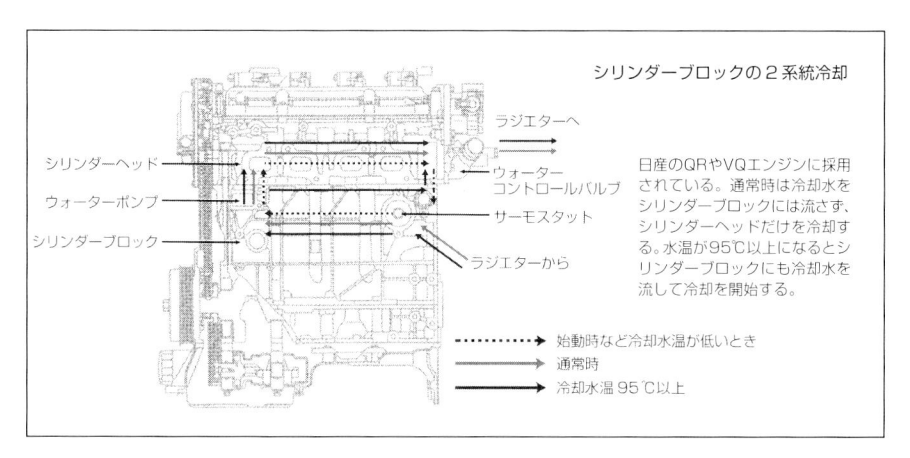

7. 圧縮比の向上を図るには

シリンダーブロックの2系統冷却

日産のQRやVQエンジンに採用されている。通常時は冷却水をシリンダーブロックには流さず、シリンダーヘッドだけを冷却する。水温が95℃以上になるとシリンダーブロックにも冷却水を流して冷却を開始する。

- シリンダーヘッド
- ウォーターポンプ
- シリンダーブロック
- ラジエターへ
- ウォーターコントロールバルブ
- サーモスタット
- ラジエターから

-------→ 始動時など冷却水温が低いとき
———→ 通常時
━━━→ 冷却水温95℃以上

アルミが溶けてピストンリングの膠着を起こします。それを避けるために、トップリング溝の内側にクーリングチャンネルを設けてオイルで冷やすシステムが考えられています。

シリンダーブロックについてはどうでしょうか。

シリンダーブロックに伝熱する熱量は燃焼で発生する分の20％程度ですから、それほど冷却する必要はありません。では、なぜ従来からシリンダーブロックに冷却水が通されているのでしょうか。

シリンダーヘッドを冷却した水の通り道としての役割もあるからです。しかし、1990年代以降、シリンダーブロックに通す冷却水の容量は小さくなってきているのは、燃費向上の要求が大きくなってきたからです。特に冷間始動からの暖機では、冷却水容量が大きいと暖まりにくく、始動後の燃費に悪影響を及ぼします。エンジンが温まらないと燃料の霧化が悪く、見かけの混合比を濃くしないと、うまく燃焼させられないのです。

日産のQRエンジンのように、2系統冷却システムを採用するのも、このような理由

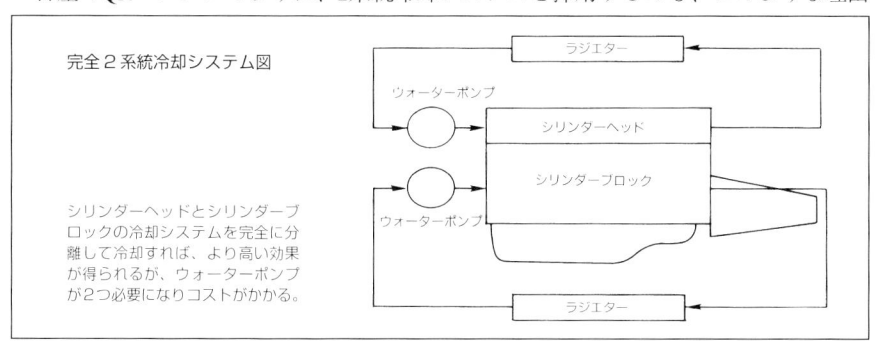

完全2系統冷却システム図

シリンダーヘッドとシリンダーブロックの冷却システムを完全に分離して冷却すれば、より高い効果が得られるが、ウォーターポンプが2つ必要になりコストがかかる。

- ラジエター
- ウォーターポンプ
- シリンダーヘッド
- シリンダーブロック
- ウォーターポンプ
- ラジエター

からです。冷機時から通常走行においてはシリンダーヘッドのみに冷却水を流して冷却損失を減らして燃費を稼ぎ、高負荷時や冷却水温が高くなったときのみ、シリンダーブロックにも冷却水を流して冷却するというシステムになっています。

3)燃焼室形状と圧縮比の関係はどうか

　燃焼室形状やボア・ストローク比などによっても、圧縮比は制約を受けてきます。
　S/V比を小さくして冷却損失の少ない燃焼室にしようとすると、なるべくスキッシュエリアをつくらないことが必要になってきます。しかし、コンパクトな燃焼室をつくるには点火プラグまわりに燃焼容積を集めることが必要で、そのためには、ある程度スキッシュエリアをつくらないと実現することができません。つまり、高い圧縮比とS/V比は相反する要求となっています。この両者のあいだの適切な妥協点を捜すことがすなわち良い燃焼室にすることに他ならないのです。
　高い次元で妥協するためには何が必要でしょうか。
　バルブ挟み角を小さくすることでペントルーフの高さを抑え、また、ピストン冠面に設けるバルブリセスも減らすことができます。これらは燃焼室容積を減らすことに寄与します。吸排気バルブ径を極力小さくすることやバルブタイミングの工夫(大きなオーバーラップを取らない)なども同様の効果をもたらします。
　タイミングベルトを採用しているエンジンでは、ベルトが切れてもバルブとピストン冠面が干渉して破損しないように、バルブのリセスを大きく取っていますが、これも圧縮比を上げる妨げになります。大きなバルブリセスはガソリンがそこに溜まり燃焼せずに蒸し焼きとなり、HCとなって排出されるので、その点でも良いことはありません。
　1980年代から動弁駆動システムはタイミングベルトが優勢でしたが、ベルトの耐久性と燃焼室の深いリセスが燃焼悪化を招く問題からチェーン駆動へ回帰しています。

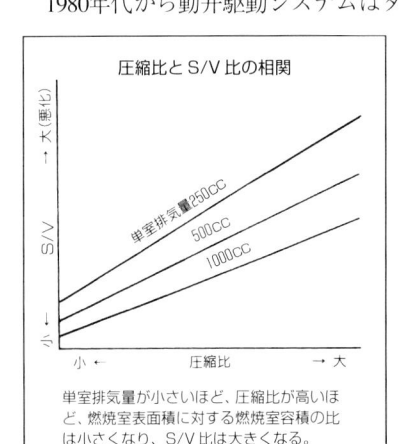

　ボア・ストロークと圧縮比の関係はどうでしょうか。
　ボアが大きいオーバースクエアのエンジンでは、ボア径が大きくなるのでそのぶん燃焼室容積も大きくなります。つまり、圧縮比を上げることがむずかしくなるわけです。ボア径の大きいショートストロークエンジンで圧縮比を上げようとすると、バルブ以外の燃焼室部分を埋めていくことになり、それが吸排気のスムーズな流れを妨げ、吸排気効率に悪

圧縮比とS/V比の相関

単室排気量250cc
500cc
1000cc

単室排気量が小さいほど、圧縮比が高いほど、燃焼室表面積に対する燃焼室容積の比は小さくなり、S/V比は大きくなる。

7. 圧縮比の向上を図るには

ボア・ストロークと圧縮比の関係

ショートストローク / ロングストローク / スパークプラグ

バルブ挟み角を小さくすれば、燃焼室は小さくできる

バルブ挟み角を小さくするとコンパクトな燃焼室にすることが可能になる。

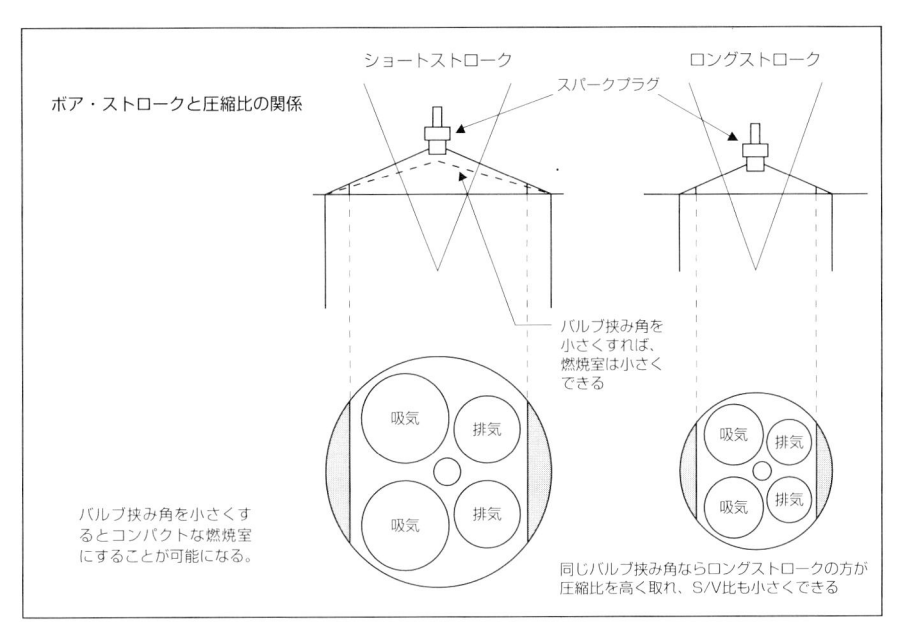

同じバルブ挟み角ならロングストロークの方が圧縮比を高く取れ、S/V比も小さくできる

影響を与えます。せっかく出力を上げるためにボアを大きく取ったのに、その狙いを最大限に生かせなくなります。

　ショートストローク型にする場合は、バルブ挟み角をできる限り小さくし、燃焼室の高さを抑えて燃焼室容積をコンパクトに保つ工夫が必要です。

4)燃料と圧縮比の関係

　一口にガソリンと我々は呼んでいますが、ガソリンとは一体どのような物質なのでしょうか。ガソリンは原油から抽出されますが、主要成分はオクタンとヘプタンの混合物なのです。そして、ガソリンはオクタン価という性能で善し悪しを測られます。

　オクタン価とは、簡単にいうと自己着火のしにくさ(ノッキングのしにくさ)を表す指標です。オクタン価の数字はガソリン中にどの程度のオクタンが含まれているかを表しています。圧縮比が高く、吸入空気の充填効率も高いエンジンでは実圧縮比が高いので、当然要求オクタン価も高くなります。

　したがって、高性能エンジンでは高いオクタン価の燃料を使わないと、その高性能を発揮することができません。しかし、それほど高性能でないエンジンに高いオクタン価の燃料を使っても、性能はほとんどといってよいほど変わりません。それは標準的な燃料でも充分に機能する要求点火時期、混合比であれば、それ以上の高性能な燃料は宝の持ち腐れなわけです。

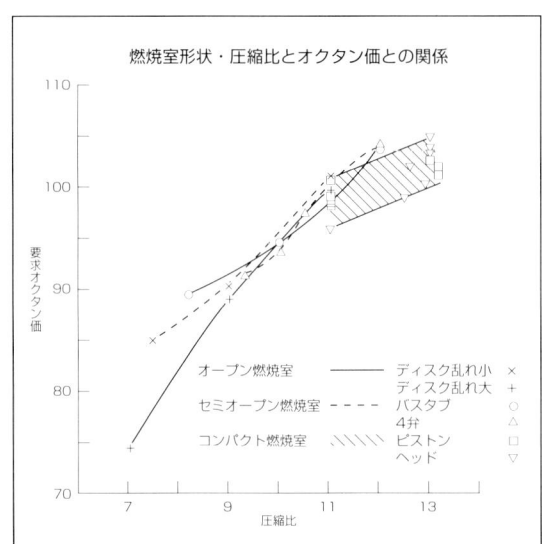

オクタン価が高い燃料とは具体的にはどのような性質をいうのでしょうか。

簡単にいえば、引火性は高いが自己着火性は低い燃料です。つまり、火種があればすぐ火が点くが、高温高圧でも自分から発火しにくい燃料をいいます。

ところで、オクタン価はどのように計測されるのでしょうか。

オクタン価はイソオクタンとノルマルヘプタンの混合比率で表されます。イソオクタンはノッキングしにくく、ノルマルヘプタンはその反対にノッキングを起こしやすい燃料です。イソオクタン100％であればオクタン価100、ノルマルヘプタン100％であればオクタン価ゼロとなります。オクタン価92というのは両者の混合比が92：8ということです。

それでは、オクタン価105など100以上の数字があるのはどうしてでしょうか。これはイソオクタン100％にベンゼンなどアンチノック性の高い有機剤を加えて、たとえばオクタン価105相当にしているのです。100以上のオクタン価は0と100オクタンを直線で結び、外挿して計算します。

オクタン価向上の手段としてベンゼンは有効ですが、人体への毒性が危惧されており、2000年以降はガソリン中のベンゼン含有量は1％以下に引き下げられています。現在ではオクタン価向上剤としてMTBEなど含酸素系添加剤が主力となっています。

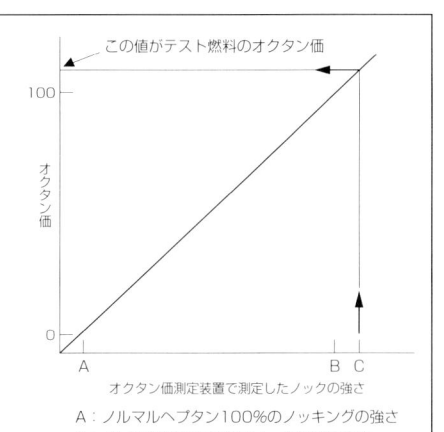

7. 圧縮比の向上を図るには

オクタン価の測定方法はいくつかありますが、ここでは代表的な二つの方法について説明します。リサーチオクタン法は低速走行時の、モーターオクタン法は高速走行時のオクタン価を測定する方法だといわれていますが、それぞれ600rpmと900rpmでオクタン価が計測されており、最新のエンジンの実情とは合わないところもあるように思います。

①リサーチオクタン価

C.F.R.機関と呼ばれるオクタン価を計測するための専用エンジンを用いて計測した値です。このC.F.R.機関は単シリンダー機関に電気動力計を取り付けたもので、運転中に圧縮比を変えることができるようになっています。エンジンの回転速度は600rpm一定、点火時期は上死点前13°一定、冷却水温度は100℃などと規定されています。

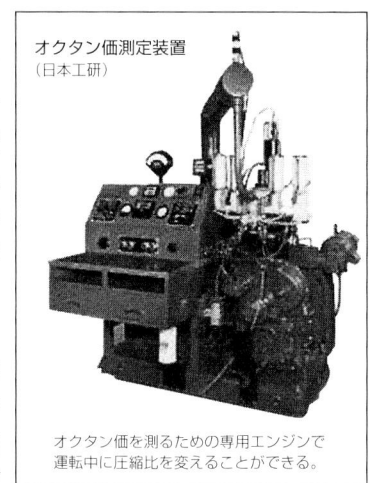

まず、試験しようとする燃料を使ってこの機関を運転し、ある圧縮比のところでノッキングが起きたとします。次にイソオクタンとノルマルヘプタンの混合比を適当に変化させて同じ圧縮比で同じ強さのノックを起こすような組み合わせを捜すのです。この組み合わせが、すなわち試験した燃料のオクタン価となるわけです。

②モーターオクタン価

モーターオクタン価もリサーチオクタン価と同じC.F.R.機関で計測されます。エンジンの回転速度は900rpm一定、点火時期は自動調整で、圧縮比5のとき26°、圧縮比6のとき22°、そして7のとき19°に合わせています。冷却水温度はやはり100℃です。

オクタン価測定の手順はリサーチオクタン価に準じます。

リサーチオクタン価測定方法は日本や欧州で、モーターオクタン価はドイツやイギリスで採用されています。前者はF1法、後者はF2法と呼ばれています。この両者は上に説明したとおり測定条件が異なるため、値が一致しないのが一般的です。一概にはいえませんが、同じ燃料でみるとリサーチオクタン価の方がモーターオクタン価よりも高く出ることが多いようです。

5) エンジンのマッチングで圧縮比を上げることができるのか

ノッキングは気候(温度、湿度)、ガソリンの性状、エンジンのメカニカルなばらつき(燃焼室容積やヘッドガスケット厚さによる圧縮比のばらつき、燃焼室形状、燃焼室まわりの冷却など)、混合比のばらつきなどでかなり変化します。要求点火時期で

点火時期とエンジン性能

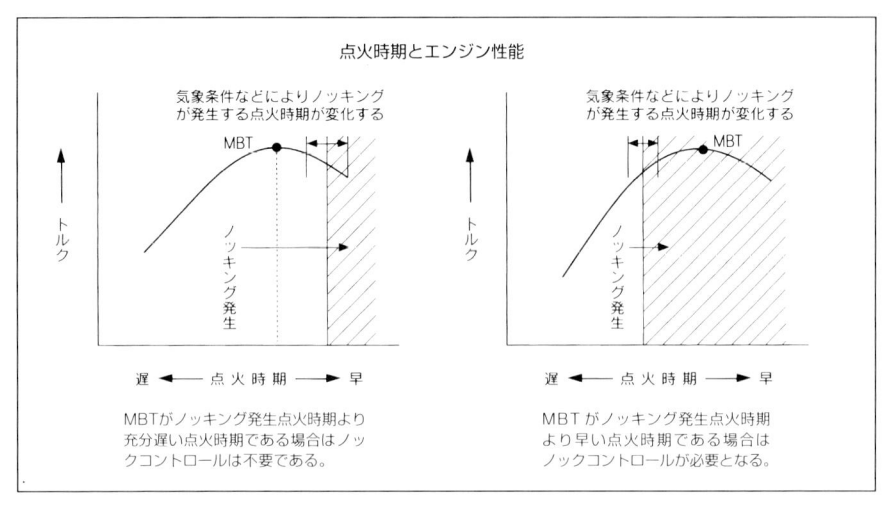

左図: 気象条件などによりノッキングが発生する点火時期が変化する。MBTがノッキング発生点火時期より充分遅い点火時期である場合はノックコントロールは不要である。

右図: 気象条件などによりノッキングが発生する点火時期が変化する。MBTがノッキング発生点火時期より早い点火時期である場合はノックコントロールが必要となる。

（縦軸：トルク、横軸：点火時期 遅←→早）

これらの条件を考慮すると最大3～5deg程度変わります。

　従来のエンジンでは、このようなばらつきを考慮し、安全を図って平均的な要求点火時期に対して3～5degのマージンを取っていました。

　したがって、エンジン個別のメカニカルなばらつきを抑えるようにしていけば、それだけ要求点火時期に近いセッティングを採用することができるわけです。また、エンジン1台ごとに要求点火時期を測定できれば、気候差やガソリンの性状だけを考慮すれば良いことになります。多気筒エンジンの場合、気筒間のばらつきがあるので要求点火時期はもっとも条件の悪い気筒で決まります。

　この後で述べるノックセンサーを採用することでそのエンジン、そのときの気候に最適な点火時期をECU（エンジンコンピュータ）に記憶させる学習制御が一般的に採用されています。

　最後に要求オクタン価と圧縮比の関係について説明をしておきます。

　要求オクタン価は燃焼室のメカニカルオクタン価によって変わってくることは、燃焼室形状と圧縮比の関係のところですでに説明したとおりです。しかし、要求オクタン価と圧縮比の関係は燃焼室形状に関わらずある相関を持っています。概略オクタン価が5上がると圧縮比は1上げることができます。レギュラーガソリンのオクタン価は90～91程度、ハイオクタンは98～100程度ですから、この差は圧縮比で1.6程度上げることができるわけです。レギュラー仕様で圧縮比9.5ならハイオクタン仕様にすれば圧縮比11程度まで取れるということです。

　市販ガソリンのオクタン価は1980年代までは右肩上がりで向上してきましたが、1990年代には頭打ちになり現在に至っています。

6)ノックセンサーはなぜ必要なのか

　ガソリンエンジンでは3000rpm以下の比較的低速の高負荷運転領域ではノッキングを起こしやすく、5000rpm以上では相対的にノッキングは発生しにくくなっています。ここでいっているノッキングしにくいというのは、MBTの点火時期に対してノッキングが発生する点火時期が充分進角側にあるという意味です。

　これは主として以下の理由によるものです。

　ガソリンエンジンの燃焼速度は、エンジンの回転速度にほぼ比例して速くなります。このおかげで、エンジンはスムーズに回転上昇させたり下げたりすることができるのです。さもなければ、エンジンは一定回転速度でしかスムーズに運転することができません。

　しかし、クランク角度でみた燃焼期間はエンジン回転速度に対してまったく変わらないわけではなく、回転速度が上がるにつれて長くなっていきます。これがエンジン回転が上がっていくと、点火時期を早めなければならない理由です。それでは、なぜ燃焼速度はエンジン回転速度に比例するのに点火時期を早める必要があるのでしょうか。

　それには燃焼のメカニズムを説明しなければなりません。燃焼は混合気に点火するとまず火炎核(火種)が形成され、その後燃焼室全体に燃え広がっていく形になります。この火炎核形成にかかる時間はエンジン回転速度とともに多少は速くなりますが、比例するまでにはいかないので、クランク角でみるとエンジン回転が高くなるにつれて時間がかかるようになります。この火炎核形成の遅れ分により、全体の燃焼期間はエンジン回転速度とともに増えていくのです。

　要求点火時期は遅いほど燃焼が速いことを意味するので、急速燃焼であることを示しています。あまり要求点火時期が早いと時間損失が増えて熱効率が悪くなります。そもそもピストンが圧縮行程で上昇中に点火すれば、ピストンの上昇を抑えようとする力が働いてしまいます。オッ

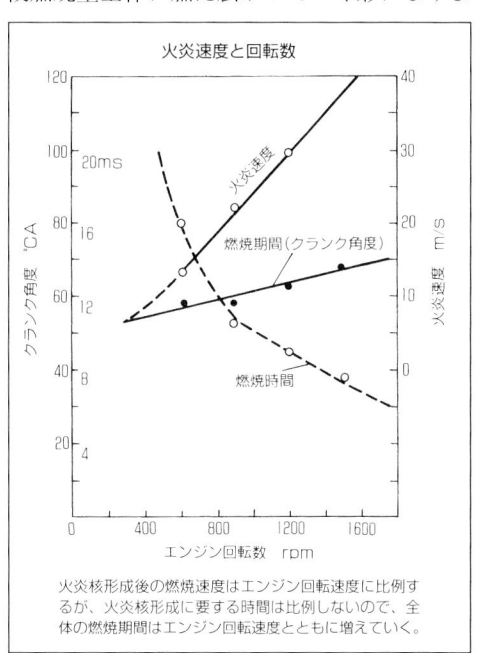

火炎速度と回転数

火炎核形成後の燃焼速度はエンジン回転速度に比例するが、火炎核形成に要する時間は比例しないので、全体の燃焼期間はエンジン回転速度とともに増えていく。

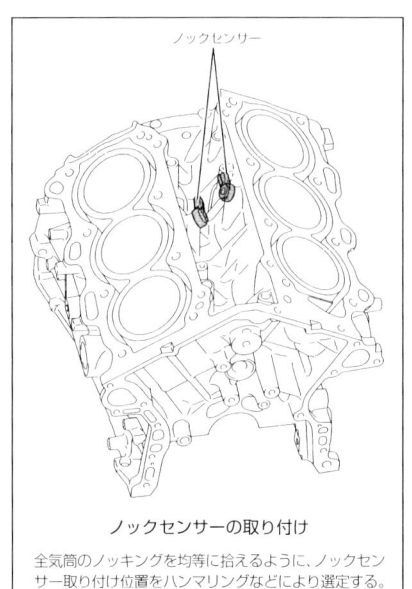

トーサイクルの理想的な燃焼は圧縮上死点で点火すると一瞬で燃焼を終えて、膨張行程のピストン下降による仕事はすべて出力となることなのですが、実際にはそうはいかないわけです。

エンジンの回転速度が低い場合、燃焼室に入る混合気は比較的ゆっくり入ってくるので、燃焼室内でのガス流動はあまり大きくはありません。ですから、着火後の燃え広がりもそれほどは速くないのです。そのため、エンドガスゾーン(吸気バルブ側)の未燃混合気が燃焼を終えたガスの熱と圧力によって、燃焼する前に発火してノッキングが起こります。

吸気バルブサイドでなぜノッキングが発生するかというと、燃焼室内では相対的に温度が低く、燃焼が最後になることが多いからです。中低速域でスワールを発生させる目的は、このガス流動を促進するところにあります。

エンジン回転速度が4000rpmを超える頃には吸気の流速は充分に速くなり、燃焼室内に入った混合気は点火された後に素早く燃え広がることが可能になります。

ノックセンサーの働きは、エンジンの運転状態におけるノッキングを感知してノッキングを起こしていると判断すると点火時期を遅らせるという役割を持っています。

ノックセンサーの取り付け

全気筒のノッキングを均等に拾えるように、ノックセンサー取り付け位置をハンマリングなどにより選定する。

圧電非共振型ノックセンサーと筒内圧センサー(右)

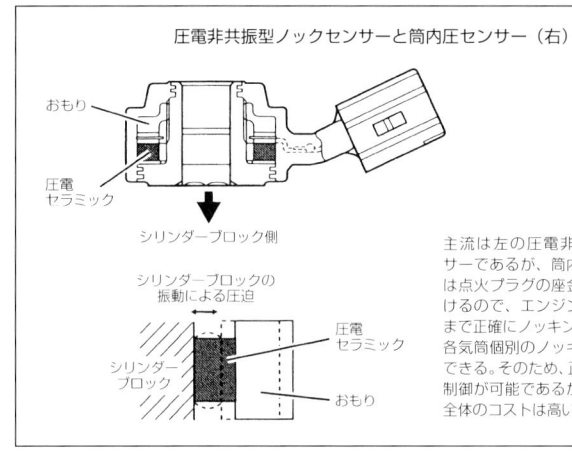

主流は左の圧電非共振型センサーであるが、筒内圧センサーは点火プラグの座金部に取り付けるので、エンジンの高回転域まで正確にノッキングを感知し、各気筒個別のノッキングを監視できる。そのため、正確なノック制御が可能であるが、システム全体のコストは高いものとなる。

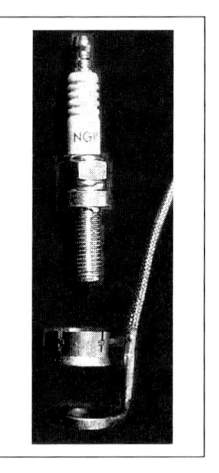

それでは、なぜノックセンサーでノッキングを常に見張っている必要があるのでしょうか。

　それは前項でも説明したとおり、ノッキングは部品の精度に伴う点火時期のばらつき、圧縮比や混合比のばらつきなどにより、発生する条件が変わってきます。また、環境条件(気温、湿度、大気圧など)によっても変わってくるわけです。

　電子制御以前のエンジンのように、これらをすべて考慮に入れて安全サイドに点火時期を設定することもできるわけですが、それではエンジンの持てる性能を限界近くまで引き出すことは不可能です。ノックセンサーによりノッキングを感知したら点火時期を遅らせるというフィードバック制御を採用することで、同じエンジンでも、より高性能を引き出すことができるのです。

　ノックセンサーには大きく分けて2種類があります。

①圧電センサー

　従来、ノックセンサーは磁束密度の変化を検知する磁歪型や圧電素子を共振させてその圧電を検知する共振型圧電センサーなどがありましたが、最近では非共振型圧電センサーが主流です。

　この非共振型圧電センサーは、ノッキングによって発生した振動をシリンダーブロック表面で拾うシステムで、従来同様ノックセンサーをシリンダーブロック上部に取り付けています。ノックセンサーがノッキングによる振動を拾うと、おもりが動いて圧電セラミックを圧迫して発電します。この発電量は受ける圧力の大きさに比例します。この発電量をECUに伝え、ECUはそれを受けて点火時期を遅らせる信号を出します。

　ノックセンサーは全気筒のノッキングを均等に拾うことが望ましいので、取り付ける場所や個数はエンジンの種類やどこまで精密にノック制御するかで変わってきます。ノッキングの周波数はバルブの着座振動など近い周波数の振動で誤動作しないよう、うまく振動をフィルタリングする必要があります。

②筒内圧センサー

　点火プラグの座金部に取り付けるタイプで、エンジンの高回転域までより正確にノッキングを感知する能力を持っています。各気筒個別のノッキングを監視できるので、より正確なノック制御が可能で、気筒別の点火時期制御もすることができます。欠点としては部品の値段が高く、しかも各気筒に取り付ける必要があるので、システム全体のコストは高いものとなってしまいます。

7)ノック制御の実際はどうなっているか

　ノック制御はノッキングを検出したら点火時期を遅角し、ノッキングの有無に関わらず一定時間ごとに一定量進角するというステップリタード方式が一般的になってい

ます。
①ノック制御領域
　ノック制御領域はあるエンジン回転速度範囲と負荷の範囲を定義して行います。
　特にシリンダーブロックに取り付けるタイプのノックセンサーを採用する場合は4000rpm以上の高回転域ではS/N比(Signal/Noise比)が悪いためノック検出精度が低く、正確なノック制御をすることはむずかしいためです。
　したがって、4000rpm以上の高負荷領域では推定学習制御を行っています。これはノック制御領域で進角、遅角した値をこの推定学習制御領域にもあてはめて使うというやり方です。100％同じ値を使うか、ある程度割り引いた値にするかは、あらかじめどの程度二つの領域のノッキングの関連があるかを実験で確認して決めます。高回転でのノックはエンジン破損に直結するので、この値は慎重に決める必要があります。
②制御範囲
　ノック制御量の上限、下限値をあらかじめ決めておきます。上限が遅角リミッター、下限が進角リミッターです。
　遅角リミッターは、それぞれの運転領域(回転速度、負荷)で、ある点火時期以上に遅角させないように制限を設けます。これはあまり遅角させると排気温度が上がりすぎて排気系部品や触媒を破損させる可能性があるからです。
　また、進角リミッターは、MBT点火時期以上に進めてもトルクが下がってしまい、意味がなくなるために設けられています。
③燃料による使用MAPの切り換え
　ハイオクタン仕様車では燃料のハイオクタン、レギュラー判定を行い、点火時期及び空燃比の設定を切り換えています。
　まずエンジンキーがオンのときはハイオクからスタートし、ノック制御量がある設定値以上(たとえば8deg)にリタードするとレギュラーと判定します。レギュラーと判定されるとレギュラー用のMAPが採用されます。逆に一度レギュラーと判定されて運転している場合、進角量がある一定以上になるとハイオクと判定して、やはり使用MAPをハイオク用に切り換えます。
④ハイオク専用、ハイオク併用
　ハイオク専用エンジンでは、エンジン仕様がハイオクタンガソリンを使う前提で設計されており、レギュラーガソリンを使うとエンジン破損を避けることはできますが、そのエンジン本来の性能を発揮することはできません。レギュラーガソリンの使用は緊急用として考えられており、出力や燃費はかなり悪くなってしまいます。
　これに対して、ハイオクレギュラー併用エンジンでは、レギュラーガソリンでは、

そのエンジンの本来に近い性能を発揮し、ハイオクガソリンを入れた場合はその分だけ性能が向上するように設定されています。しかし、ハイオクガソリン専用に設計されたエンジンほどの性能向上代は大きくないのが普通です。

このハイオク併用仕様は、ハイオク専用仕様に比べて仕様的に中途半端な印象が拭えないので、最近では設定されていません。

基本となる点火時期(ベースマップと呼ぶ)は開発されたエンジンでの平均的な要求点火時期を設定します。あまり点火時期を早く設定するとノックセンサーが働く機会が多くなってかえって出力を損することになってしまいます。一度ノッキングを感知して点火時期を遅らせると、進角するのに時間がかかるからです(進角はゆっくりさせないとエンジンを破損する恐れがあるため)。

気候は平均的な20℃、湿度40～50％程度を基準にします。夏は気温が上がりますが、湿度も高いのでそれほどノッキングは厳しくありません。冬は温度が低いので空気密度が上がる上に湿度が下がるので、パワーは出ますがノッキングには厳しい条件となります。試験に使用するガソリンは、市場の下限オクタン価であるガソリンを石油メーカーにつくってもらい使用します(この辺の考え方は自動車メーカーによって異なると思います)。

8

エンジンの燃費を良くするには

　エンジンの効率を向上させることは、永遠の課題のひとつです。効率とは、ある一定量の燃料を投入したとき、どれだけ多くの仕事(＝出力)を取り出すことができるかということです。

　燃料消費率はg/kw·hで表しますが、これはある一定の出力、1時間あたりの燃料使用量を表しています。この燃料消費率を向上するとは、すなわち出力を上げることに他ならないのです。

　しかし、一般には出力と燃費は両立しないもののように思われているのは、なぜなのでしょうか。

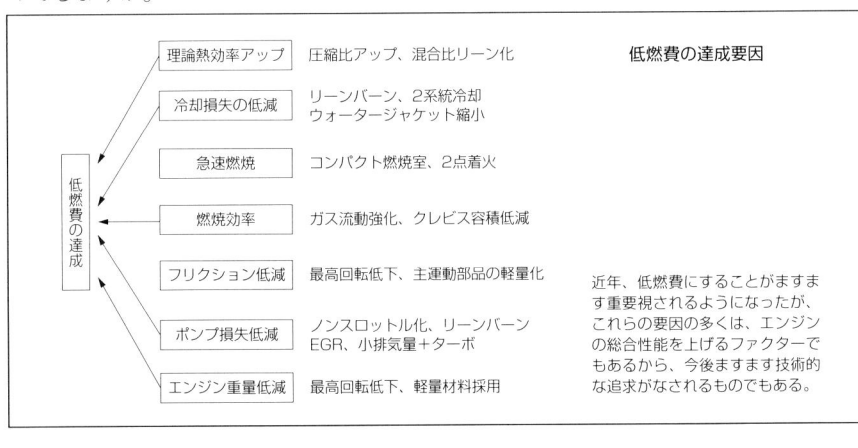

低燃費の達成要因

低燃費の達成	要因	具体策
	理論熱効率アップ	圧縮比アップ、混合比リーン化
	冷却損失の低減	リーンバーン、2系統冷却、ウォータージャケット縮小
	急速燃焼	コンパクト燃焼室、2点着火
	燃焼効率	ガス流動強化、クレビス容積低減
	フリクション低減	最高回転低下、主運動部品の軽量化
	ポンプ損失低減	ノンスロットル化、リーンバーン、EGR、小排気量＋ターボ
	エンジン重量低減	最高回転低下、軽量材料採用

近年、低燃費にすることがますます重要視されるようになったが、これらの要因の多くは、エンジンの総合性能を上げるファクターでもあるから、今後ますます技術的な追求がなされるものでもある。

8. エンジンの燃費を良くするには

これは一般に出力といったときは最高出力を表し、燃費といったときはモード燃費や一定速燃費などパーシャル(部分負荷)燃費をいっているからなのです。

最高出力時の燃費を向上することは、すなわち最高出力そのものを上げること、あるいは出力一定なら使う燃料量を減らすことを意味しています。最小燃料消費率を下げる(燃費を良くする)には、やはりトルクを上げるか同じトルクなら燃料消費を減らせば良いのです。

最高出力を上げるためには、空気をたくさん取り込む、良い燃焼をさせる、損失を減らすという3大要素が重要です。

良い燃焼をさせるためには急速燃焼、圧縮比のアップなどが重要で、これらの方策は燃費の向上にも繋がります。また、冷却損失、機械損失の減少なども燃費の向上にプラスになります。しかし、空気をたくさん取り込む方策はパーシャル燃費にとってはマイナスに作用する場合も出てきます。ターボ化して圧縮比を下げると、特にパーシャル時の燃費は悪化する方向になり、絶対的吸入空気を増やすとパーシャル時には、よりスロットルを閉じる方向に行くのでポンプ損失が増えてしまいます。吸排気バルブの4バルブ化は、吸入空気量は増えるのでパーシャルでのポンプ損失という面では不利になります。

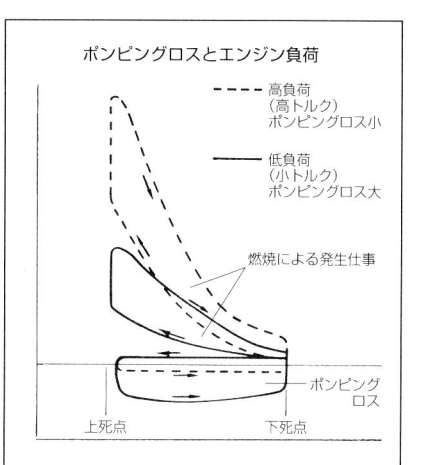

パーシャルの燃費を向上するには、どういうことをしたら良いのでしょうか。これは一定出力発生時の燃料消費量を減らすということですから、すなわち損失を減らすことです。このためには、燃焼室のS/V比を小さくして冷却損失を減らしたり、リーンバーンにして同じパーシャル出力において、よりスロットルを開き勝手にしてポンプ損失を減らすなどが考えられます。

もちろん、小排気量にすればポンプ損失や冷却損失も減るので燃費は良くなります。一定速時に気筒を休止させるのも同じ効果を狙ったものです。

ところで、パーシャル燃費向上にDOHC4バルブは有効なのでしょうか。

DOHC4バルブ化することで吸排気通路の断面積が広がる、つまり吸入、排気抵抗が減ってより多くの空気を出し入れすることができるようになるので、出力を向上させることができます。そして、ペントルーフ燃焼室+中央点火にすることで急速燃焼、小さいS/V比を実現することができます。この急速燃焼とS/V比を小さくすることで、

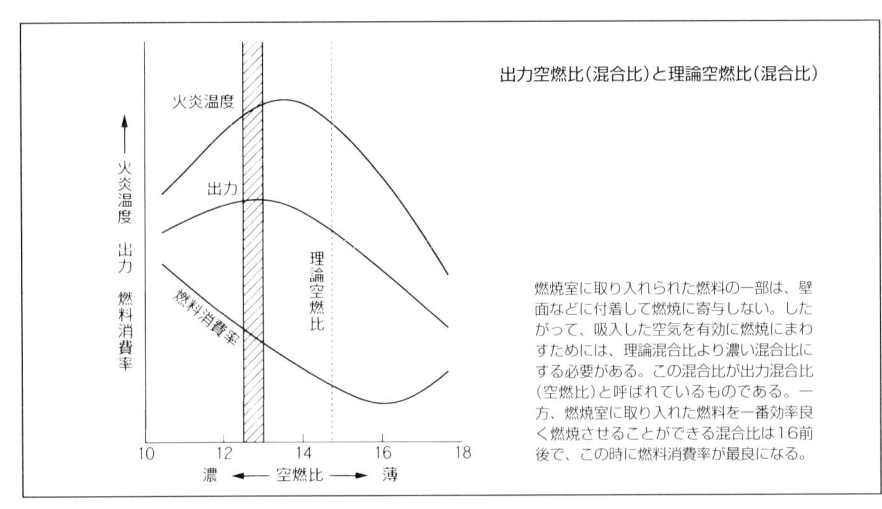

出力空燃比(混合比)と理論空燃比(混合比)

燃焼室に取り入れられた燃料の一部は、壁面などに付着して燃焼に寄与しない。したがって、吸入した空気を有効に燃焼にまわすためには、理論混合比より濃い混合比にする必要がある。この混合比が出力混合比(空燃比)と呼ばれているものである。一方、燃焼室に取り入れた燃料を一番効率良く燃焼させることができる混合比は16前後で、この時に燃料消費率が最良になる。

パーシャルの燃費も改善することができるのです。さらには、直動式のDOHCはロッカーアームを使うSOHCよりもフリクションが小さいので、特に低回転域での機械損失を低減することができます。

4バルブ化を出力に偏って使うのではなく、むしろ燃焼改善と冷却損失改善に有効に使うことで、出力と燃費をバランス良く改善することができるわけです。

1) リーンバーンはなぜ燃費が良くなるのか

リーンバーンエンジンの燃費が良いのは混合比が薄いから？それほど単純な理由ではありません。

燃費が良い理由は、理論熱効率が高いこと、冷却損失が小さいこと、ポンプ損失が小さいこと、の三つの理由によるものです。冷却損失とポンプ損失は因果関係にあり、空気をたくさん取り入れて冷却損失を減らした結果、ポンプ損失も小さくなったと理解した方がよいでしょう。以下に詳しく説明していきましょう。

エンジンの理論熱効率は圧縮比と比熱比で決まります。リーンバーンでは、この比熱比が高くなるのです。もっとも比熱比が高いのは空気のときでおよそ1.4です。これが理論混合比の混合気ではガソリンが混ざったことで1.26程度まで低下します。リーンバーンによりこの比熱比を空気寄りに戻すことができるのです。

たとえば、圧縮比10の場合、空気サイクルでは熱効率は60%ですが、理論混合比の混合気では46%まで落ちます。リーンバーンでは、これを50%台まで回復することができるのです。

リーンバーンエンジンの場合、部分負荷時には一般のエンジンに比べて約1.5倍程度

8. エンジンの燃費を良くするには

リーンバーンエンジンの燃費改善

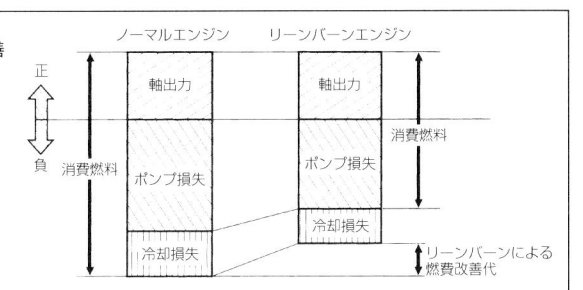

リーンバーンエンジンでは同一出力時により多くの空気を取り入れて冷却損失を減らした結果、ポンプ損失も小さくなり燃費が向上する。この図には入っていないが、燃費のベースとして理論熱効率も向上している。

ノーマルエンジンとリーンバーンエンジンのPV線図

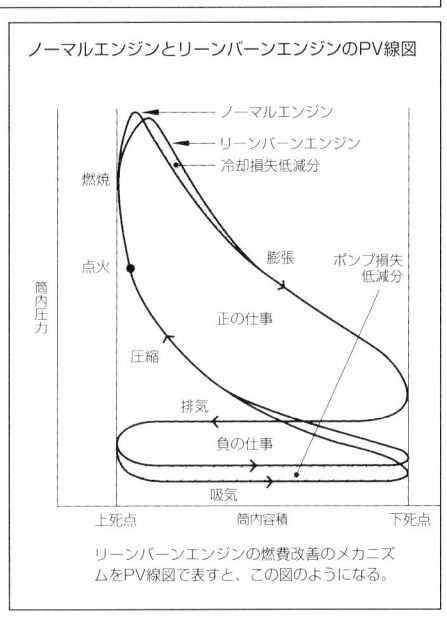

リーンバーンエンジンの燃費改善のメカニズムをPV線図で表すと、この図のようになる。

多い空気をシリンダーに吸入します。

こうなると、混合気内の燃料密度が薄く、火炎伝播速度も遅くなります。このため、燃焼は穏やかに進み、混合気の燃焼温度が比較的低くなり、膨張行程で燃焼室から冷却水に奪われる熱が少なくなるのです。

また、同じ出力を得るのに空気をたくさん吸い込むことは、とりもなおさずスロットルバルブを多めに開くことであり、シリンダーに空気を吸い込むときの損失(ポンプ損失)を低減する効果を得ることができます。

ピストンをポンプに見立てると、狭い通路から吸気を吸い込むよりも、広い通路から吸い込んだ方が抵抗が少なくなり

リーンバーン(希薄燃焼)エンジンの原理

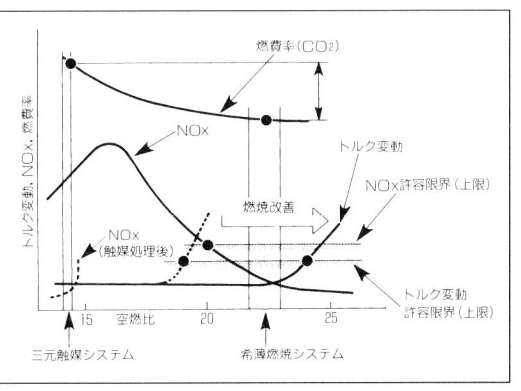

リーンバーンエンジンではスワール強化やスキッシュによりガス流動を活発化して、空燃比24までトルク変動を許容値以下に抑え込んでいる。空燃比を薄くしていくと最高燃焼温度は下がっていき、それとともにNOx発生量も減少していく。

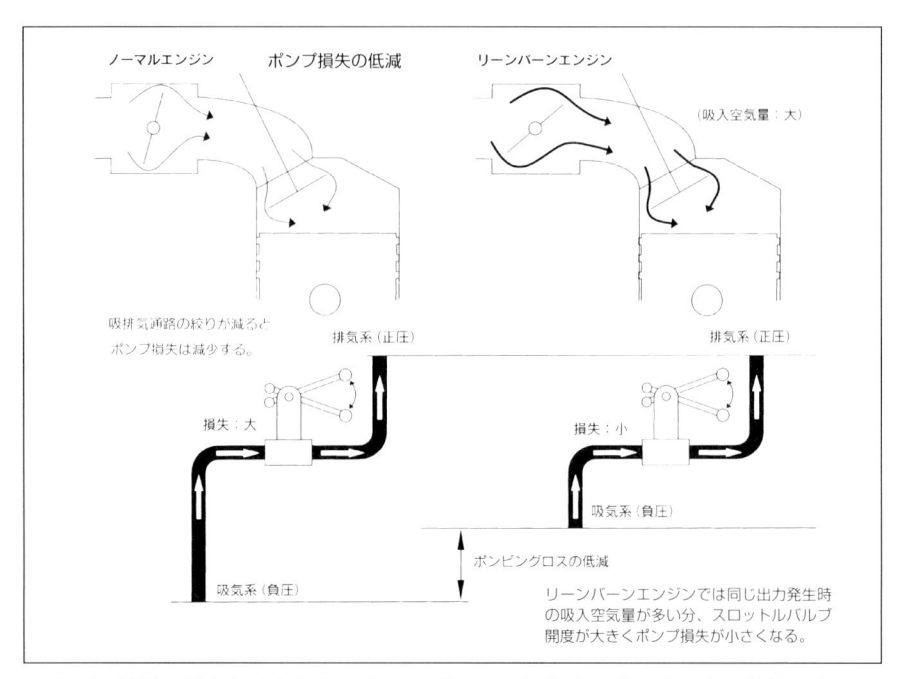

ます。注射器に針を付けたときの方が、付けないときよりも吸うときの抵抗が大きくなるのと同じ原理です。

　リーンバーンは平均空燃比20以上で、この空燃比の均一混合気では着火することは困難です。うまく燃やすためには混合気を層状にして比較的濃い混合気を点火プラグの近傍に集めて着火させ、ガス流動によって他の薄い混合気を燃やしていくという手法になります。したがって、リーンバーンではスワールなどでガス流動を活発化させることが非常に重要になります。

　リーンバーン運転では吸入空気が多くなるので、それほど高いトルクまではカバーできないため空燃比20以上で運転できる領域は限られており、およそ2500rpm以下、トルクは全開トルクのほぼ半分以下の領域になります。

2)ハイブリッドカーはなぜ燃費が良いか

　ハイブリッドカーは、エンジンとモーターを組み合わせて市街地の渋滞走行時の燃費を向上しようと考えられたシステムです。

　エンジンで発生する出力の余剰分をバッテリーに取り込み、減速時はモーターを充電機として使ってエネルギーを回生しています。また、停止時はアイドルストップします。

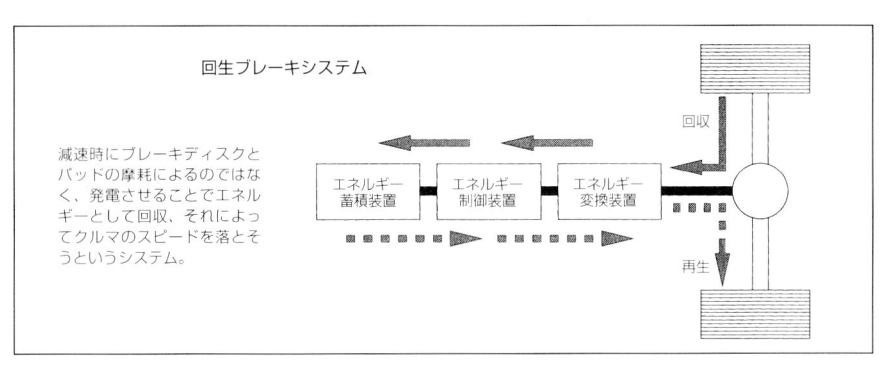

8. エンジンの燃費を良くするには

回生ブレーキシステム

減速時にブレーキディスクとパッドの摩耗によるのではなく、発電させることでエネルギーとして回収、それによってクルマのスピードを落とそうというシステム。

　このように、本来なら捨てられてしまうエネルギーをバッテリーに蓄えて、モーター駆動に使っているのです。モーターは市街地の低速走行や加速時のアシストに使われます。

　エンジンもプリウスなどの場合は、高膨張比のミラーサイクルを採用して最高出力を犠牲にする代わりに、ポンプ損失を低減しています。負荷が低くてエンジンで走らせるには効率が悪いときはエンジンは発電機として働かせて実際の走行はモーターで行います。したがって、このようなハイブリッドシステムが有効に機能する場合は、

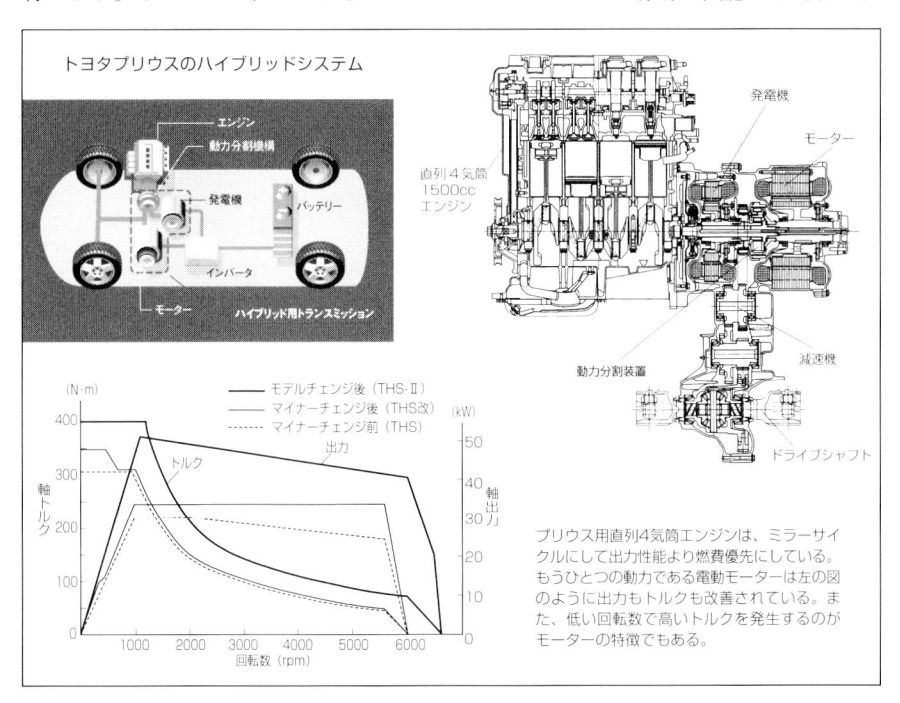

トヨタプリウスのハイブリッドシステム

プリウス用直列4気筒エンジンは、ミラーサイクルにして出力性能より燃費優先にしている。もうひとつの動力である電動モーターは左の図のように出力もトルクも改善されている。また、低い回転数で高いトルクを発生するのがモーターの特徴でもある。

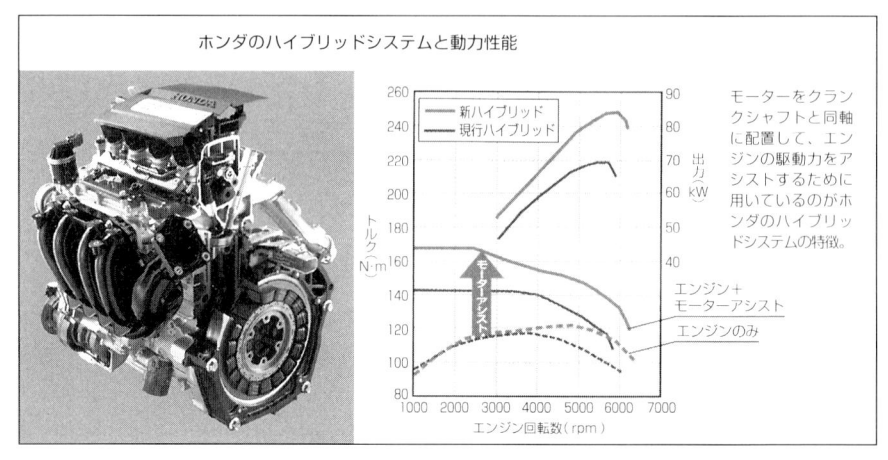

ホンダのハイブリッドシステムと動力性能

ガソリンエンジンだけで駆動するより燃費が良くなります。

しかし、高速巡航・高負荷時には必ずしも有利にはなりません。たとえば、高速道路を100km/h一定速で走る場合はミラーサイクルで運転している分で多少の優位性がありますが、150km/h一定速で走った場合などは通常のガソリン車と大差ない燃費でしか走りません。むしろ、このような条件下ではガソリンハイブリッド車よりもディーゼルエンジン車の方が燃費は良くなる場合の方が多いでしょう。ハイブリッド車はクルマを本来の使い方で走らせることよりも、市街地の渋滞路などで効果を発揮することができるのです。

3)ミラーサイクルは燃費を良くするシステムなのか

ミラーサイクルの原点はアトキンソンサイクルです。アトキンソンサイクルとは、圧縮行程よりも膨張行程を長くしたサイクル、言葉を換えていえば圧縮比よりも膨張比を大きくしたサイクルです。このアトキンソンサイクルでは、圧縮比を高く取ることなしに高い膨張比を得ることができます。なぜかというと、理論熱効率は燃焼開始時の燃焼ガス温度と排気開始時の燃焼ガス温度の比が大きいほど高くなります。これは燃焼開始時の燃焼ガスの体積と排気開始時の体積の比とほぼ同じことになります。

しかし、実際のエンジンでアトキンソンサイクルをつくるのはそう簡単ではありません。圧縮行程では短くなり膨張行程で長くなるようなコンロッドが必要なわけですが、毎分数千回転で運転しているエンジンで、このような複雑な機構を現時点では実現できていません。

その代わりに考え出されたのが、ミラーサイクルです。圧縮行程と膨張行程の長さを変える代わりに、吸気バルブの閉時期を調節して実圧縮比を小さくするというシス

8. エンジンの燃費を良くするには

マツダのミラーサイクルエンジン

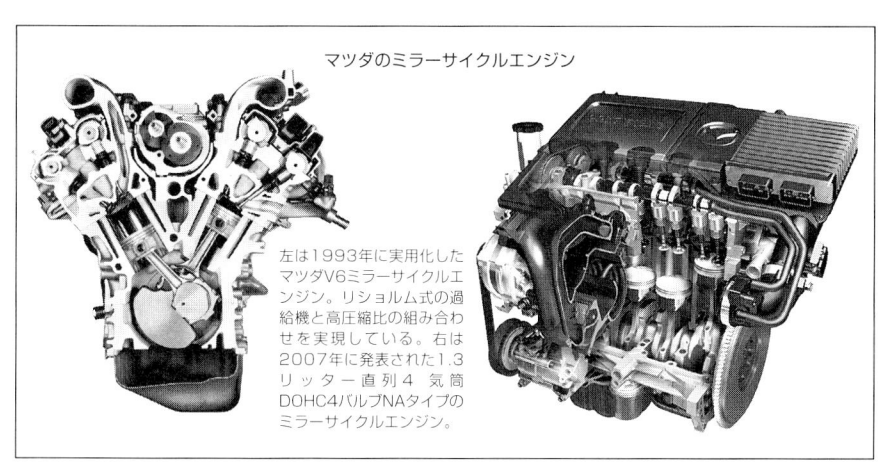

左は1993年に実用化したマツダV6ミラーサイクルエンジン。リショルム式の過給機と高圧縮比の組み合わせを実現している。右は2007年に発表された1.3リッター直列4気筒DOHC4バルブNAタイプのミラーサイクルエンジン。

テムです。具体的には吸気バルブの閉時期を最適時期よりも遅くします。こうすると、シリンダーに入った混合気が吸気バルブから出て行きます。

たとえば、20%少なく吸入すれば見かけの膨張比は20%多くなるわけです。というわけで、ミラーサイクルは簡易的にアトキンソンサイクルを実現するシステムといえます。20%吸気量を減らせば実質の圧縮比も20%落ちますから、見かけの圧縮比は、たとえば12とか13程度にすることができるわけです。

しかし、これはとりもなおさず排気量を20%減らしたことに他なりません。つまり、2000ccのエンジンを1600cc並みの出力で使う代わりに燃費を得るというシステムなわけです。

2007年に発表されたマツダ・デミオでは可変吸気システムと大量EGR、タンブル・スワールコントロールバルブを採用しており、低速域での燃費向上を狙っています。ミラーサイクルと大量EGRでポンプ損失を低減し、燃焼が

VVTのミラーサイクル

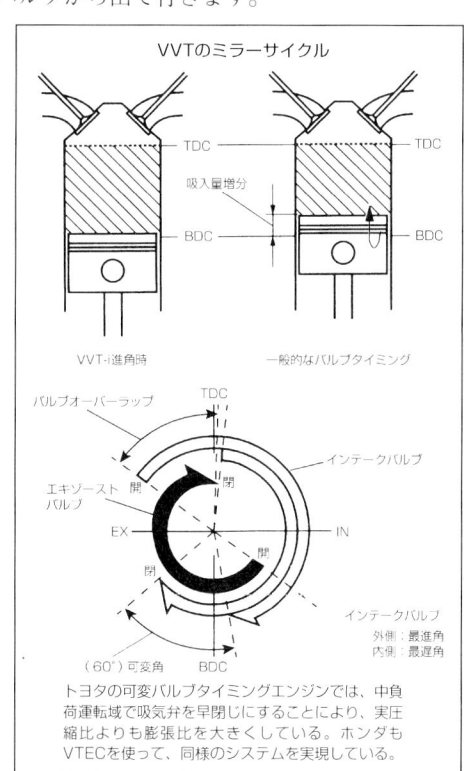

トヨタの可変バルブタイミングエンジンでは、中負荷運転域で吸気弁を早閉じにすることにより、実圧縮比よりも膨張比を大きくしている。ホンダもVTECを使って、同様のシステムを実現している。

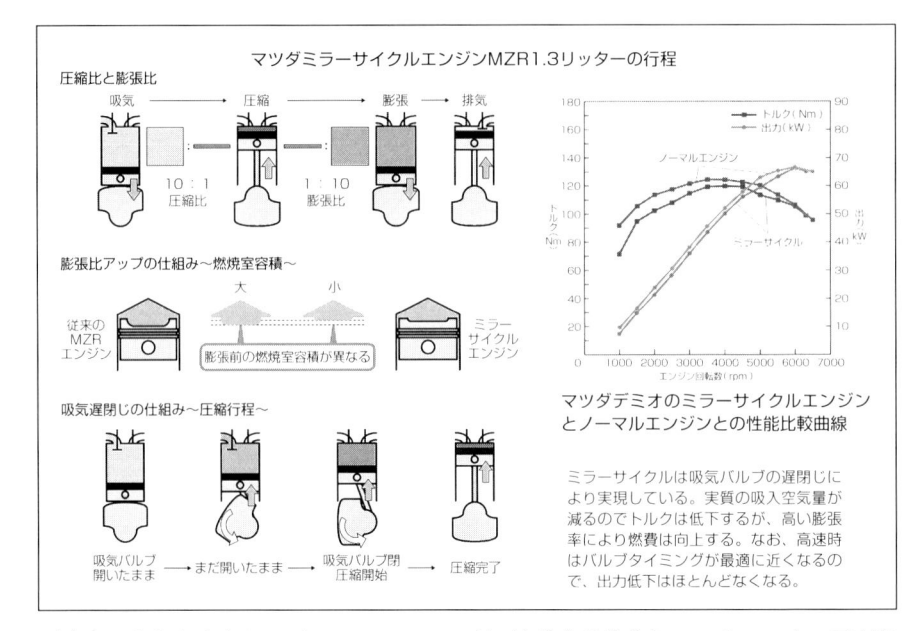

図：マツダミラーサイクルエンジンMZR1.3リッターの行程

圧縮比と膨張比
吸気 → 圧縮 → 膨張 → 排気
10：1 圧縮比　　1：10 膨張比

膨張比アップの仕組み〜燃焼室容積〜
従来のMZRエンジン　　大　小　　ミラーサイクルエンジン
膨張前の燃焼室容積が異なる

吸気遅閉じの仕組み〜圧縮行程〜
吸気バルブ開いたまま → まだ開いたまま → 吸気バルブ閉 圧縮開始 → 圧縮完了

マツダデミオのミラーサイクルエンジンとノーマルエンジンとの性能比較曲線

ミラーサイクルは吸気バルブの遅閉じにより実現している。実質の吸入空気量が減るのでトルクは低下するが、高い膨張率により燃費は向上する。なお、高速時はバルブタイミングが最適に近くなるので、出力低下はほとんどなくなる。

不安定にならぬようタンブル・スワールでガス流動を活発化しているのです。可変吸気システムは回転速度全域でうまくミラーサイクルが機能するよう充填効率を制御しているのです。この吸気バルブ遅閉じにより、吸入空気量を10％減らして、実質圧縮比を10と、見かけの圧縮比11（＝膨張比）に対しても落としています。これにより他のエンジンよりも燃費が良くなっています。ミラーサイクルの効果に加えて車両の軽量化を図ったことで燃費性能を良くしていることも、デミオの燃費向上に効いています。

4）高性能にすると燃費が悪化するのはやむを得ないのか

　高性能とはどういうことをいうのでしょうか。
　高性能＝高出力だとすると、高性能を実現するためには大排気量化、ターボ化などがすぐに思い付きますが、この他に高効率化するという手段があります。この高効率化は、圧縮比を上げる、4バルブ＋コンパクト燃焼室、可変吸排気システム採用による吸気、排気の最適化などが挙げられます。
　燃費＝実用燃費だと定義すると、パーシャル（部分負荷）の燃費ということになります。
　大排気量化で出力を上げると、パーシャルで使うときにはよりスロットルバルブを絞った状態で使うのでポンプ損失や冷却損失が大きくなり、燃費は悪くなります。また、ターボ化すると通常は圧縮比を落とすので、その分理論熱効率が悪くなり、燃費

は悪くなります。大排気量化やターボ化による高性能化は確かにパーシャル燃費が悪くなるのです。

一方で、高効率化による高性能化はどうでしょうか。圧縮比を上げれば理論熱効率は高くなり、4バルブ化＋コンパクト燃焼室の採用は急速燃焼＋冷却損失低減を実現するので、パーシャル燃費も良くなります。可変吸排気システムの採用もパーシャル燃費を向上させてくれます。

ということで、高性能化が一概にパーシャル燃費を悪くするとはいえません。むしろ、高効率化は高性能と低燃費を両立させる手段だということができます。

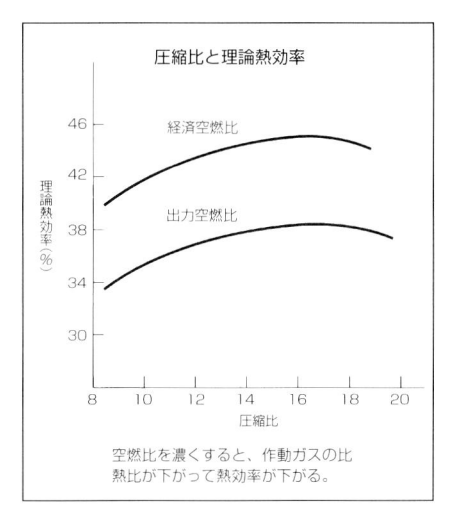

圧縮比と理論熱効率

空燃比を濃くすると、作動ガスの比熱比が下がって熱効率が下がる。

大排気量化やターボ化も、全負荷時の燃費でいえば必ずしも悪化するとはいえません。適度な大排気量化はフリクションをあまり上げずに出力を向上させることができるので、燃費率が向上することもあります。ターボ化も、小さい排気量で高出力を得ることができ、相対的にフリクションは小さくなるので、全負荷の燃費は向上します。もちろん、高負荷時の排気温を下げるために混合比を濃くし過ぎると、当然ながら燃費は悪化します。

VWゴルフTSIのようにターボ＋スーパーチャージャーを付加することで排気量を従来の2リッターから1.4リッターに落とし、燃費も出力も上げるといったことは可能なのです。スーパーチャージャーで低速トルクを、ターボで高速出力を上げているのです。

従来、ターボは同じ排気量のエンジンに付加することで高性能化を図っていましたが、ゴルフTSIのように排気量を下げて燃費の素質を上げ、スーパーチャージャーやターボで低速トルクや最高出力を補うという考え方は、これから徐々に各メーカーの自動車に広まって行くかもしれません。ネックはコストが上がることですが、環境問題に対応するための出費と考える時代になってきているのです。

5)バルブトロニックなどノンスロットルシステムは効果的か

ノンスロットルシステムは、ガソリンエンジンの宿命であるパーシャル時のポンプ損失を低減させることを目的としたシステムです。ガソリンエンジンの出力調整は吸入空気量で行っているのに対して、ディーゼルでは空気量は変わらず、燃料供給量で出力を調整しています。これは、ガソリンエンジンの可燃空燃比が11〜16程度である

のに対して、ディーゼルでは限りなく薄い混合比でも燃焼させることができるためです。これは火花点火と圧縮着火の違いからきています。

スロットルバルブをなくしても、混合気供給を自由に制御するにはどうすれば良いか？　その答えのひとつがこのノンスロットルシステムなのです。

このシステムは吸気バルブのリフト量、作動角を連続的に変化させることで、吸入混合気量を制御します。つまり、吸気バルブを通過する混合気量を吸気バルブのリフトの時間積分値で制御しています。

このノンスロットルシステムを採用すると、従来、パーシャル負荷ではスロットル下流の負圧が大きくなって混合気吸入時のポンプ損失が大きかったのに対して、吸気バルブ直前まで負圧は発生せず、ポンプ損失は低減されます。また、パーシャルではバルブリフトが小さくなる分、動弁系のフリクションが減少するので、この分もトルクが向上し燃費も良くなります。

もう一つの効果としては、燃料の霧化が促進されるということです。これは特にパーシャル領域で吸気バルブのリフト量が小さいので、バルブ部を通る混合気が急激に加速されて霧化が促進されるのです。

このノンスロットルシステムは、BMWの直列4気筒／6気筒エンジンでバルブトロニックという名称で実用化されていますが、実際にはスロットルバルブも残されています。それはなぜでしょうか。

まず大きな理由の一つはブースト（負圧）を発生できないということです。負圧がないとパーシャル負荷時のキャニスターパージができません。キャニスターには燃料タンクから蒸発した燃料を溜める働きがあり、この溜められた燃料は、走行時に適宜燃焼室に送り込まれて燃焼させる必要があります。そうしないと、やがてキャニスターは燃料で溢れて漏れてきてしまいます。このために負圧を発生させることが必要なわけです。

負圧はブレーキのマスターバックにも使われていますが、これについてはディーゼルエンジン同様、真空ポンプを付加することで解決しています。

通常の運転では吸気バルブのリフト量と作動角を変化させて出力を調整しています。しかし、冷間始動時には濃い混合気が必要とされるので多量の燃料が液体のまま入ってきます。この場合、ノンスロットルシステムのままでは吸気バルブのリフトが小さいので、燃料がこの吸気バルブ部に滞留して、かえって霧化が悪くなってしまうことになります。したがって、冷間始動時は吸気バルブは全開時同様に作動させて、スロットルバルブで混合気量を調整しています。

このバルブトロニックはガソリンエンジンの宿命であったパーシャル時のポンプ損失を、スロットル全開時並みに減少させるという意味において、革命的なシステムで

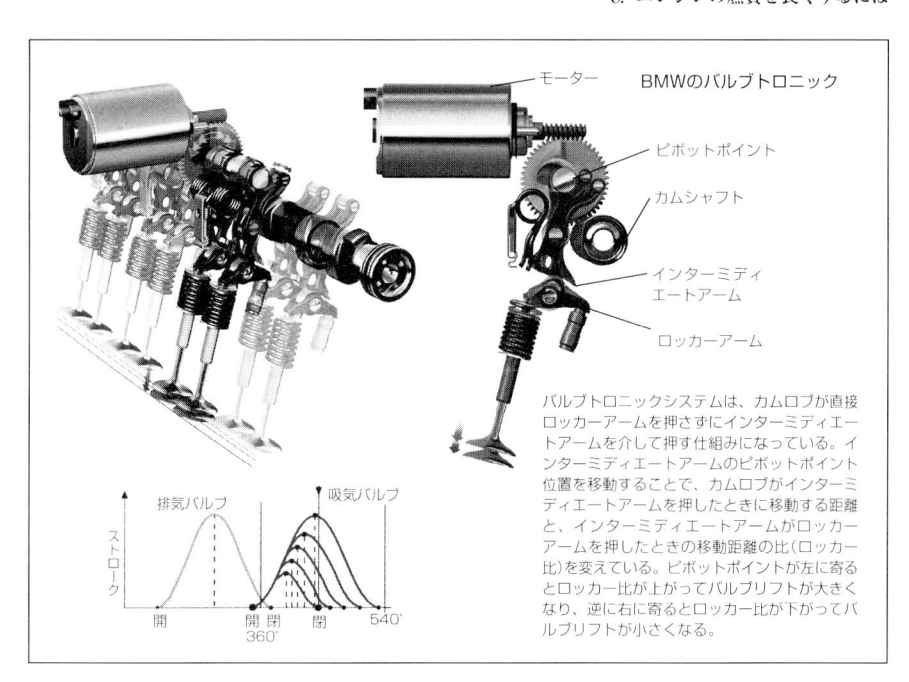

8. エンジンの燃費を良くするには

BMWのバルブトロニック

モーター
ピボットポイント
カムシャフト
インターミディエートアーム
ロッカーアーム

バルブトロニックシステムは、カムロブが直接ロッカーアームを押さずにインターミディエートアームを介して押す仕組みになっている。インターミディエートアームのピボットポイント位置を移動することで、カムロブがインターミディエートアームを押したときに移動する距離と、インターミディエートアームがロッカーアームを押したときの移動距離の比(ロッカー比)を変えている。ピボットポイントが左に寄るとロッカー比が上がってバルブリフトが大きくなり、逆に右に寄るとロッカー比が下がってバルブリフトが小さくなる。

排気バルブ　吸気バルブ
ストローク
開　開閉　閉　540°
　　360°

　す。その分出力も上がるし燃費も改善されます。もう一つ見逃せないのがパーシャル時燃料の霧化改善です。パーシャル時は吸気バルブのリフトが小さいので、ここを通る混合気の流速が上がって霧化が良くなるわけです。スワールコントロールバルブなどでわざわざガス流動を活発化する必要がないので、その分コストもかからず、吸入空気量も増えて出力への影響もなくなります。

　このバルブトロニックシステムは、これからのガソリンエンジンのスタンダードになる可能性は高いでしょう。もちろん、現時点ではコストや高回転のバルブ運動に課題がありますが、自動車会社各社が開発をすれば解決は不可能ではありません。

　トヨタのバルブマチックも日産が開発しているバルブ作動角・リフト連続可変システム(VEL)も、基本的にはBMWのバルブトロニックと作動原理は何ら変わるところはありません。スロットルバルブで吸入空気量を制御する方式をやめて、吸気バルブのリフト量と作動角を変化させることで吸気量を制御する、という作動原理は、まったく変わっていないのです。詳細な構造は別として、ロッカーアームの支点をずらせてリフト、作動角を可変にしているところも考え方は同じです。

　前の項で述べたとおり、このバルブトロニックシステムはポンプ損失の根本的な低減、低速低負荷の燃焼改善という2点で画期的なシステムで、やがて多くのガソリンエンジンで採用されることが予想されます。しかし、フェラーリは現時点ではこのシ

トヨタのバルブマチックエンジンとバルブシステム

始動時は比較的多量の燃料が噴射されるので、スムーズに吸気バルブを通してシリンダーに入るように、バルブリフトは大きめに取られている。通常走行では水温が上がるにつれてバルブリフトを小さくして、ポンプ損失や動弁のフリクションを減らしていく。全開走行時はバルブリフトも最大にして最高出力を発揮させる。なお、従来のバルブリフト10mmに対してこのバルブマチックでは11mmとしており、最高出力も約10％向上したとトヨタはいっている。このバルブマチックの特徴としてトヨタは次の2点を挙げている。
1）ロッカーアームから下側は従来のエンジンと変わらないため小改造でバルブマチックの追加が可能。
2）システム全体の剛性が高く高回転のバルブ運動追従性が良い。そのためバルブリフトも従来以上のハイリフトが可能。

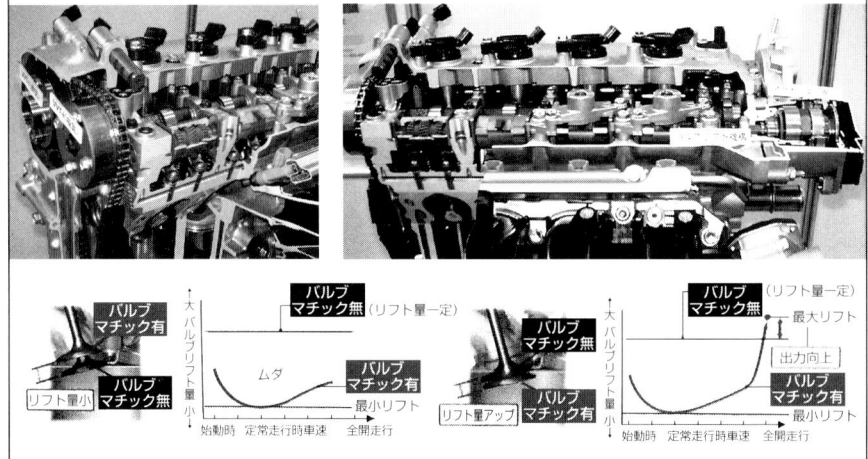

ステムを使わないといい切っています。その理由はいかにもフェラーリらしいもので、バルブトロニックで得られる燃費効果と構造の複雑化により失う高回転域での出力と比べると、使わない方を選ぶというものです。確かに現時点では、2本のロッカーアームを介してバルブを開閉するこのシステムでは7000rpm以上の超高速回転域でのバルブ運動に不安がないとはいい切れません。

6）変速機との関係で燃費を良くするにはどうするのか

　日本市場や北米市場では、90％以上の車両がオートマチック（ステップAT）あるいはCVTと組み合わされています。欧州市場でも2リッター以上の車両を中心にオートマ

8. エンジンの燃費を良くするには

チック比率がだんだんと上がってきています。

オートマチックでは5段、6段が当たり前となり、最近では7段、8段まで出てきています。これは多段化がギア比のワイド化と段間比の縮小という相反する要求を同時に満たすことができるからです。

1速のギア比は低くして発進性を向上し、最高段位のギア比はなるべくハイギアにしてエンジン回転速度を落として燃費を稼ぐという発想です。一方で、多段化したことで各ギア間の段間比は小さくでき、同時に変速ショックを小さくすることもできるわけです。

あまり段数が多いと、年中変速していて変速ショックを感じるのではないかという心配は無用で、電子制御技術と狭い段間比のおかげで、通常の走行条件下ではほとんど変速していることを感じません。

ロックアップ制御もできる限り広い領域で使われるので、マニュアルと比べても燃費はかなり改善されてきています。

CVTでも、最近ではオーバーオールギア比は6以上取れており、ステップATと遜色ありません。そして無段変速の利点で、運転性はきわめてスムーズです。

市街地走行では運転のスムーズさと燃費の両方でCVTの方が、ステップATよりも有利な状況です。しかし、高速走行では反対にステップATの方が燃費の点で有利のようです。それは、CVTではベルトの滑りを発生させないための高負荷では高い油圧が必要で、それが原因でステップATよりも燃費が悪くなってしまいます。

高負荷時の油圧をいかに下げるかが、CVTに課せられた今後の課題といえます。

現在のステップATやCVTにはトルクコンバーターが使われています。このトルクコンバーターは、トルクを増幅させたりエンジンの回転変動によるショックを和らげるという利点があります。同時に、欠点としては滑りによる熱発生とそれによる効率の低下です。このため、ウェットスタートクラッチの研究が進んで、一部実用化されつ

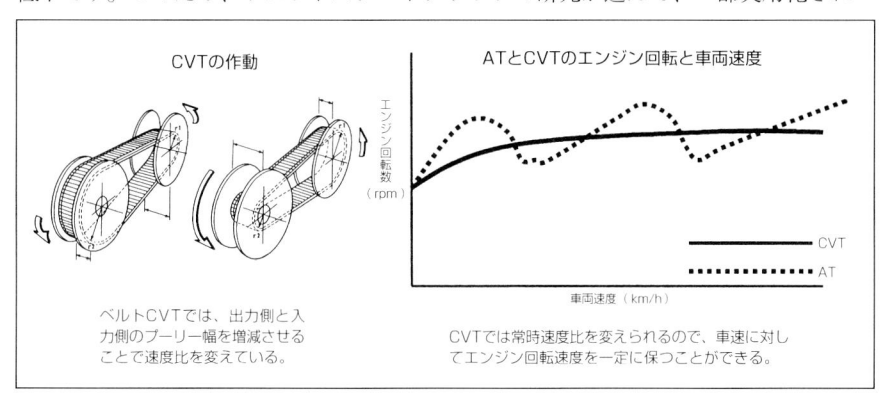

CVTの作動

ベルトCVTでは、出力側と入力側のプーリー幅を増減させることで速度比を変えている。

ATとCVTのエンジン回転と車両速度

(縦軸) エンジン回転数(rpm)
(横軸) 車両速度(km/h)

— CVT
・・・ AT

CVTでは常時速度比を変えられるので、車速に対してエンジン回転速度を一定に保つことができる。

つあります。

　このウェットスタートクラッチは湿式多板クラッチを電子制御で油圧を介して動力伝達するシステムです。トルクコンバーターのようにトルクを増幅する機能はありませんが、その代わり伝達ロスも少なくてすみます。トルク増幅がない分、発進性を確保するために1速のギア比を低く設定する必要があります。しかし、昨今の多段化で1速のローギア化はそれほどむずかしいことではなくなっています。燃費を考えると、伝達ロスの少ないこのウェットスタートクラッチシステムは非常に魅力的な技術といえるでしょう。

　また、近年注目すべき技術のひとつにDSGシステムがあります。

　DSGシステムはVW／アウディグループが開発した新しいオートマチックトランスミッションで、DSGはダイレクト・シフト・ギアボックスの意味です。

　このDSGは一種の自動MTですが、シフト時にトルクが途切れず、しかも次のギアにあわせてエンジン回転速度を自動でシンクロさせるので、シフトショックがありません。ちょうどマニュアルシフトを、運転のうまい人がドライバーに代わって操作しているようなものです。従来のオートマチックのようなトルクコンバーターを使わずにスターティングクラッチを使って動力を断続させています。

　このスターティングクラッチはトルクコンバーターのようなトルクを増幅する働きはないので、ATよりも発進の一瞬は劣りますが、マニュアルトランスミッションと同

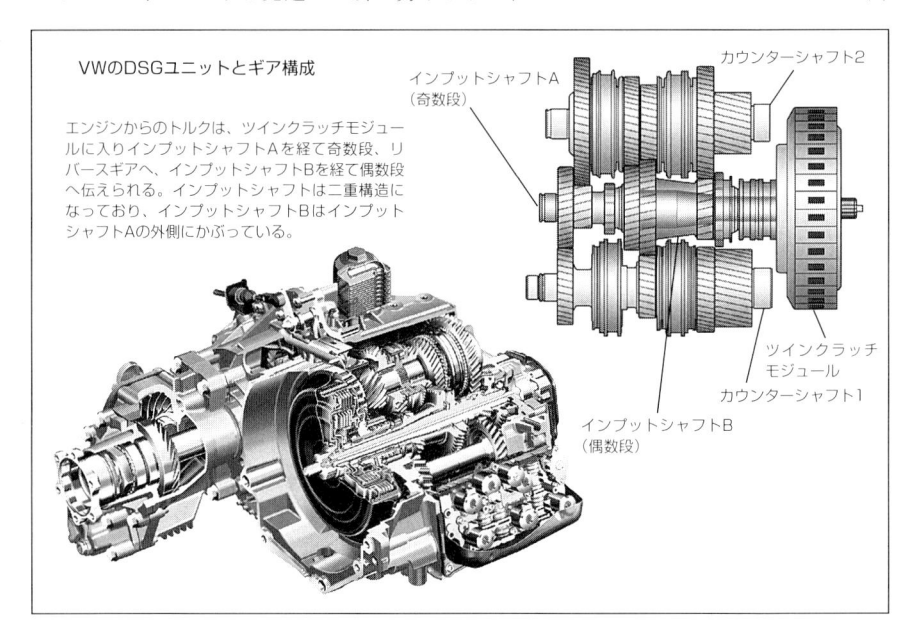

VWのDSGユニットとギア構成

エンジンからのトルクは、ツインクラッチモジュールに入りインプットシャフトAを経て奇数段、リバースギアへ、インプットシャフトBを経て偶数段へ伝えられる。インプットシャフトは二重構造になっており、インプットシャフトBはインプットシャフトAの外側にかぶっている。

- カウンターシャフト2
- インプットシャフトA（奇数段）
- ツインクラッチモジュール
- カウンターシャフト1
- インプットシャフトB（偶数段）

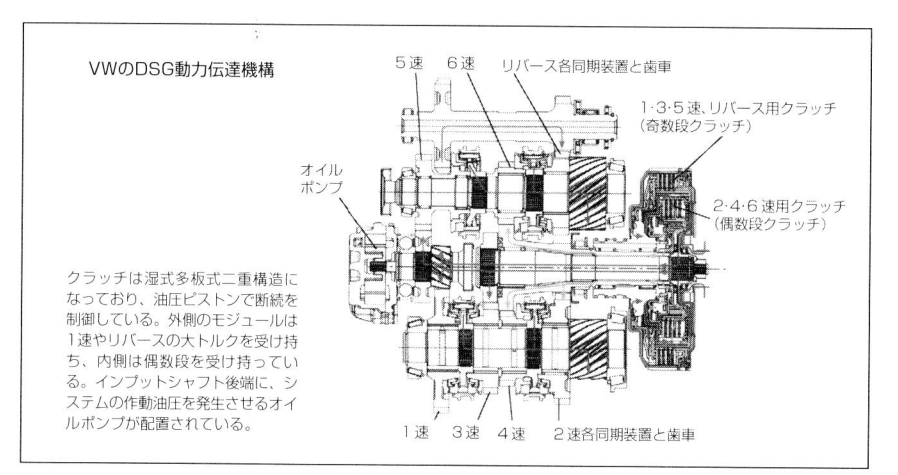

8. エンジンの燃費を良くするには

VWのDSG動力伝達機構

5速　6速　リバース各同期装置と歯車
1・3・5速、リバース用クラッチ（奇数段クラッチ）
オイルポンプ
2・4・6速用クラッチ（偶数段クラッチ）

クラッチは湿式多板式二重構造になっており、油圧ピストンで断続を制御している。外側のモジュールは1速やリバースの大トルクを受け持ち、内側は偶数段を受け持っている。インプットシャフト後端に、システムの作動油圧を発生させるオイルポンプが配置されている。

1速　3速　4速　2速各同期装置と歯車

様なダイレクトな加速を実現しています。しかも、トルクコンバーターの滑りに伴う伝達ロスもないので燃費では優れています。ATより燃費が良いだけでなく、平均的なドライバーが運転するMTよりも燃費は良くなります。それは、シフトスケジュールを燃費が最良となるようにプログラムされているからです。もちろん、スポーツドライブ用の「S」モードにすることで動力性能優先のプログラムにスイッチできます。また、たとえ通常の「D」モードでもアクセルの踏み方を制御ユニットが学習して、ドライバーの望むシフトパターンに変えるアダプティブ制御をしています。

このDSGは6速マニュアルトランスミッションを基本とし、一体化した二つのクラッチを持ち、1-3-5速、2-4-6速をそれぞれのクラッチが受け持ち、変速は左右交互にクラッチを繋ぎ変えていくので、トルクが途切れることなくできます。

DSGは、かつてポルシェが959で開発したPDKと考え方は同じですが、コスト的にははるかに安くできるように設計されています。このDSGの前にも欧州メーカー各社で自動MTは開発されていましたが、どれもシフト時に動力が途切れたりシフトショックがあるなど不完全なシステムでした。このDSGは滑らかな運転性とMTを上回る燃費を持つ新時代のトランスミッションといえるでしょう。

もちろん、ドライバーが望めばマニュアルシフトも可能です。

今回VWゴルフGTのTSIに採用されたDSGでは、従来の湿式クラッチに代わり乾式クラッチが採用されており、より燃費向上が図られています。

なお、このDSGシステムはゲトラグ社でも開発しており、2007年秋に三菱自動車がランサーエボリューションに搭載して発売します。このゲトラグのユニットは、トルク容量が大きいにも関わらず幅が狭くつくられているようです。クラッチは湿式で、並列に配置することで冷却性能を確保しています。

7) 熱効率の向上が燃費向上の決め手なのか

　定常運転する内燃機関としてみた場合、熱効率が燃費を支配する要因となります。飛行機や船など、あるいはディーゼルエンジンの電車などが、このケースに当てはまります。一方、我々の使う自動車のエンジンでは、特に市街地で走る場合、ほとんどアクセルを一定にして走ることはないといってもよいでしょう。

　熱効率は通常アクセル全開の最大トルク付近がもっとも良くなります。しかし、我々が実際にクルマを運転する場合はほとんどパーシャルです。ということで、熱効率は燃費の素質としては効いてきますが、熱効率さえ良ければ燃費が良くなるということはありません。

　熱効率と燃費は混同されがちですが、そもそもが異なる概念です。

　熱効率の定義は、投入した燃料の発熱量に対してどの程度有効な仕事を取り出せたかという指標です。これに対して燃費とは、ある一定量の燃料量でどのくらい長い距離を走ることができるかという指標です。

　簡単な例にたとえてみます。熱効率は食べただけきちっと働いているかという指標です。それに対して、燃費はいかに少ない食べもので、ある距離をある時間内に歩くことができるかという指標です。

　高性能エンジンをサッカー選手に、並みの性能のエンジンを普通の体力の人がサッカーをすることにたとえてみます。サッカー選手は食べただけパワーを出してすばらしい活躍をしますが、普通の人はサッカー選手の半分しか食べなくても1/10の働きもで

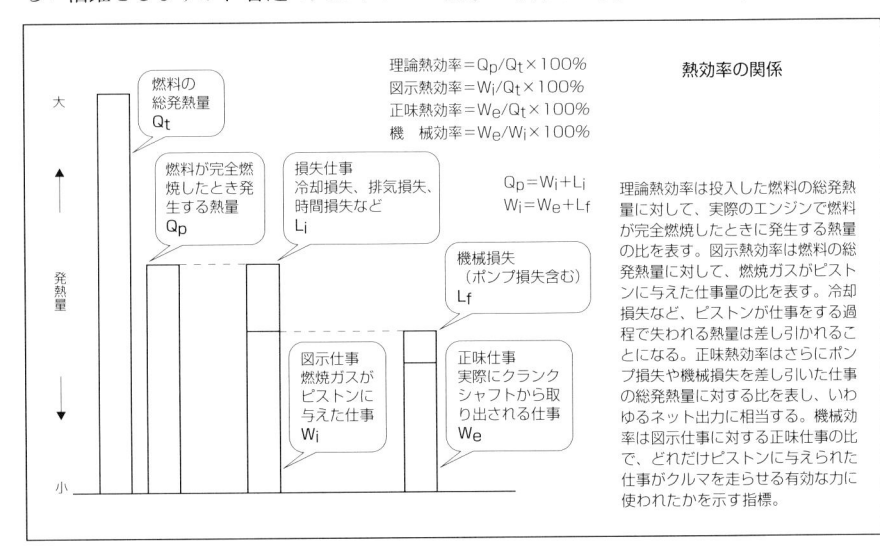

熱効率の関係

理論熱効率 = $Q_p/Q_t \times 100\%$
図示熱効率 = $W_i/Q_t \times 100\%$
正味熱効率 = $W_e/Q_t \times 100\%$
機械効率 = $W_e/W_i \times 100\%$

$Q_p = W_i + L_i$
$W_i = W_e + L_f$

- 燃料の総発熱量 Q_t
- 燃料が完全燃焼したとき発生する熱量 Q_p
- 損失仕事 冷却損失、排気損失、時間損失など L_i
- 機械損失（ポンプ損失含む） L_f
- 図示仕事 燃焼ガスがピストンに与えた仕事 W_i
- 正味仕事 実際にクランクシャフトから取り出される仕事 W_e

理論熱効率は投入した燃料の総発熱量に対して、実際のエンジンで燃料が完全燃焼したときに発生する熱量の比を表す。図示熱効率は燃料の総発熱量に対して、燃焼ガスがピストンに与えた仕事量の比を表す。冷却損失など、ピストンが仕事をする過程で失われる熱量は差し引かれることになる。正味熱効率はさらにポンプ損失や機械損失を差し引いた仕事の総発熱量に対する比を表し、いわゆるネット出力に相当する。機械効率は図示仕事に対する正味仕事の比で、どれだけピストンに与えられた仕事がクルマを走らせる有効な力に使われたかを示す指標。

きません。この意味で、サッカー選手の方が熱効率は良いわけです。しかし、基礎代謝が大きいサッカー選手は同じ距離を同じ時間普通の人と歩いても、お腹がすいて余計に食べなくてはなりません。つまり、燃費が悪いのです。

　F1のエンジンなどは相当に熱効率は高いですが、車両の空気抵抗、走行抵抗が大きく（これはダウンフォースを得るため、また路面への接地性の高いタイヤを使っているため）、サーキットをいかに速く走るかが問題なので、加速や減速で大部分の燃料を消費してしまいます。実際のレースでの燃料消費はリッター当たり0.8km程度といわれています。しかし、サーキットを平均速度130～200km/hで走るクルマとしては、非常に優れた燃費ということができます。

　実際の車両で実用燃費を良くするためには、なるべく熱効率の高い運転条件で運転することが必要です。

　それには、なるべく小排気量のエンジンを最大トルクに近い条件で使った方が有利になります。排気量が大きいほどスロットル開度が小さくなり、ポンプ損失、冷却損失が大きく燃費的には損になります。大排気量ほどフリクションも大きいのでこの面でも不利です。

　ハイブリッド車の市街地での燃費が良い理由も、そのエンジンの使い方にあります。エンジンはなるべく熱効率の良い負荷条件で運転するようにプログラムしているのです。低負荷や低速走行ではモーターで走らせ、ある程度の負荷条件になったところで、エンジンを働かせています。

　だから、北海道などある程度高速走行を一定速で走れるようなところでは、それほど通常のエンジン車と燃費は変わらず、150km/h以上で連続走行するような欧州では、むしろ燃費が悪いということも現実的に起きています。

8）熱効率と各種性能向上技術との関係はどうなっているのか

　熱効率には基本となる理論熱効率があり、この理論熱効率は、前に述べたように投入された燃料の総発熱量に対して使われた燃料が完全燃焼したときに発生する熱量の比で表されます。

　実際のエンジンでは、未燃ガスがあるので完全燃焼せず、また冷却損失など各種損失が発生するので、それらを引いた残りが実際に燃焼ガスがピストンに与える仕事量で、図示仕事と呼ばれています。ピストンはこの図示出力相当の仕事をするのですが、ピストンをはじめとする各種フリクションやポンプ損失により、実際にクランクシャフトから取り出せる出力はさらに減ります。これらを引いた出力が正味出力と呼ばれる、実際にクルマを走らせるのに使われる出力となります。ガソリンエンジンの正味熱効率は圧縮比10で35％程度です。

しかし、実はこの正味出力もいつも100％クルマを走らせる力としては使えません。加速する場合はエンジンの回転を上げるためにある程度の出力を使われてしまうのです。この損失も一種の抵抗のように考えて加速抵抗と呼ばれています。加速抵抗Ra（kgf）は

$$Ra = \alpha/g \cdot (W + \Delta W)$$

で表されます（ここでは分かりやすいように重力単位系で表しています）。αは車両の加速度、gは重力加速度9.8m/s^2、Wは車両重量、ΔWはエンジン・駆動部分の慣性相当重量でギア位置によって変化します。

乗用車の場合、1速では0.5W程度、OD（最上位ギア）で0.05W程度と考えてもらえば良いでしょう。ローギアではエンジン・駆動部分の加速をするためだけに、車重が50％増えた程度の影響を受けるのです。

これらの熱効率間の関係、および熱効率と損失間の関係をまとめたのが次頁上の図になります。理論熱効率は投入された燃料の総発熱量に対して、燃料が完全燃焼したときに仕事に変化する熱量で、これは圧縮比と比熱比で決まってきます。

圧縮比が高いほど、比熱比が高いほど理論熱効率は高くなります。比熱比は混合気より空気の方が高く、そのためリーンバーンにした方が理論熱効率は高くなります。リーンバーンは冷却損失、ポンプ損失の面からも有利です。

次に図示熱効率です。図示熱効率は、燃焼により仕事に変化した燃料の熱量をどの程度の割合で実際にピストンに仕事をさせたかという比率です。せっかく発生した熱を冷やせばその分だけピストンのする仕事は減るし、燃焼が遅ければピストンが下がっていくので、一番圧縮されたところで燃えず、圧縮比が低くなったのと同じで熱効率は下がります。

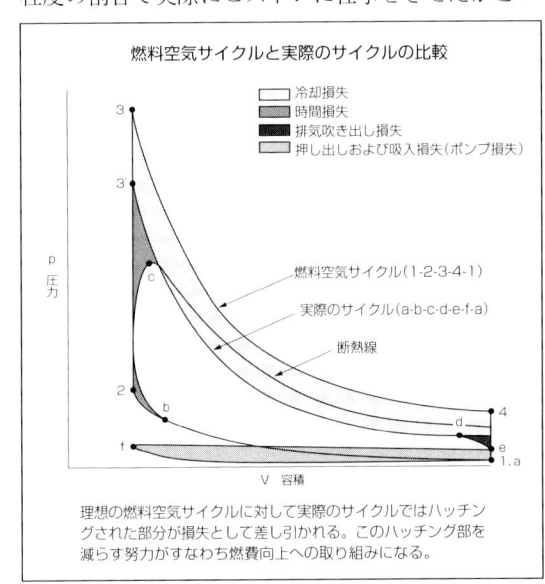

最後が正味熱効率です。正味熱効率は、実際にクランクシャフトから取り出せた仕事は投入された燃料の総発熱量に対してどの程度の割合かという比率です。ネット出力、ネットトルクも同じ考え方です。図示出力から機械損失やポンプ損失を差し引いた残りが正味出力です。

燃料空気サイクルと実際のサイクルの比較

冷却損失
時間損失
排気吹き出し損失
押し出しおよび吸入損失（ポンプ損失）

燃料空気サイクル(1-2-3-4-1)
実際のサイクル(a-b-c-d-e-f-a)
断熱線

p 圧力
V 容積

理想の燃料空気サイクルに対して実際のサイクルではハッチングされた部分が損失として差し引かれる。このハッチング部を減らす努力がすなわち燃費向上への取り組みになる。

8. エンジンの燃費を良くするには

熱効率と損失の関係

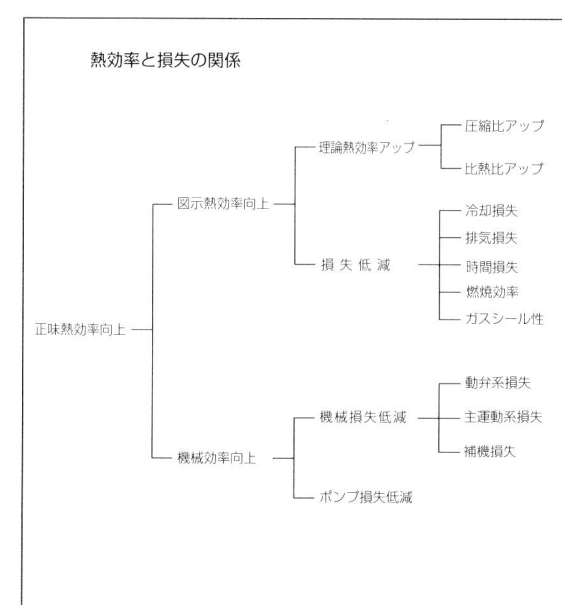

- 正味熱効率向上
  - 図示熱効率向上
    - 理論熱効率アップ
      - 圧縮比アップ
      - 比熱比アップ
    - 損失低減
      - 冷却損失
      - 排気損失
      - 時間損失
      - 燃焼効率
      - ガスシール性
  - 機械効率向上
    - 機械損失低減
      - 動弁系損失
      - 主運動系損失
      - 補機損失
    - ポンプ損失低減

比熱比：等圧比熱Cpと等容比熱Cvの比Cp/Cvで、この比熱比が大きいほど熱効率は高くなる。空気の比熱比は1.4だが理論混合比の混合気では1.26～1.27に低下する。

冷却損失：エンジンを保護するために部品を冷却することで捨てられる熱で、必要悪である。かつてはピストンなどをセラミックでつくり、断熱することが試みられたが、吸気温度が上がり過ぎて出力が低下した。

排気損失：ピストンが下がりきらないうちに排気が高い温度のまま捨てられることによる損失。この損失も必要悪で、いつまでも排気を捨てないと次の吸気で充分新気を吸えず、出力が低下する。

時間損失：燃焼に時間がかかることによる損失。オットーサイクルでは上死点の瞬間で燃焼を終えるのが理想だが、実際は上死点前に点火して上死点後に燃焼を終えるため、その分損失となる。

燃焼効率：燃焼室に入った燃料はすべてが燃焼に使われず、一部燃焼室やピストン冠面に付着し蒸し焼き状態になり、HCとして排出される。燃焼に使われた燃料の比率を燃焼効率という。

ガスシール性：燃焼ガスはすべてがピストンを押し下げる仕事に使われず、一部はピストンリングの隙間からブローバイとしてクランクケースに逃げていく。その分が損失となる。

次に各種の性能向上技術とこれらの熱効率・損失との関係をまとめたのが146頁の表です。

この表で熱効率や各種の損失がどのように絡み合っているかを理解してください。

また、各種の性能向上技術がどこを狙ったものかをこの表で理解することができると思います。

小排気量＋ターボ化は可変排気量と理解すれば、気筒数制御と本質的には同じ技術に属します。そう理解すると、V8やV6エンジンを片バンク止めて使うのと、小さな直列4気筒を過給して使うのではどちらがスマートかは見えてくるでしょう。大きな排気量のエンジンを用意してわざわざ半分の気筒で動かすよりも、小さな排気量のエンジンを必要なときだけ過給した方が効率が良いことは当然です。このあたりはディーゼルが一歩先

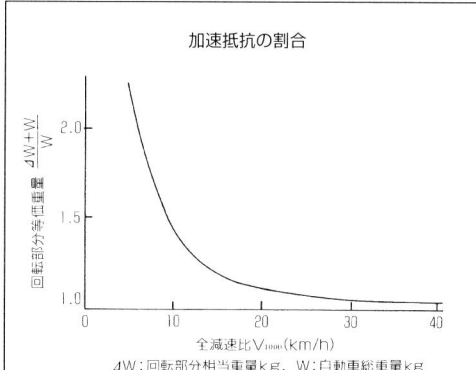

加速抵抗の割合

縦軸：回転部分等価重量 $\frac{\Delta W + W}{W}$
横軸：全減速比 V_{1000} (km/h)

ΔW：回転部分相当重量kg、W：自動車総重量kg

このグラフを見ると、エンジンやタイヤのイナーシャを減らすことが、いかに重要かということが理解できる。イナーシャを減らせば加速が良くなるだけでなく、燃費も向上する。トラックがアルミホイールを使うことはこのような意味があるのだ。

各種性能向上技術

理論熱効率の向上	性能向上技術の例
圧縮比アップ	筒内噴射による吸気冷却、メカニカルオクタン価向上（コンパクト燃焼室）、ミラーサイクル、ノック制御、ガソリンオクタン価向上
比熱比アップ	リーンバーン、直噴層状吸気（リーンバーン以上の超希薄混合比）、EGR

図示熱効率向上	性能向上技術の例
冷却損失	リーンバーン、直噴層状吸気
排気損失	排気バルブ開タイミング(可変バルブタイミング)
時間損失	急速燃焼、コンパクト燃焼室、2点着火
燃焼効率	バルブトロニック(噴霧改善)、クレビス容積低減
ガスシール性	ピストンリング改良(シール性向上)

正味熱効率向上	性能向上技術の例
ポンプ損失	リーンバーン、直噴層状吸気、EGR、バルブトロニック、小排気量+ターボ化 可変気筒数
機械損失	動弁系損失、主運動系損室、補機駆動損失

を行っています。

　技術の組み合わせ方もよく考える必要があります。下手をすると相乗効果どころか互いに足を引っ張り合う結果にもなりかねません。たとえば、ミラーサイクルと希薄燃焼を組み合わせるのはあまり賢明とはいえません。ミラーサイクルは実際のエンジンの排気量より小さく使うことで理論熱効率を稼ぐシステムですが、希薄燃焼は空気を多く吸い込んで熱効率を稼ごうとするシステムで、やろうとすることが逆方向を向いています。

　バルブトロニックと筒内噴射の組み合わせも、もし層状吸気を狙うなら組み合わせとしては良くありません。バルブトロニックはパーシャルのポンプ損失を狙っていますが、層状吸気はパーシャルでより多くの空気を吸入するので、やっていることがちぐはぐになります。

　機械損失については個別の損失低減も重要ですが、システム的にやるのが効果的で、その具体例を挙げておきます。

　エンジンの最高回転速度を下げることでバルブスプリングのバネ定数を弱くする、メタル幅を狭くする、主運動部品を軽くつくるなど波及効果をうまく使うことができ、全体として大きな機械損失低減になります。

9

ディーゼルエンジンの特性と諸問題

　ディーゼルエンジンは軽油を燃料として使うのに対して、ガソリンエンジンはガソリンを燃料として使っていますが、ガソリンエンジンとディーゼルエンジンの根本的な違いは、本質的に違う燃焼のさせ方、つまりガソリンが火花点火、ディーゼルが圧縮着火という違いです。

　火花点火では、可燃混合比が存在します。つまり、火を点けて燃焼させるためには、ガソリンと空気の混合比をある範囲に置く必要があるのです。具体的には、空気と燃料の重量比を11：1〜16：1程度の範囲のなかでしか燃やすことはできません。

　これに対して、圧縮着火では空気と燃料はどのような混合比でも燃焼させることが可能です。そうはいっても混合比の濃い方では煤が発生するため、空気過剰率が1.15〜1.2程度が限界となります。つまり、圧縮着火させるディーゼルエンジンは構造的にリーン燃焼エンジンなのです。

　このため、ガソリンエンジンは出力の調整を吸入空気の量で行うのに対して、ディー

ディーゼルエンジンの渦流式燃焼室と直噴式燃焼室

乗用車用ディーゼルエンジンは、左の渦流室式が使われていたが、燃費性能をよくする要求が強まるにつれて直噴式燃焼室（右）が採用されるようになった。直噴式では燃料の圧力を高めて燃料の微粒化と噴射タイミングの制御が重要である。

DOHC16バルブディーゼルエンジン
中央にインジェクターを持つ4バルブエンジンが主流。最近では、このエルフ用エンジンに見られるようにDOHCが用いられるようになってきた。

ゼルエンジンでは燃料の供給量で行います。ディーゼルエンジンにはスロットルバルブはなく、常に空気は入るだけシリンダーに入っているのです。

次に圧縮比の問題です。圧縮比が高いほど理論熱効率は高くなるので、なるべく圧縮比は高くしたいのです。しかし、ガソリンエンジンではあまり高くすると圧縮により混合気が過熱されて、ノッキングが起こるので、これが発生しない範囲までしか圧縮比を上げることができません。具体的には、オクタン価100程度のガソリンとの組み合わせでは、せいぜい12以下というところです。

これに対して、圧縮着火であるディーゼルエンジンでは、混合気が圧縮されて温度が上がらないと着火しないので、自ずと高い圧縮比が要求されます。しかし、圧縮比が高ければ高いほど理論熱効率は上がりますが、構造強度の問題や燃焼が速すぎて燃焼音がうるさいという理由から、現在は圧縮比を少し下げる傾向になっています。

今後はディーゼルエンジンの圧縮比は14～16前後の範囲になると思います。圧縮が下がる傾向を示す理由の一つはNOxの問題です。圧縮比が高いと拡散燃焼で一気に燃焼して燃焼温度が高くなり、NOxの排出量が増えるのです。急速燃焼はまた燃焼騒音も大きくするので、この点でも圧縮比を下げることは良い方向です。また、圧縮比を下げれば最高燃焼圧が下がるので構造強度的に余裕ができ、ターボを装着した場合は過給圧を上げて高出力化に向けることができるのです。

以上説明したとおり、ディーゼルエンジンは圧縮比が高く理論熱効率が高い、スロットルがないため絞り損失が発生しないのでポンプ損失が少ない、という理由でガソリンエンジンよりも燃費素質が優れています。

その一方で、ディーゼルエンジンは圧縮比がガソリンエンジンより高いので、最高燃焼圧力がガソリンエンジンよりも高くなります。最近の設計ではターボの最高燃焼圧力は200barを超えており、ガソリンターボの約2倍になっています。したがって、ピストンやシリンダーブロックなど構造部品をより丈夫に設計する必要があるので、フリクションが大きい、高回転まで回らないといった問題点を持っています。

1）なぜ最近になってディーゼルエンジンが注目されてきたのか

日本では黒煙をもくもくと吐き、騒音を撒き散らすトラックに代表されるディーゼルエンジンは、嫌悪の対象でした。東京都がディーゼル車を実質的に締め出して以

来、日本においては新たに投入されるディーゼルエンジンの乗用車はほとんど姿を消しました。

北米でも、ディーゼルエンジンの乗用車はベンツなどの輸入車を除き多くはありません。台数でいうと2005〜2007年のあいだは80万台前後、ディーゼル車のシェアはわずか0.2％程度です。北米ではつい最近までガソリンの価格が安かったので、あえてディーゼルエンジンのクルマに乗る必要がなかったのです。しかし、最近はガソリンの価格が上昇しており、このまま行けば5年後にはディーゼル車が一気に4倍の300万台規模になるという予想も出ています。

一方で、ヨーロッパでは大分事情が違いました。まず、燃料の値段が高いということ、もう一つは長距離を走る機会が非常に多いということで、ディーゼル車の比率が高くなっています。

しかし、欧州でも一昔前はディーゼルエンジンはやはり「うるさい」「きたない」「パワーがない」というレッテルを貼られていました。1990年代になり、コモンレール燃料システムとターボチャージャーの装着により、このレッテルを見事に返上しました。クリーンで静かでパワーのある新世代ディーゼルに大変身したのです。

そのため、潜在的にあったディーゼルの経済性の魅力に加えてパワーとクリーンさが加わったため、ディーゼルエンジン車の乗用車に占めるシェアは、2007年には53.3％とほぼ5割になっています。北米も同じように長距離を走ると思うでしょうが、北米では飛行機での移動が一般的で、空港からレンタカーを借りるパターンが多く、それほど長距離を走らないのです。それでも、日本の平均よりはずいぶん多く、1台のクルマの年間平均走行距離は1.8万km程度です。

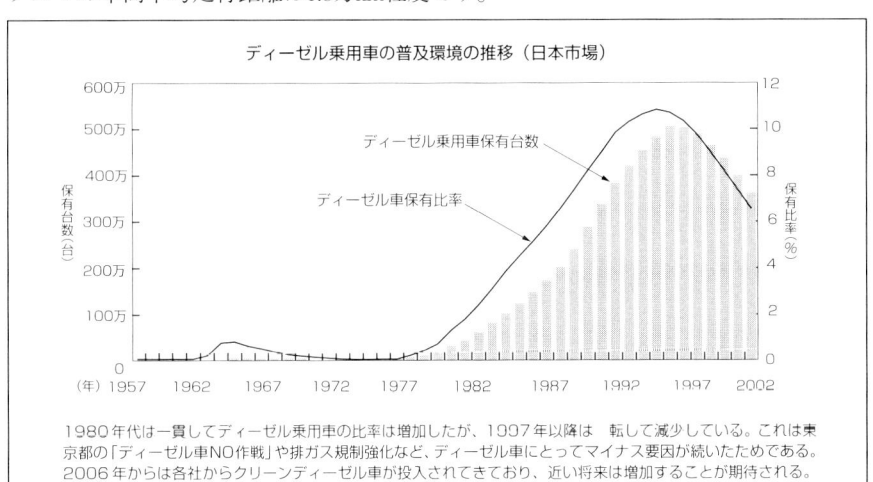

ディーゼル乗用車の普及環境の推移（日本市場）

1980年代は一貫してディーゼル乗用車の比率は増加したが、1997年以降は　転して減少している。これは東京都の「ディーゼル車NO作戦」や排ガス規制強化など、ディーゼル車にとってマイナス要因が続いたためである。2006年からは各社からクリーンディーゼル車が投入されてきており、近い将来は増加することが期待される。

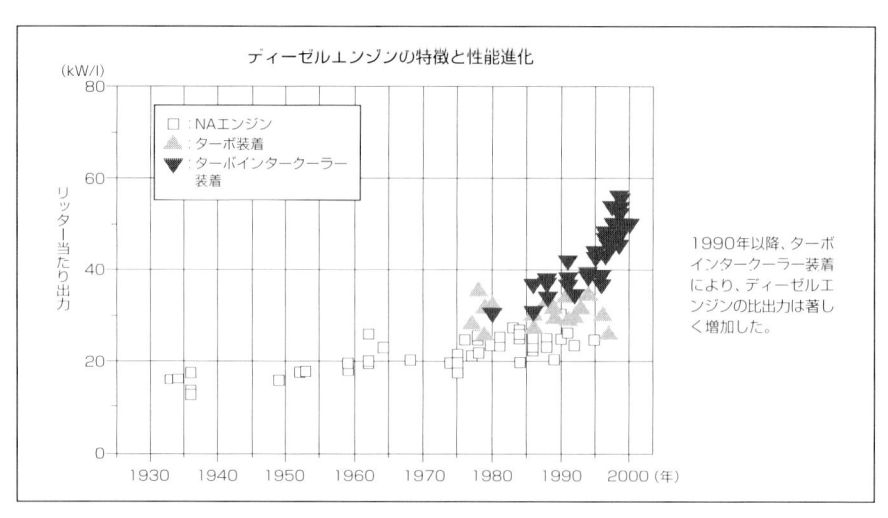

ディーゼルエンジンの特徴と性能進化

グラフ凡例：
□：NAエンジン
▲：ターボ装着
▼：ターボインタークーラー装着

1990年以降、ターボインタークーラー装着により、ディーゼルエンジンの比出力は著しく増加した。

　しかし、ディーゼルエンジンが北米でも注目を集めてきたのは、主として三つの理由からです。

　まず一つ目は、ガソリンエンジンより構造的に燃費が良く、同じ距離を走っても二酸化炭素発生量が少ないからです。これは、地球温暖化に対応する関心が高くなっていること、そして、実際にガソリンの価格が大幅に上昇しており、今までのようにクルマに乗るためには安い維持費で走るクルマに替えなければならないという二つの理由があります。

　二つ目は出力特性を魅力的にできるという点です。かつてはNA（自然吸気）しかなかったディーゼルエンジンですが、今ではターボ化するのが当たり前になっています。圧縮着火なので実圧縮比が上がってもノッキングの心配がなく、低速から大きなトルクを発生させることができます。高速回転は苦手なディーゼルですが、同じ排気量の無過給ガソリンに対してトルクは1.5～2倍以上、出力はほぼ同等のレベルになってきています。右の表の比較で分かるとおり、発進加速性能は同等ですが、ディーゼルエンジンの方がトルクが大きいので、特に低速からの追い越し加速ではディーゼルの方が加速感をより大きく感じます。また、燃料代まで含めた燃費を比較するとディーゼルの方が50～80％有利になります。

　三つ目の理由は、最新の排気対策技術によりディーゼルエンジンの欠点であった黒煙とNOxの問題を解決しつつあるからです。北米の排気規制は日本や欧州と違って、排気規制値はガソリンとディーゼルの区別はないので、ディーゼルにとってPM（粒子状物質）やNOxの規制値レベルは、従来の技術ではクリアすることは非常に困難、というより事実上不可能でした。

9. ディーゼルエンジンの特性と諸問題

どのくらい厳しいかというイメージを持つために、規制値で説明しておきます。

2005年より、欧州ではEuro4規制が実施されており、NOxは0.25g/km、PMは0.025g/km以下となっています。これに対して、北米で2007年から適用されるTierⅡ規制では排ガスレベルを10段階に分けて、そのメーカーが販売する車両の平均排出量を10段階の中間値であるBin5以下にしろというものです。このTier Bin5はNOxで0.04g/km、PMで0.006g/kmと、Euro4に対してNOxで84%、PMで76%下げなければ達成できません。試験モードは北米と欧州では同じではないので、そのまま比較はできませんが、相当に厳しいことは間違いありません。

しかし、2008年に実施されたEuro5規制（NOx0.18g/km、PM0.005g/km）及びEuro6規制（NOx0.08g/km、PM0.005g/km）をクリアしなければならない以上、PMについては目処が付けられるはずです。実際、Euro5規制に対応するためにPMを捕集することができるDPF（ディーゼル・パーティキュレート・フィルター）がすでに開発されており、コストはかかりますが、DPFを使えばPMについてはクリアすることができそうです。

やっかいなのはNOxの方です。84%低減はあまりにも厳しい目標といえますが、燃焼温度を下げるためのエンジン本体の改良として圧縮比の低下、EGR量の増加、そしてインジェクターの改良、さらには後処理装置としてNOx吸蔵触媒や尿素選択還元触

	ディーゼル	ガソリン（直噴）	ガソリン
車両	530d	530i	530i
排気量(cc)	2993	2996	2996
最高出力(kW/rpm)	173/4000	200/6700	190/6600
最大トルク(Nm/rpm)	500/1750	320/2750	300/2500
車両重量(空車kg)	1655	1605	1590
CO₂排出量(g/km)	170	182	224
燃料消費量(市街地)：1/100km	8.6	10.9	13.6
燃料消費量(郊外)：1/100km	5.1	5.8	6.8
燃料消費量(複合)：1/100km	6.4	7.7	
加速性能(0〜100km/h)：秒	6.8	6.3	6.7
最高速度(km/h)	250	250	

ガソリン1リッター当たり1.3ユーロ、軽油同じく1ユーロとした場合の燃費（ユーロ/km）

	ディーゼル	ガソリン（直噴）	ガソリン
市街地	0.086	0.14	0.18
郊外	0.051	0.075	0.088
複合	0.064	0.10	

BMW5シリーズ欧州向けATのガソリン車とディーゼル車の性能比較

ガソリンエンジンはディーゼルエンジンに比べて32%CO₂排出量が多いが、直噴エンジン採用により、その差が7%まで小さくなっている。

ルノー・メガーヌ欧州向けMTのガソリン車とディーゼル車の性能比較

ガソリン1リッター当たり1.3ユーロ、軽油同じく1ユーロとした場合の燃費（ユーロ/km）

	ディーゼル	ガソリン	改善代
市街地	0.069	0.142	+106%
郊外	0.047	0.083	+77%

	ディーゼル	ガソリン
車両	2.0 Dci	2.0 16V
排気量(cc)	1995	1998
最高出力(kW/rpm)	110	98.5
最大トルク(Nm/rpm)	340	191
車両重量(空車kg)	1315	1300
CO₂排出量(g/km)	146	191
燃料消費量(市街地)：1/100km	6.9	10.9
燃料消費量(郊外)：1/100km	4.7	6.4
加速性能(0〜100km/h)：秒	8.7	9.2
最高速度(km/h)	210	200

ガソリンエンジンはディーゼルエンジンに比べて、31%CO₂排出量が多い。

プジョー2.7リッターV6ディーゼルターボエンジン

DOHC4バルブ、可変ジオメトリーツインターボ搭載により150kW/4000rpm、440Nm/1900rpmを達成している。

ヨーロッパ向けホンダアコード用ディーゼルエンジン

北米の排出ガス規制「TierⅡBin5」で要求される排出ガスレベルを達成する目処を付けた。ホンダの開発した新型触媒は触媒内部で生成されるアンモニアによる還元反応を利用してNOxをN_2に転換する。2009年に米国で販売開始予定。

媒の改良により、まだ量産の目処は立たないもののゴールは見えて来つつあります。

このように、世界一厳しい北米での排気対策に目処が見え始めて来ているなかで、日本でもメルセデスベンツがディーゼル乗用車の市場投入を開始し、ボッシュ社も日本市場に積極的な導入を図って積極的なキャンペーンをしています。

これまでは日本や北米ではハイブリッドの導入が優勢でしたが、渋滞する都市部でしか効果の発揮できないハイブリッドよりも、実質的にCO_2削減に寄与するディーゼルがクリーンな排気を武器に逆襲に出てきたといえましょう。日本の主要メーカーもディーゼルに本腰を入れつつあります。従来はディーゼルには無関心だったホンダも、最近はディーゼルエンジン開発に力を入れています。

しかし、地道なディーゼルエンジン開発を行ってきた欧州メーカーに対して、日本メーカーは少なくとも5年以上遅れており、その遅れを挽回するのは一朝一夕にはできません。日本の得意とする排気対策の分野では追いつき追い越すことは、それほどむずかしくないかもしれませんが、音振、運転性、快適性などの分野ではしばらくは追いつくことは大変だと思います。当面は欧州メーカーと協力して、開発を推進するのが最善の方法かもしれません。

2）ディーゼルエンジンはなぜ燃費が良いのか

最初に説明したとおり、ディーゼルエンジンはガソリンエンジンのような火花点火ではなく、圧縮着火エンジンです。この圧縮着火エンジンの特徴は、混合比は理論的

に限りなくリーンでも燃焼するということです。

　高負荷領域ではもちろん、それなりの燃料を供給しなければだめですが、走行パターンのほとんどを占めるパーシャル領域における出力の調整は、スロットルバルブではなく燃料の供給量でされるのです。ガソリンエンジンでは苦労してリーン燃焼をさせていますが、ディーゼルはそもそも出力の調整を混合比でしているわけです。リーン燃焼では燃焼温度も低いですから、冷却損失が少なくなります。

　また、圧縮着火するためには高い圧縮比が必要なので、これも自ずと理論熱効率を向上させる結果となります。

　そして、スロットルがないので吸入空気は常に入るだけ燃焼室に入っているわけで、ガソリンエンジンのようにスロットルバルブがないぶん、ポンプ損失は常にスロットル全開と同じ低いレベルに保たれます。

　以上説明してきたように、リーン燃焼、高い圧縮比、少ないポンプ損失のおかげでディーゼルエンジンはガソリンエンジンより燃費が良いのです。

3)なぜガソリンエンジンより出力性能が低いのか

　トルクは軸回転力で物理単位でいうとNmで表されます。簡単にいうと、半径1mのハンドルを1Nの力でまわす回転力が1Nmです。半径20cmなら5Nの力です。このトルクには時間の概念は入っておらず、ゆっくりまわしても速くまわしても同じトルクです。これに対して、出力は時間あたりの仕事量、つまり仕事率です。仕事率は次の式で表されます。

　　$P = 2\pi nT/60000$

　Pの単位はkW、nは回転速度(rpm)、Tはトルク(Nm)です。

　10Nmの力で1000rpmでまわっていれば、1.05kWの出力というわけです。

　この式でわかるように、同じトルクであれば、回転速度が高いほど出力は大きくなります。最近のF1エンジンが19000rpmもまわしているのはひとえに出力を稼ぐためです。排気量が制限されていれば、発生するトルクは自ずと限られるので、回転馬力で稼ぐしか手はないのです。

　本題に戻りますが、ディーゼルエンジンはガソリンエンジンより高い圧縮比で運転されるため、ガソリンエンジンよりも大きなストレスを受けます。また、理論熱効率が高いということは、最高燃焼温度も高く(2500℃以上)、熱負荷的にも厳しい状態です。まして、最近では

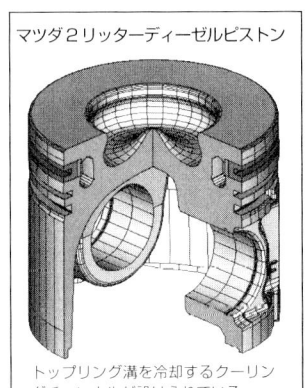

マツダ2リッターディーゼルピストン

トップリング溝を冷却するクーリングチャンネルが設けられている。

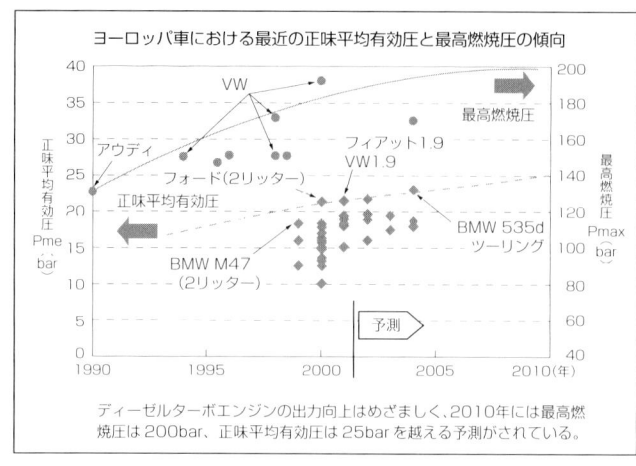

ヨーロッパ車における最近の正味平均有効圧と最高燃焼圧の傾向

ディーゼルターボエンジンの出力向上はめざましく、2010年には最高燃焼圧は200bar、正味平均有効圧は25barを越える予測がされている。

ターボ過給が当たり前になってきているのでなおさらです。このため、ピストンやコンロッドなどの主運動部品はガソリンに比べて相当重くなってしまいます。同じ条件でガソリンとディーゼルを比較するのはむずかしいですが、大ざっぱにいうと、ピストンは70～80％、コンロッドは30～40％ディーゼルエンジンの方が重くなります。

これだけ主運動部品が重くなると慣性力もそれに比例して増えるので、それほど高回転までまわすことができません。高回転までまわすには、さらに部品を強化せねばならず、そうするとますます重くなるという悪循環に陥ってしまいます。ということで、ガソリンエンジンでは6000～7000rpm程度の最高回転速度が一般的なのに比較して、ディーゼルエンジンは5000rpm程度がせいぜいなのです。

もう一つの理由は、主運動部品の重量と高い燃焼圧力に起因するフリクションがあります。大きな慣性力と燃焼圧を受けるジャーナル軸受けやコンロッドベアリングは、軸径やメタル幅もガソリンエンジンより大きくなっており、それだけフリクションが大きいわけです。高回転に行くにしたがって主運動のフリクションは増えるので、回転を上げても5000rpmを超えると出力は頭打ちになります。

以上に説明した二つの理由、つまり部品の強度の問題とフリクションの問題から、ディーゼルエンジンはガソリンエンジンほど高回転までまわせないのです。出力はトルクと回転速度の積なので、エンジン回転を上げられないディーゼルエンジンは、同じような排気量で比較するとガソリンよりも低い出力になってしまいます。

4）ディーゼルエンジンはなぜトルクが高くなるのか

ディーゼルエンジンはガソリンエンジンよりも出力が低くなっていますが、それではなぜディーゼルエンジンはガソリンエンジンよりも低速トルクが高いのでしょうか。もちろん、最大トルクとしてはガソリンエンジンの方が高いのですが、たとえば1000～2000rpmの低速域ではディーゼルエンジンのトルクが優れているのはなぜでしょうか。

一つには、ディーゼルエンジンの高い圧縮比に伴う理論熱効率の高さがあります。

ガソリンエンジンでは12程度が現在では限界ですが、ディーゼルでは18～20が普通です。ディーゼルは圧縮点火であり、高圧圧縮して熱くなった空気に燃料を噴射して自己着火させる方式で、もともと圧縮による空気の温度上昇により点火をしているため、圧縮比を高めにしても使うことができるわけです。

もう一つはノッキングによる制約の有無です。特にガソリンエンジンでは低速高負荷領域ではノッキングの制約が大きく、10を超えるような高い圧縮比の場合はノッキングを避けるために点火時期を遅らせるようにしています。これに対して、ディーゼルではノッキングの制約はいっさい受けないので、充分なトルクを発生させることが可能なわけです。つまり、ディーゼルエンジンは高い圧縮比が採用できること、ノッキングによるトルクの制約がないことで低速トルクに優れているのです。

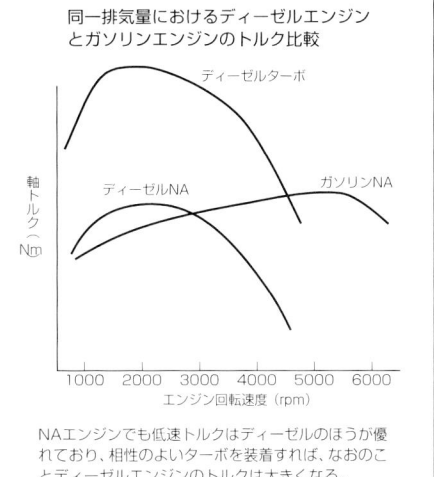

圧縮比が高ければそれだけ熱効率が良くなり、高いトルクを得ることができます。ターボ化してもこのディーゼルの特徴は生きているので、高圧縮比下で高過給圧を実現することができるわけです。

ディーゼルエンジンは、上述したように空気を圧縮することでノッキングは発生しないため、ターボとの相性が良いわけです。当初は高出力を必要とした商用車に主にターボは使われていましたが、最近ではほとんどのディーゼル乗用車はターボ装着が普通になってきています。

高圧縮比のままターボ化してもノッキングを起こさないディーゼルエンジンは、燃焼圧力によるエンジンの破損さえ避けられるなら過給圧は理論的にいくらでも上げることができます。実際には主運動部品の強度などの制約で際限なくとは行きませんが、2bar以上かけるのが普通になってきています。このような背景により、ディーゼルエンジンは年を追うごとに高トルク化してきています。

5)なぜターボとの相性がよいのか

最近の欧州メーカーの乗用車用ディーゼルは、ほとんどターボ付きとなっています。一方で、ガソリンエンジンでは排気規制の理由もあり、現時点でターボは少数派

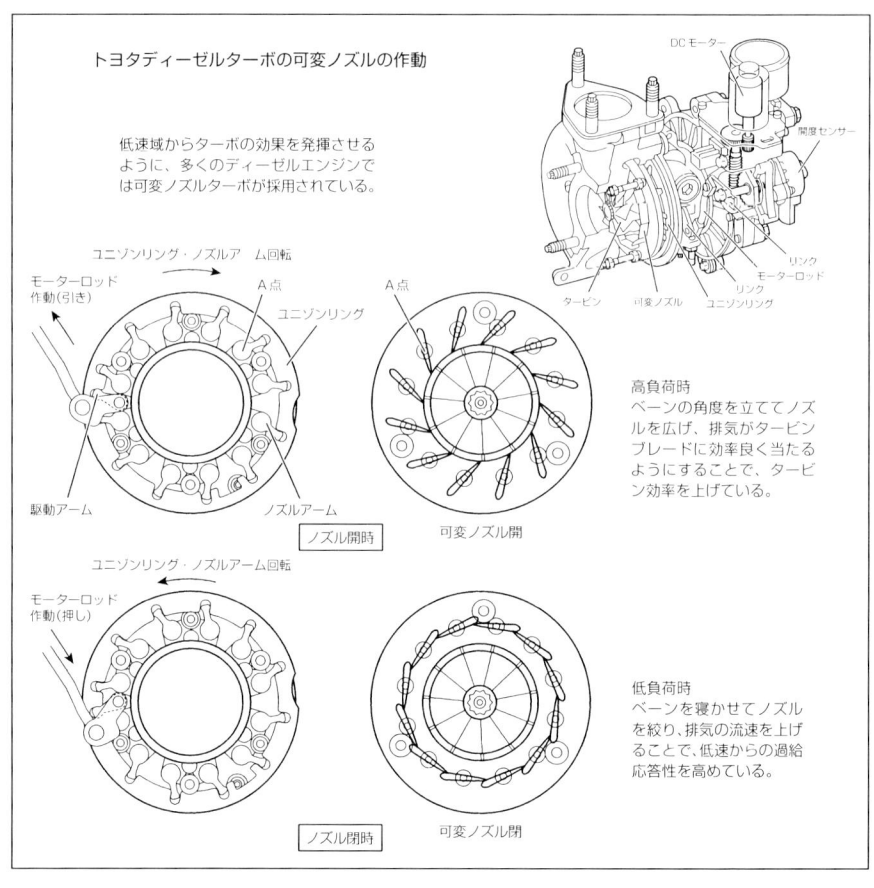

トヨタディーゼルターボの可変ノズルの作動

低速域からターボの効果を発揮させるように、多くのディーゼルエンジンでは可変ノズルターボが採用されている。

高負荷時
ベーンの角度を立ててノズルを広げ、排気がタービンブレードに効率良く当たるようにすることで、タービン効率を上げている。

低負荷時
ベーンを寝かせてノズルを絞り、排気の流速を上げることで、低速からの過給応答性を高めている。

です。なぜこれほどまでに対照的なのでしょうか。

　それはディーゼルエンジンの場合、過給圧を上げれば上げるほど実圧縮比が上がって燃費率が向上します。これに対して、ガソリンエンジンでは実圧縮比が上がるとノッキングの制約が厳しくなり、有効に出力を取り出せないため、ターボを装着する場合は圧縮比を低く取っています。

　二つ目はディーゼルエンジンではスロットルがないため、空気は常に入るだけシリンダーに取り込まれています。つまり、ガソリンエンジンのようにスロットルの開閉によるタービンやコンプレッサーを通る空気量の変化がなく、ターボを働かせる環境としては優れているわけです。

　三つ目は、低いエンジン回転でも出力を稼げるターボの特徴をディーゼルエンジンはより生かすことができるということです。ディーゼルエンジンはその構造的な特徴

から5000rpm以上の高速回転が苦手なので、ターボによる過給を行うことで最高出力回転速度が低くても大きな出力を発生することができます。それにより、機械損失(フリクション)を減らすことができ、吸入空気量が増えた分をほぼそのままトルクアップに使えるディーゼルエンジンでは、ターボチャージャーを装着することが最適な出力アップの手段といえるのです。

6)ディーゼルハイブリッドの可能性はどうなのか

　ディーゼルの高速燃費の良さとハイブリッドの市街地での効率の良さの両方を生かせると思うかも知れませんが、結論的には、あまり利点はないといえます。

　ハイブリッドはガソリンエンジンのパーシャル運転の燃費の悪さをモーターと電池により補うという発想です。しかし、ディーゼルエンジンはパーシャルでもスロットルによるポンプ損失はないし、そもそもリーン運転しているため冷却損失も少ないのです。したがって、ディーゼルにハイブリッドを組み合わせても、期待するほどの効果は得られないでしょう。

　しかし、アイドルストップや回生ブレーキの効果はガソリンハイブリッド同様の効果を得ることはできます。

　結論として、ディーゼルエンジン＋ハイブリッドが多少の効果があったとしても、それにかかるコストと比較すれば、あまり得策とはいえません。まして、ディーゼルが優勢な欧州で使用されることを前提に考えると、得られ

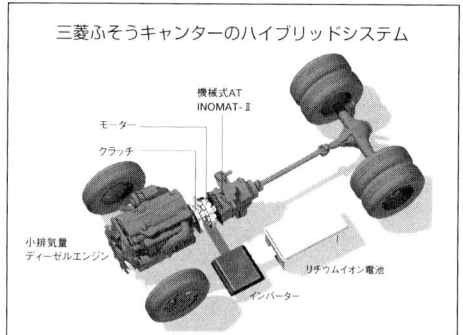

三菱ふそうキャンターのハイブリッドシステム

モーターも動力として使うパラレルハイブリッドで、トランスミッションは自動クラッチ化したINOMAT-IIを採用。バッテリーはエネルギー密度の高いリチウムイオン電池を使い、エンジンの排気量を4.9リッター→3リッターと大幅に小排気量化しながらも、ほぼ同レベルの動力性能を確保している。

メルセデスベンツ BLUETEC HYBRID

V型6気筒ディーゼルエンジンと組み合わせたハイブリッド車で、2005年の各地のモーターショーに参考出品された。エンジンとミッションの間に薄型のブラシレスモーターを装着している。尿素SCR触媒システムを採用しており、ハイブリッドシステムと組み合わせている。

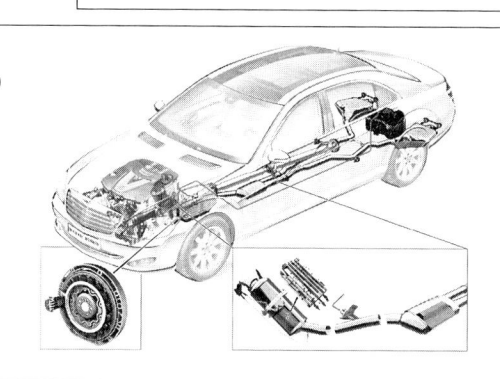

る効果は疑問です。

　ハイブリッドシステムは、大都市の慢性的な渋滞などでの燃費には効果がありますが、高速走行ではそれほどではないもので、欧州主体に開発が進んでいるディーゼルエンジンとは、それほど相乗効果がないように見えます。

　それでもメルセデスやPSAグループがディーゼルハイブリッドシステムを発表しており、発売を目指しているようです。プジョーではエンジンを主動力とするパラレル式ハイブリッドで50km/h以下ではモーターのみで走行し、加速時はエンジンに切り替わるシステムです。燃費はNEDCサイクルでディーゼルに比べて28％、高速走行では45％向上するとPSAではいっています。しかし、課題はコストで、現状の半分まで下がらないと導入はむずかしいようです。モーターのみで走行時の航続距離はたった5kmと発表されており、上記のNEDCサイクルモードは走れても東京のような渋滞路を走れば、すぐバッテリーが空になってハイブリッド効果はなくなるでしょう。さらに、ブレーキ回生と50km/h以下でのモーター走行で高速走行燃費が45％改善されるというのも本当に可能なのか、正直なところ疑問です。

7) ディーゼルエンジンの振動や騒音は抑えられるのか

　イメージが良くなかったディーゼルエンジンは、1990年代から2000年代にかけて、欧州においては目を見張るほど良いイメージになりました。1999年にイタリアでアルファロメオの4気筒ディーゼルに乗せてもらったときは、タコメーターを見るまでディーゼルと気がつかなかったし、2000年にフランスでVWシャランのレンタカーを借りたときはディーゼルエンジンであることを忘れて、もう少しでガソリンを給油してしまうところでした。そのくらい欧州車のディーゼルエンジンは静かで振動もなく、運転性もすばらしいのです。

　2005年に乗ったBMW330Dは感動的でした。ターボエンジンとATとのマッチングも申し分なく、比較して乗ったベンツのEクラス3リッターのガソリンエンジンが何とも貧弱に見えてしまいました。

　音振に関しては、現時点で少なくとも車室内騒音に関してはガソリンエンジンに遜色ないところまで来ています。さすがに車外騒音はまだディーゼルエンジン特有の「がらがら音」が聞こえて、ディーゼルだということを気付かせてくれます。

　今後、圧縮比の低下や予混合燃焼、インジェクターの改良による燃焼制御により、ほとんどガソリンエンジンと遜色ないレベルまで行くことも、充分に射程内といえるでしょう。

　振動に関しては、4気筒エンジンではガソリンエンジン同様、すでにバランスシャフトが採用されており、2次慣性力による振動は充分低いレベルに抑えられています。

8)始動及びエンジン重量の改良は進んだか

　ディーゼルエンジンの冷間始動性が、ガソリンエンジンに比べて悪い理由は主として以下の2点によります。
①ディーゼルエンジンは圧縮着火エンジンなため、エンジンが冷えていると吸入空気を圧縮しても着火に至る温度まで上がらない。

　このため、冷間始動時はグロープラグを併用して着火させます。以前はイグニッションをオンにしてからグロープラグが暖まるまでしばらく待つ必要がありましたが、現在はグロープラグの改良などによりキーオン即始動が可能になっています。
②圧縮比が高く、主運動部品、動弁系部品などのフリクションも大きいので、機動トルクが大きい。

　このため、ディーゼルエンジン仕様車はガソリンエンジンより一回り以上大きなスターターやバッテリーを備えています。

　圧縮比が高いのは冷機時の圧縮着火を良くするためなので、これは自己矛盾するともいえます。つまり、着火を良くするために圧縮比を上げているが、そのためにフリクションが増えて始動時の回転が悪くなる、という悪循環です。

　最近はグロープラグの改良などで従来ほど圧縮比を上げなくても済むので、最新のディーゼルエンジンでは圧縮比15程度と低めになってきています。圧縮比を下げるのは、この他にもターボ化により燃焼圧力を上げ過ぎないため、燃焼温度を下げてNOxの発生を抑えるため、燃焼音を抑えるためなどにも効果があります。

　また、ディーゼルエンジンはガソリンエンジンに比べると燃焼圧力が高く、ピストンなどにかかる熱負荷も大きくなっています。したがって、このような高い負荷に耐えるよう主運動部品やそれを支えるシリンダーブロック、そして高い燃焼圧を受ける燃焼室を擁するシリンダーヘッドなどの構造部品もガソリンエンジンよりもかなり強度、剛性を大きく取っています。

　補機部品もスターターの容

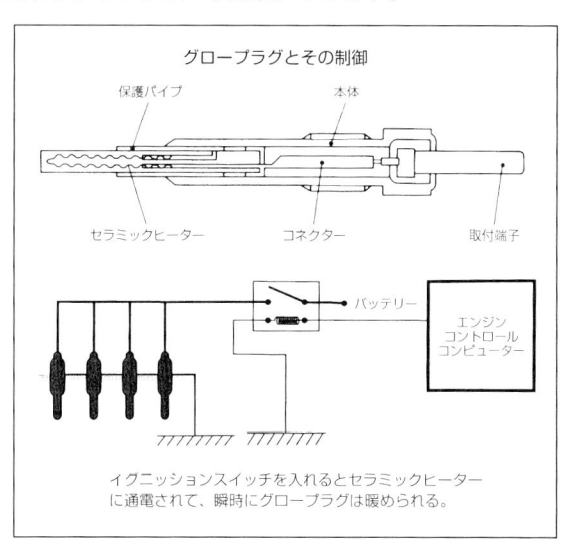

グロープラグとその制御
保護パイプ　本体
セラミックヒーター　コネクター　取付端子
バッテリー
エンジンコントロールコンピューター
イグニッションスイッチを入れるとセラミックヒーターに通電されて、瞬時にグロープラグは暖められる。

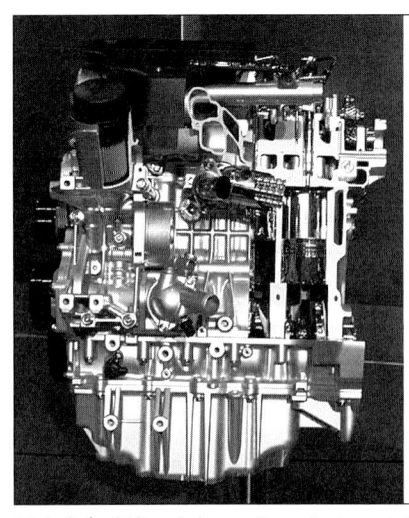

トヨタディーゼルのアルミシリンダーブロック

ディーゼルエンジンでも軽量化の要求は高く、アルミシリンダーブロックの採用が多くなってきている。

欧州向けホンダディーゼルのアルミブロック

量を大きく取ったり、ブレーキのマスターバック用の負圧発生のためオルタネーターと同軸に負圧ポンプを付加するといったことで重くなっています。

それでも、1970～80年代からはシリンダーヘッドの材質が鋳鉄に変わってアルミ鋳造となり、さらに2000年前後からはアルミシリンダーブロックも使われだして軽量化の試みがされています。

単純比較はできませんが、同排気量での比較をすると、ディーゼルエンジンはガソリンエンジンに比べて20～30％程度重くなっています。

9) コモンレール式燃料噴射システムとはどんなものか

コモンレール式になる以前、ディーゼルエンジンでは列型燃料ポンプ式や分配型ポンプ式の燃料供給装置を採用していました。コモンレール式も含めて燃料噴射システムは、ディーゼルエンジンのキーとなるところです。

列型燃料ポンプシステムでは、燃料を高圧にしてインジェクターに圧送するプランジャーとカムシャフトからなる圧送機構と圧送する量(噴射量)の調整機構を持っています。インジェクターは、この列型ポンプの圧力を受けて燃料を噴射するだけのシンプルな機構です。列型燃料ポンプではカム、プランジャー、バネなどを使った精密機械制御が行われていました。一部電子制御も取り入れられましたが、制御の主体はあくまでも機械制御です。

これに対して、コモンレール式では燃料ポンプで高圧をつくり出し、噴射量の制御はインジェクターが行うようにしています。コモンレールの意味は、各気筒のインジェクターが共通の燃料ギャラリーを持つところから名付けられています。

9. ディーゼルエンジンの特性と諸問題

コモンレールシステム（トヨタ）

燃料ポンプで高圧をつくり出し、高圧になった燃料をコモンレールに送り込み、噴射量の制御はインジェクターが行うようにする。各気筒のインジェクターが共通の燃料ギャラリーを持ち、従来のシステムに比較すると燃焼の促進が図られている。

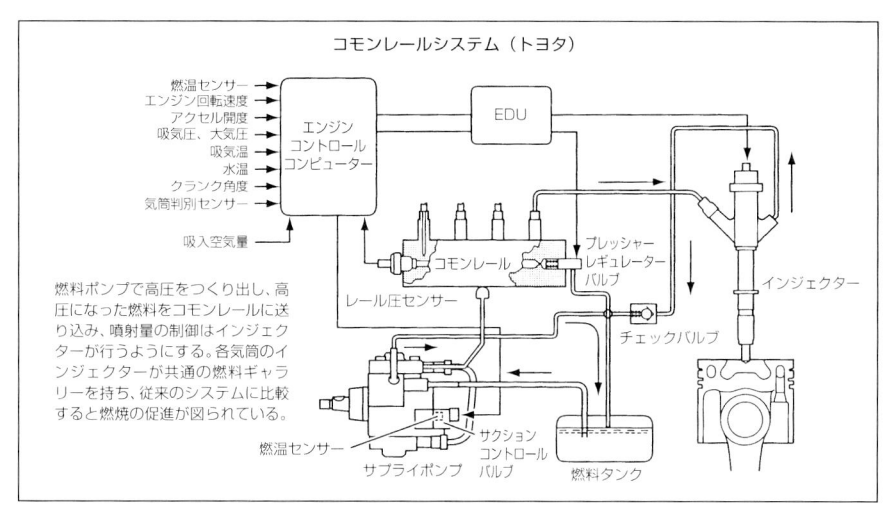

　このコモンレール式燃料供給システムが初めて実用化されたのは1995年で、日本のデンソーにより開発され、日野のトラックに搭載されました。その後、ドイツのボッシュ社により1997年に乗用車用が実用化されています。その後はあっという間にディーゼル用燃料供給システムのディファクトスタンダードとなりました。

　コモンレールシステムのサプライポンプ(高圧ポンプ)は、ポンプ本体、フィードポンプ、吐出量制御弁から構成されており、エンジンのカムシャフトからのギア駆動や補機ベルトにより駆動されています。ポンプ本体は、プランジャーの往復運動により燃料を吸入・圧送しています。

　噴射量や噴射タイミングはECU(エンジン制御モジュール)からの指令により制御されています。コモンレールはガソリンエンジンの燃料ギャラリーと同様、吸気マニ

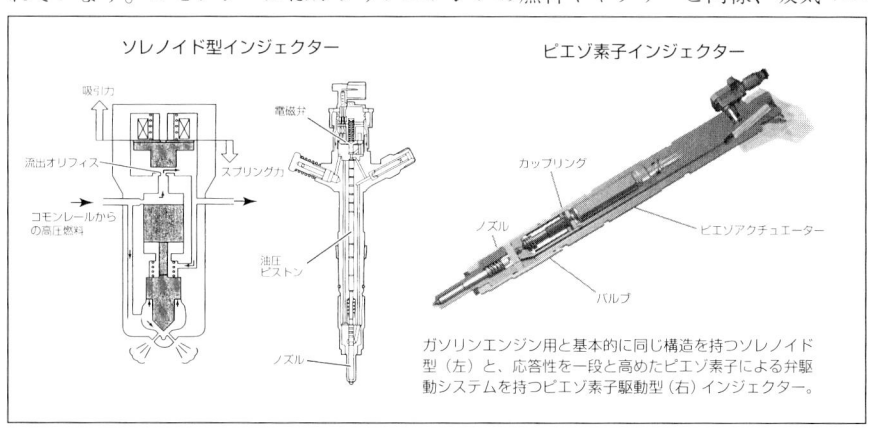

ソレノイド型インジェクター　　　　**ピエゾ素子インジェクター**

ガソリンエンジン用と基本的に同じ構造を持つソレノイド型（左）と、応答性を一段と高めたピエゾ素子による弁駆動システムを持つピエゾ素子駆動型（右）インジェクター。

161

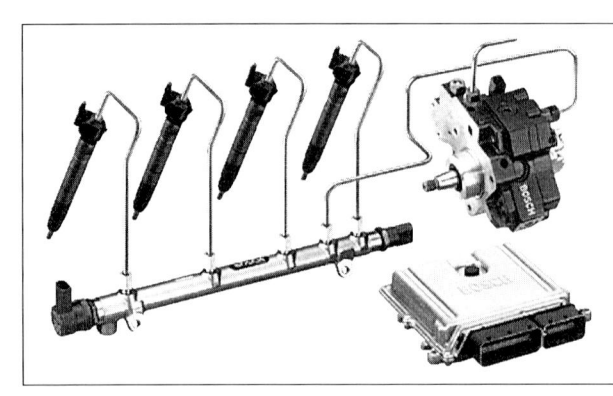

ボッシュの第3世代コモンレールシステム

コモンレールシステムの主要構成部品。高圧ポンプより圧送された燃料は、コモンレールを介して各気筒のピエゾ素子駆動型インジェクターに送られる。この一連の制御を指令しているのがECU。

フォールドに取り付けられ高圧ポンプにより供給される高圧燃料を各気筒のインジェクターに分配しています。

燃料インジェクターはソレノイド駆動型とピエゾ素子駆動型があります。

ソレノイド型インジェクターは三方電磁弁、オリフィス、油圧ピストン、ノズルから成り立っています。三方弁がオンになると高圧の燃料がオリフィスを通じて流れ、ノズルより噴射されます。三方弁がオフになると外側から加わる燃料圧力にキャンセルされて噴射を終了します。

ピエゾ素子型インジェクターはソレノイド型よりも噴射ノズルの応答性をピエゾ素子採用により一段と高めています。ピエゾ素子は電流を通すと圧電効果で膨らみ、この応答が非常に速い(ソレノイド式の約2倍)ので、よりきめ細かな制御が可能となります。

このコモンレールシステムにより、燃料を多段階に分けて噴射することが可能となりました。

基本は燃焼のごく早期に少量の燃料を噴射して、燃焼の圧力上昇を滑らかにするパイロット噴射と本来の燃焼のために噴射するメイン噴射の2種類です。このメイン噴

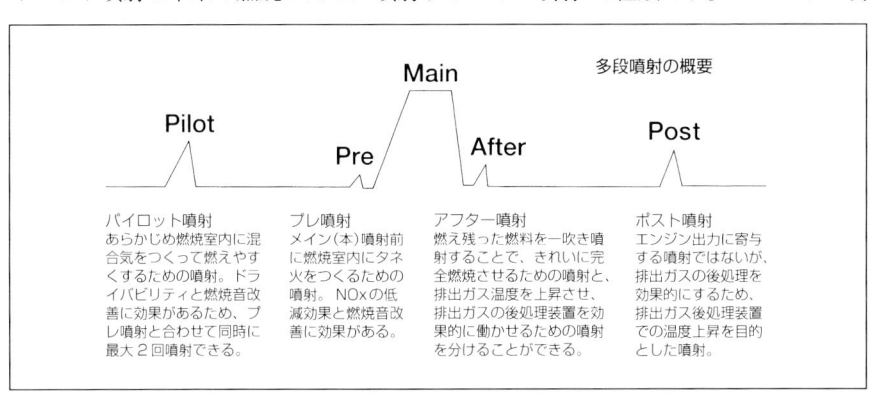

多段噴射の概要

パイロット噴射
あらかじめ燃焼室内に混合気をつくって燃えやすくするための噴射。ドライバビリティと燃焼音改善に効果があるため、プレ噴射と合わせて同時に最大2回噴射できる。

プレ噴射
メイン(本)噴射前に燃焼室内にタネ火をつくるための噴射。NOxの低減効果と燃焼音改善に効果がある。

アフター噴射
燃え残った燃料を一吹き噴射することで、きれいに完全燃焼させるための噴射と、排出ガス温度を上昇させ、排出ガスの後処理装置を効果的に働かせるための噴射を分けることができる。

ポスト噴射
エンジン出力に寄与する噴射ではないが、排出ガスの後処理を効果的にするため、排出ガス後処理装置での温度上昇を目的とした噴射。

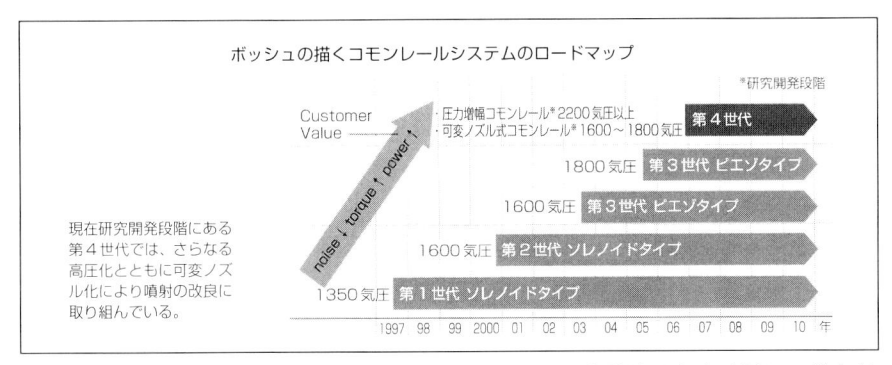

9. ディーゼルエンジンの特性と諸問題

ボッシュの描くコモンレールシステムのロードマップ

※研究開発段階

Customer Value
noise↓ torque↑ power↑

圧力増幅コモンレール※ 2200気圧以上
可変ノズル式コモンレール※ 1600〜1800気圧 第4世代

1800気圧 第3世代 ピエゾタイプ

1600気圧 第3世代 ピエゾタイプ

1600気圧 第2世代 ソレノイドタイプ

1350気圧 第1世代 ソレノイドタイプ

1997 98 99 2000 01 02 03 04 05 06 07 08 09 10 年

現在研究開発段階にある第4世代では、さらなる高圧化とともに可変ノズル化により噴射の改良に取り組んでいる。

射をプリ、メイン、アフターと3段階に分けることで最高燃焼圧力を分散して排気性能、特にNOxの発生を抑えるようにしています。また、燃焼の最後期にポスト噴射を行って排気温度を上昇させて触媒を活性化させる工夫をしています。

コモンレールが導入される以前の機械式制御である列型分配ポンプや分配型ポンプの時代は、1000bar以下の燃料圧力でした。1982年くらいまでは800bar以下であったのが、1985年になるとプランジャー径を大きくして1000barまで上がってきています。

これが1995年のコモンレールシステム導入を機に一気に1350barに跳ね上がり、ピエゾタイプインジェクターが導入された2003年から1600barまで高圧化されました。現時点では、1800barまで高められてきています。今後の見通しとしては、圧力増幅コモンレールにより2200bar以上の高圧化がボッシュ社により研究されています。

それでは、なぜこれほどまでに燃料噴射圧力の高圧化をする必要があるのでしょうか。

混合気をより完全に燃焼させるためには、燃焼室内に噴射した燃料を空気とよく混合する必要があります。そして、燃料を空気とうまく混合させるためには、何よりも噴射する燃料の微粒化が有効です。そのため、ディーゼル用インジェクターは従来から精巧になっています。燃料噴射圧力が高くなるほど、燃料の粒径が小さくなっていきます。また、噴射圧力を上げると同時に、噴射弁の開閉速度を上げることでより精密できめ細かい噴射制御を実現することができます。

10)大型トラック用と乗用車用 ディーゼルエンジンではどんな違いがあるのか

ディーゼルエンジン搭載車の日本における重量による排出ガス規制の区分けは以下のようになっています。この区分けでいくと、大型トラックは3.5トン以上の車両になります。エンジンは15リッタークラスになります。

- 乗用車
- バス・トラック軽量車（GVW≦1.7t）
- バス・トラック中量車（1.7t＜GVW≦3.5t）
- バス・トラック重量車（3.5t＜GVW）

　ここでいうGVWというのはGross Vehicle Weightのことで、最大車両重量です。トラックの荷物積載量は、このGVWにより決まるので、常にこれが基準になります。

　乗用車はせいぜい2トンを超えないGVWであるのに対して、大型トラックでは3.5トンを超える重量を有しています。

　乗用車用エンジンの排気量は1.5～3リッター程度、最近では5リッター程度までは出てきています。これに対して、大型トラック用は15リッターと5～10倍の排気量を有しています。

　リッター当たりの出力は乗用車用が高く、リッター当たりトルクは逆に大型トラック用が30～50％高くなっています。そして、注目すべきは最高出力、トルクの発生回転です。特に大型トラック用エンジンの最高出力発生回転速度は1800rpmと乗用車用の最大トルク発生回転速度と同じです。このように、最高出力発生回転速度が低いため、最高出力もそれほど大きくありません。

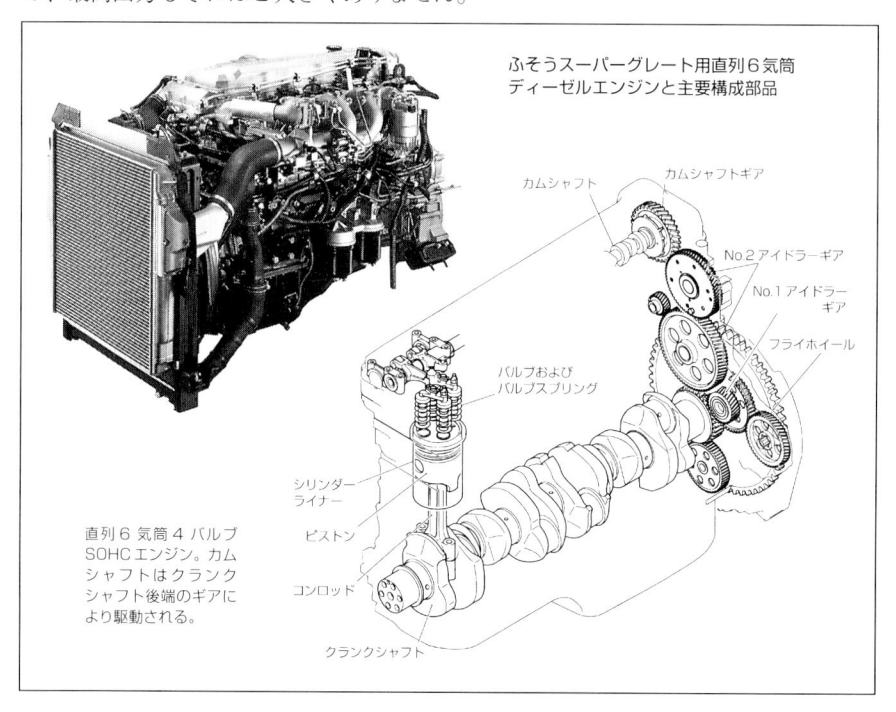

ふそうスーパーグレート用直列6気筒ディーゼルエンジンと主要構成部品

直列6気筒4バルブSOHCエンジン。カムシャフトはクランクシャフト後端のギアにより駆動される。

ここが両者の違いの最も重要なところです。

ディーゼルエンジンは高回転までまわすとフリクションが急激に増えるので、大型トラック用エンジンでは、あえてまわしていません。もちろん、直列6気筒で15リッターということは1気筒あたり2リッター以上あるので、まわそうとしてもそう簡単にはまわらないでしょうが。

その代わり、低回転でしっかりとトルクを出しています。このように、大型トラック用エンジンは狭い回転レンジに抑えて、エンジンのトルクの出るもっとも良いところを使うことに徹しているのです。もちろん、長距離をいかに燃費良く走ることができるかが最優先に求められているからです。このためには、多段の変速機が必要になります。

これに対して、乗用車用のエンジンは燃費の良さももちろん大切な要素ですが、ガソリンエンジンに負けない動力性能と使い良さが求められています。そのためには、どうしても高回転までまわす必要があります。

それは最高出力を稼ぐためであると同時に、変速の煩わしさを減らすためです。最近はMTで6速、ATでは6～8速が出てきており、回転レンジが比較的狭いディーゼルエンジンでも、6000rpm以上まわすことができるガソリンエンジンと遜色のない走りができるようになってきています。

乗用車用ディーゼルエンジンでは、ガソリンエンジンと類似の性能が求められます。すなわち、①低速から高速まで扱いやすい特性であること、②軽量コンパクトであること、③アクセルレスポンスが良いこと、④アイドルが静かであること、⑤音振素質が良くあまりディーゼルであることを意識させないこと、などです。

車重が重いRVなどでは発進時の性能が重要であり、ターボが効く前のNA領域でのトルクも重要な性能となります。この改善のために、モーターアシストのターボチャージャーも検討されています。

一方、大型トラック用ディーゼルエンジンでは、①一定速運転で燃費が良いこと、②耐久性が高いこと、③整備性が良いこと、などが挙げられます。

これらの条件を満たせれば、多少大きいことや重いことは目をつむることができます。

11）予混合によるディーゼルエンジンは成立するのか

従来のディーゼルエンジンの燃焼では、噴霧火炎の燃焼領域と空気領域が分かれており、混合気濃度の不均一性が高く、その結果、燃焼温度の不均一性も高くなっています。これは、NOxやPMの発生しやすい領域が燃焼室内に混在しているということです。

空気のみ存在する領域から燃料のみ存在する領域まで種々の濃度の混合気が存在する、つまりNOxやPMの生成速度が大きい領域に混合気が同時に存在していることを意

ガソリンエンジンとディーゼルエンジンの相違点

	ガソリンエンジン	直噴リーンバーンエンジン	直噴ストイキエンジン	ディーゼルエンジン	均質予混合燃焼(HCCI)	予混合圧縮自己着火(PCCI)
点火方法	電気火花	電気火花	電気火花	圧縮着火	圧縮着火	圧縮着火
混合気	均一	不均一	均一	不均一	均一	均一
出力調整	吸気絞りによる混合気量	燃料量/吸気絞り併用	吸気絞りによる混合気量	燃料量	燃料量	燃料量
混合気濃度	一定	希薄〜出力混合比	一定	希薄・変化	希薄・変化	希薄・変化
燃焼形態	予混合燃焼	予混合燃焼	予混合燃焼	予混合燃焼+拡散燃焼	予混合燃焼	予混合燃焼
圧縮比	8-12	10-12	10-12	14-23	15前後	15前後
排気温度	600-800℃	600-800℃	600-800℃	100-700℃	100-700℃	100-700℃
排気中の酸素	なし	あり	なし	あり	あり	あり
燃料噴射位置	吸気管	燃焼室	燃焼室	燃焼室	吸気管	燃焼室
技術的難易度	◎	○	○	◎	×	×〜△
NOx	×	×	×	×	○	○
PM	○	○	○	×	○	○

味します。このような理由で、NOxとPMを同時に低減することが困難なのです。したがって、ディーゼルの燃焼制御では、いかに混合気の濃度を制御してNOxやPMの発生を抑えるかが目標となっているわけです。

予混合燃焼は上記の目標を達成する手段として研究されている技術です。

この予混合によるディーゼルエンジンの燃焼改良は、均質予混合燃焼(HCCI)と予混合圧縮自己着火エンジン(PCCI)の2種類が考えられています。

HCCIというのは、ガソリンエンジンのように吸気管で空気と燃料を均一に混合させて燃焼室に送り込み、燃焼は圧縮着火でさせるという考え方です。

これに対してPCCIは、通常のディーゼルエンジンと同様に吸気行程で燃料を噴射して予混合させるという考え方です。従来のディーゼルエンジンの燃料噴射タイミングは上死点前10°くらいからですが、PCCIでは上死点後に噴射します。

HCCIエンジンは、吸気行程で吸気ポートに燃料を噴射し、均一な混合気にしてから燃焼室に導入します。充分に燃料と空気が混ざるので混合気全体がリーンで、通常の

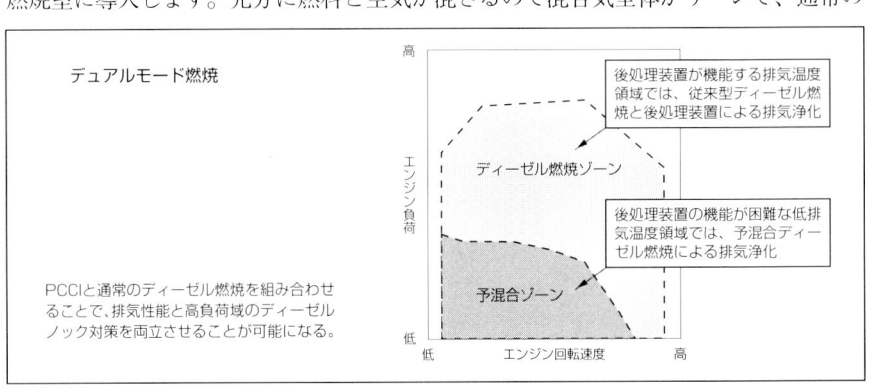

デュアルモード燃焼

PCCIと通常のディーゼル燃焼を組み合わせることで、排気性能と高負荷域のディーゼルノック対策を両立させることが可能になる。

後処理装置が機能する排気温度領域では、従来型ディーゼル燃焼と後処理装置による排気浄化

ディーゼル燃焼ゾーン

後処理装置の機能が困難な低排気温度領域では、予混合ディーゼル燃焼による排気浄化

予混合ゾーン

エンジン負荷 / エンジン回転速度

9. ディーゼルエンジンの特性と諸問題

ディーゼルエンジンのような理論混合比付近の空燃比は存在せず、燃焼温度は低くなります。したがって、NOxはほとんど発生しません。しかし、シリンダー内のすべての燃料を燃焼させるのはむずかしく、シリンダー壁面に付着した燃料は燃焼することなく排出されて、結果的にHC排出が増加します。また、着火時期の制御がむずかしく、圧縮するシリンダー内の温度に依存するため熱効率の低下が発生します。

これは予混合燃焼に共通した問題点ですが、負荷が上がり燃料濃度が濃くなると激しいノッキングが発生するため、高負荷運転ができないという問題を抱えています。

HCCI燃焼は、燃料と空気の混合時間を主眼に置いていますが、PCCIは乱流混合速度の増加に主眼を置いています。これは、適度な着火遅れ期間が確保できるのであれば、噴射時期をHCCIほど早くしなくても適度に均一な混合気が形成できるという事実に基づいています。したがって、このPCCIでは噴射終了後に着火させることが重要になります。着火時期は従来のディーゼルエンジンよりも10～15°遅れることで低温でNOxの発生がなく、かつPMの少ない燃焼となります。

下の図はPCCIの考え方である日産のMK燃焼の指圧線図です。

しかし、このPCCI燃焼もHCCIと同じく高負荷(つまり高燃料濃度)ではディーゼルノックが激しく運転が困難です。この解決策としては、高負荷では従来のディーゼル燃焼として触媒などの後処理装置と組み合わせる、デュアルモード燃焼にする案があります。低中負荷域のリーンのため排気温度が低く触媒による後処理がむずかしい部分はPCCI運転をし、高負荷の排気温が高く、充分に触媒が働く領域では従来ディーゼル運転に切り替えるという考え方です。HCCIと違って燃料噴射弁の位置は同じ燃焼室

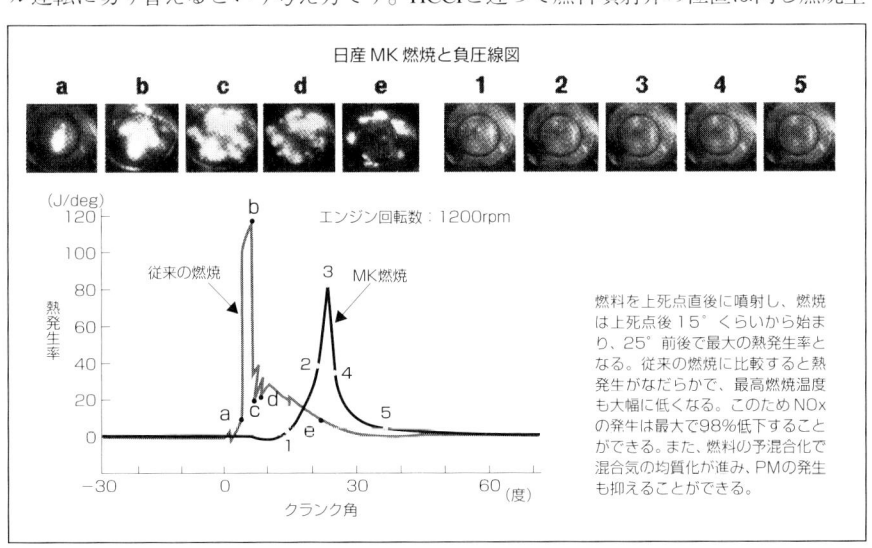

日産 MK 燃焼と負圧線図

燃料を上死点直後に噴射し、燃焼は上死点後15°くらいから始まり、25°前後で最大の熱発生率となる。従来の燃焼に比較すると熱発生がなだらかで、最高燃焼温度も大幅に低くなる。このためNOxの発生は最大で98%低下することができる。また、燃料の予混合化で混合気の均質化が進み、PMの発生も抑えることができる。

内なので、このような切り替えは簡単にできます。

　ところで、ガソリンとディーゼルの良いとこ取りエンジンは、現在のところ以下のようなコンセプトが考えられています。

　燃料はガソリンを使い筒内に噴射直接噴射し、燃焼はディーゼルのように圧縮着火するというもので、ガソリンHCCIと呼ばれています。

　これは圧縮着火にすることでディーゼルに近い燃費を狙い、排気は従来のディーゼルと違ってNOxもPMも出ないという理想的なエンジンを狙っています。

　この考え方は1980年代に研究が開始され、可変動弁システムの発展とともに研究が進められてきています。現時点では、混合気が均質になるとノッキングが発生し、それを避けるために燃料を偏在させるとNOxの発生が増えるという問題が立ちはだかっています。EGRを排気脈動で燃焼室に押し込むことで、この問題を解決しようと各社が開発を進めていますが、まだ解決までには至っていません。

　いずれにせよ、高負荷域ではノッキングが発生して圧縮着火は成立しないので、中負荷以上で圧縮着火から火花点火にスイッチする必要があります。

　この場合、圧縮着火運転時はディーゼル並みの圧縮比にしておきたいところですが、火花点火時は通常のガソリンエンジンとなるので、それほど圧縮比を上げられません。両者の間で圧縮比を妥協させる必要があるのです。また、圧縮着火から火花点火への切り替えもショックなしにどうやって移行させるかという課題があります。

　このように、課題が多いガソリンHCCI燃焼ですが、課題を解決したとして得られる性能は、現時点ではあまりおもしろくはありません。

　一つは火花点火運転を考慮するとディーゼルほど高い圧縮比を使うことができないということ、もう一つはNA前提のため、最近のディーゼルターボのような高トルクを得ることはできないということです。NAのディーゼルでは得られる出力に多くを望むことができないので、ターボ化によるトルクアップで排気量を減少させて燃費を稼ぐようになってきていますが、この手法を使うことができません。

　この問題は、可変圧縮比や可変バルブタイミングを使ったミラーサイクルと過給の組み合わせなどで机上ではいろいろと検討がされています。しかし、実際にこのガソリンHCCIが本命としてガソリンエンジンやディーゼルエンジンに取って代わることができるかは、相当むずかしいと思われます。

10
可変機構による二律背反の克服

　可変機構は自動車用エンジンでは避けることのできない、絶えず変化する運転条件に対して、最適な性能を提供するという要求から考え出されたものです。

　舶用エンジンや航空機用エンジンでは加減速運転はほとんどなく、定常運転が大部分を占めるので、自動車用エンジンとは使用条件が大きく異なります。大部分を占める定常運転に最適なエンジン仕様にしておけばよいわけです。これはたとえ小型のプレジャーボートやジェットスキーでさえ条件はあまり変わりません。自動車用エンジンでは、たとえば高速道路を走る定期バスでさえ、渋滞走行を長時間走る必要もあり、運転条件の範囲は広くなっています。

　そして運転条件の範囲が広いからこそ二律背反、三律背反しなければならない問題が多く出てくるわけです。この二律背反をカバーする技術のコンセプトは、内燃機関が発明されてから程なくして考えられたものが少なくありません。残念ながら、当時はそれを実現する技術がありませんでした。

　しかし1970年代になり、排気規制や燃費規制の問題が勃発し、性能競争も激化して、可変技術が急速に実現し始めました。そして電子技術の進歩がこの可変技術を大きく推進してくれました。それまではとても複雑で実現できなかったロジックをいとも簡単に実現する手段を得ることができたのです。

　吸入空気量、燃料供給量、点火時期などはもともと可変となっているので、これは除いて、可変すべき機構としては、吸気システム、吸排気のバルブタイミング及びリフト、排気量、圧縮比、ターボチャージャー、冷却システムなどがあります。燃料供

給量、点火時期制御についてはもともと可変になっているといっても、電子制御により、より理想に近い形の可変化が可能になってきています。この他に2点着火エンジンの1点―2点切り替え、可変マフラーなどがあります。

1)可変吸気システムはどんな効果があるのか

可変吸気システムには、吸気ブランチ長さを変化させるタイプと共鳴吸気タイプがあります。これには二つの方法があります。

①吸気ブランチ長さ可変化

慣性過給同調ポイント(正圧のピーク=吸入空気が一番多く入るところ)のエンジン回転速度は吸気ブランチの長さに依存しています。吸気ブランチ長さが長いほど低回転側で同調し、吸気ブランチが短いと、より高速回転側で同調します。当然、この正圧のピークで充填効率は最大になります。

吸気ブランチの長さにより、トルクの盛り上がるエンジン回転速度が変わってくるのです。また、ブランチの断面積が大きいほどピークが鈍くなり、断面積を小さくするとピークがより高く出る傾向にあります。

1980年代以前は固定式の吸気ブランチがもっぱら採用されていましたが、1980年代に入り、高速も低速もトルク向上したいという要求から長短ブランチを切り替えて使う方式や、細いブランチと太いブランチを切り替える方式などが採用されています。

最近ではBMWがニュー7シリーズ用V型8気筒エンジンに、連続可変ブランチ長システムを実用化しています。吸気マニフォールドは、渦巻き型で内筒が回転することで吸気管の長さが連続的に変化するようになっています。

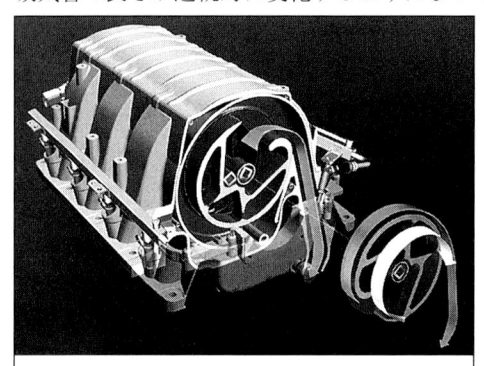

BMWの連続可変吸気システム
中央部のシャッターバルブが回転することで、吸気通路の長さを変える。左側は高回転時で吸気通路は短くなっている。右側に取り出された図が低速時で、シャッターバルブが180°回転して吸気通路が長くなっている。

また、フェラーリのエンツォではF1用に開発されたものと同じ可変吸気システムが採用されています。トランペットを動かしてブランチ長さを変えるという単純な構造ですが、性能的に妥協のない、優れたシステムだと思います。

②共鳴吸気

主として6気筒以上のV型エンジンに採用される可変システムです。各バンクごとにコレクターチャンバーを設けて、左右のバンクを独立させると各気筒で発生した脈動波がチャ

10. 可変機構による二律背反の克服

フェラーリF1エンジンの可変吸気システム

吸気管がガイドピンに沿って上下することで、吸気管長が変化する。写真は吸気管長がもっとも短い状態。同様のシステムがロードカーのエンツォにも採用されている。

V型6気筒の可変吸気システムの例（トヨタ）

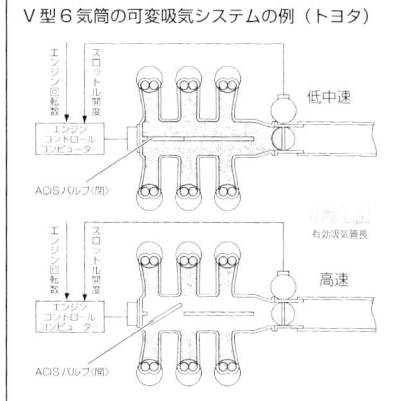

低中速時はACISバルブを閉じて有効吸気管長を長くすることで、慣性過給同調ポイントを低速側にセットする。これにより低中速トルクが膨らむ。一方、高速時はACISバルブを開きサージタンクとして働かせることで、慣性過給同調ポイントは高速側に移動して高速のトルクを向上させる。

ンバー内で合成され、共鳴現象を起こします。

共鳴過給はこの共鳴によって増幅された圧力が吸気ポートに戻り、吸気行程において吸気バルブより上流の圧力が高くなったときに、シリンダー内に多量の空気が引き込まれる効果を利用して、充填効率を向上させるという原理です。この共鳴効果は低中速回転では大きいのですが、高回転域ではマイナスに働きトルクが落ちてしまいます。したがって、高速域ではこの二つのバンクにあるコレクターチャンバーを連結させるなどして共鳴効果を落とし、慣性過給効果を主として使うようにするのが普通です。

2) 可変バルブタイミング&リフトの利点は何か

可変バルブタイミング&リフトは、アイドル回転の安定やエンジン低回転時のトルクと高回転時の出力の両立を図るために開発された機構です。エンジンをより魅力的な性能にするためには欠かせないシステムといえるでしょう。

可変バルブタイミングは1980年代から採用され始めました。

最初はアルファロメオがV6エンジンで吸気バルブの可変タイミングシステムを発

アルファロメオの可変バルブタイミング機構

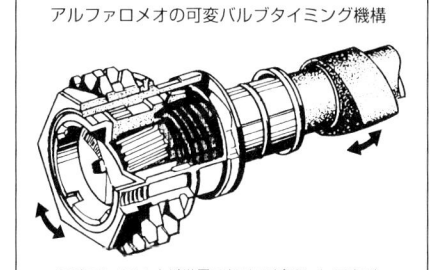

アルファロメオが世界で初めて採用した可変バルブタイミング機構。吸気カムの位相をずらすことで低速と高速のトルクの両立を図っている。

171

表、その後ホンダが1989年にV-TECシステムを発表し、低速—高速切り替え式の可変バルブタイミングを実用化しました。

1996年にはMG社が吸気連続可変バルブタイミングシステムを実用化しMGFに搭載しました。このシステムはカムシャフトに回転角速度変動を与えることで、実質の作動角を変化させています。

その後、気筒休止エンジンなどと組み合わせたバルブ作動停止機構が発表されています。

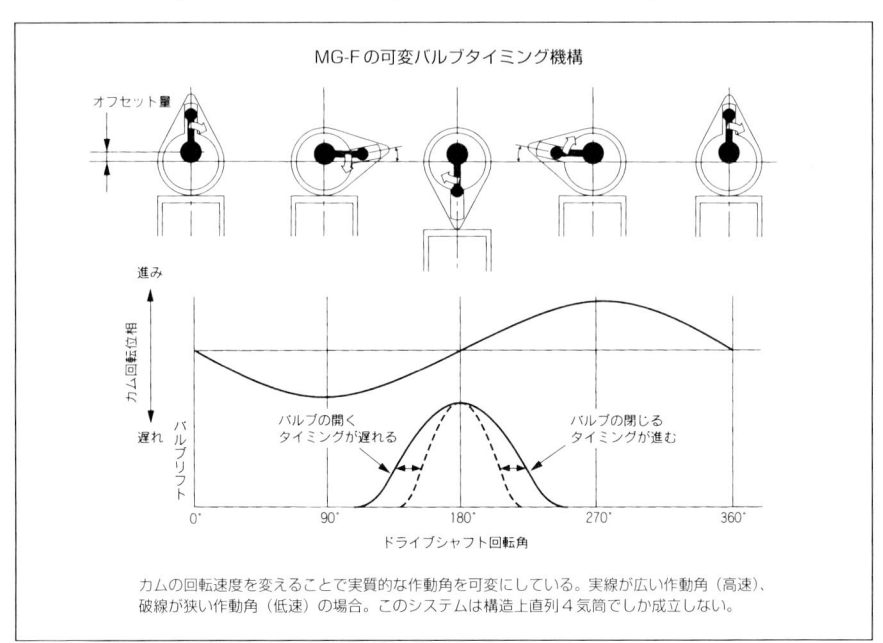

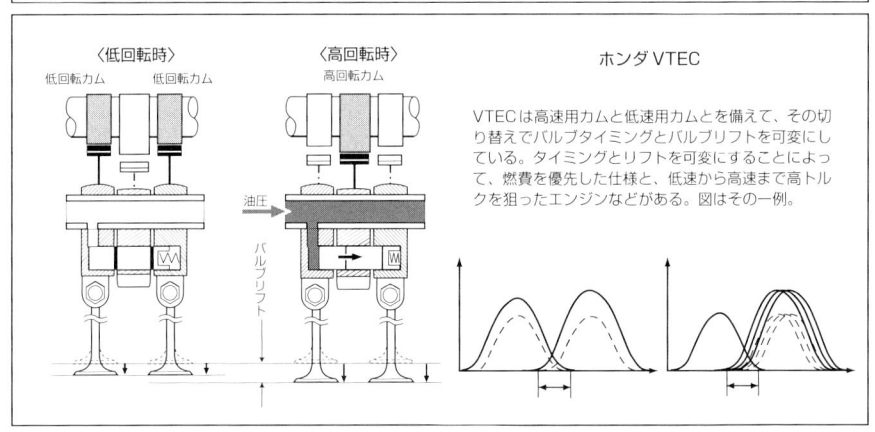

MG-Fの可変バルブタイミング機構

カムの回転速度を変えることで実質的な作動角を可変にしている。実線が広い作動角（高速）、破線が狭い作動角（低速）の場合。このシステムは構造上直列4気筒でしか成立しない。

ホンダ VTEC

VTECは高速用カムと低速用カムとを備えて、その切り替えでバルブタイミングとバルブリフトを可変にしている。タイミングとリフトを可変にすることによって、燃費を優先した仕様と、低速から高速まで高トルクを狙ったエンジンなどがある。図はその一例。

ポルシェやボルボが採用しているのが、吸気側のリフトと作動角を2段階に切り替えるもので、しかも位相も連続可変にしているシステムです。直動式のシステムをそのまま生かしているため、シリンダーヘッドを大幅にレイアウト変更せずにこのシステムを採用することができ、バケットの剛性や重量もそれほど悪化しないので、高回転まで問題なく使えるのが利点でしょう。

現時点で最も進んでいる可変バルブシステムは、やはりBMWのバルブトロニックシステムでしょう。吸気側のカムのリフト及び作動角を連続的に変化させることのできるシステムなのです。バルブトロニックについては8章で詳しく説明しているので、そちらを参照してください。

ボルボの可変バルブタイミング機構

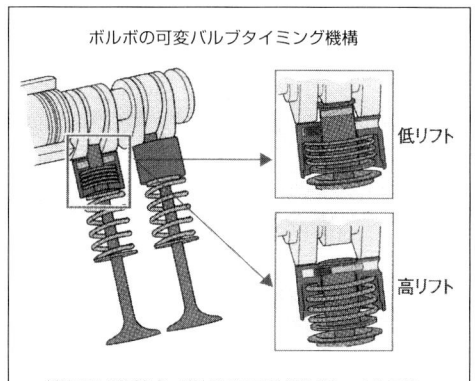

低リフト

高リフト

低速では2分割ピンが外れていて外側のバケットはフリー状態になり、中央の低速カムによりバルブは駆動される。高速へはバルブリフトゼロのとき切り替えられる。油圧により2分割ピンが押し出されると、外側のバケットは内側と一緒に動き出す。すると低速カムの両サイドにある高速カムが、バケットを押すようになり高速カムで駆動される。

3)可変排気量は可能なのか

可変バルブタイミングのところでも触れましたが、吸排気バルブの作動を止めることで可変排気量システムを複数のメーカーで実現しています。

1981年にGMのキャデラックなどに搭載されたV型8気筒6リッターエンジンに初めて採用され、日本では三菱が82年にSOHC4気筒のMDエンジンに採用しています。どちらもロッカーアームに空振り機構を設けて休止気筒側の吸排気バルブの動きを完全に止めることにより、実現させています。両エンジンとも、スムーズに運転できないなど問題があって、発売から数年経たぬうちに販売を終了しています。

ホンダは2003年に発売した新型アコードに搭載したV型6気筒3リッターSOHCエンジンに可変排気量システムを採用しています。V-TECシステムと組み合わせて巡航時や減速時にV6のうち後側バンクを休止させて前側3気筒だけで運転するシステムです。新しい試みとしては休止気筒中も点火プラグに点火して運転再開時のくすぶりを防いでいます。

可変排気量エンジンは一定速走行時の燃費を改善するための手法の一つで、ポンプ損失を減らすことを主眼としています。

考え方としては悪くありませんが、バルブトロニックなどポンプ損失を減少するた

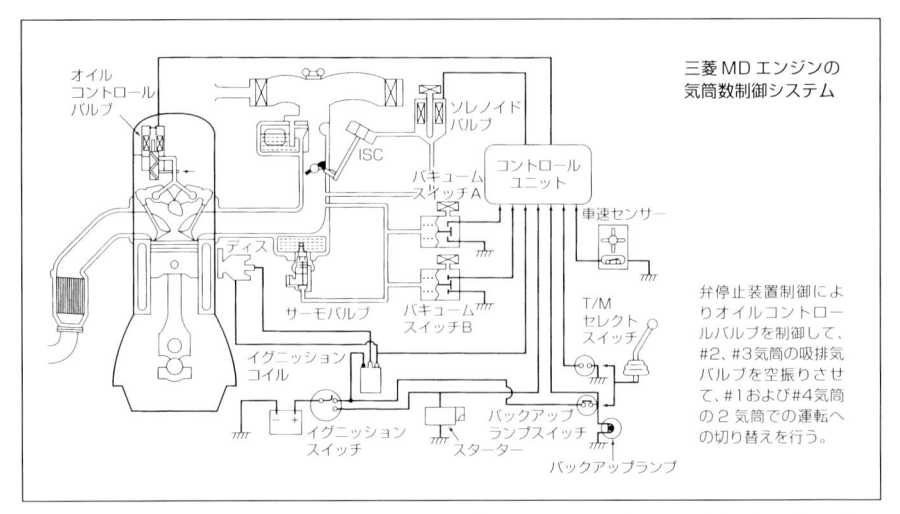

三菱MDエンジンの気筒数制御システム

弁停止装置制御によりオイルコントロールバルブを制御して、#2、#3気筒の吸排気バルブを空振りさせて、#1および#4気筒の2気筒での運転への切り替えを行う。

めの技術が出そろいつつある中では、可変排気量は過去の技術という印象が強いと思います。

物理的に気筒を休止させるのではなく、最新のディーゼルエンジンに見られる高過給による出力アップの手法は、新しい可変排気量として位置付けられるとも考えられます。これまで直列6気筒などで出力アップを図っていたディーゼルエンジンが、直列

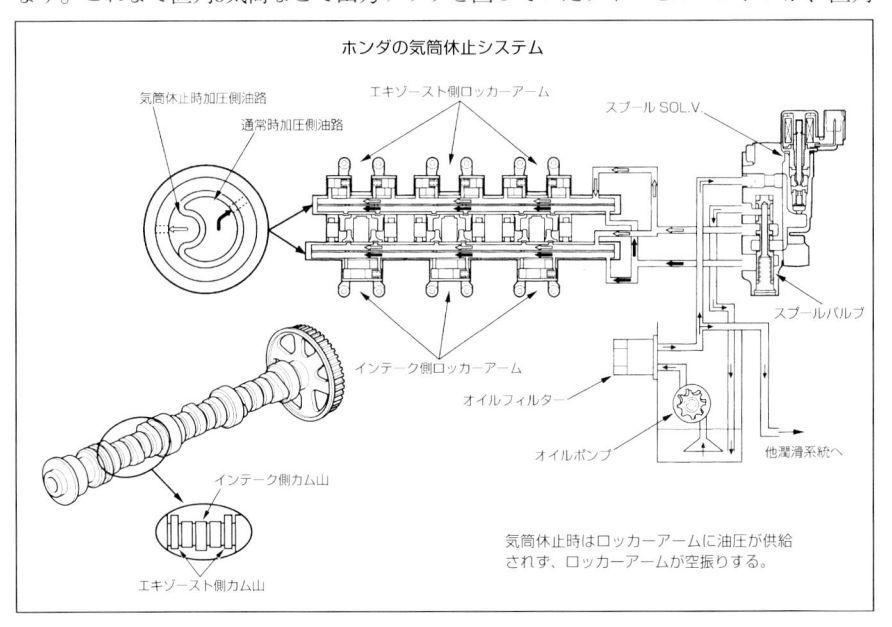

ホンダの気筒休止システム

気筒休止時はロッカーアームに油圧が供給されず、ロッカーアームが空振りする。

4気筒にして排気量そのものは小さくなっていますが、ターボにすることで直6と同じ排気量エンジンの出力を得ています。この場合、過給圧を調整することで出力の出方が変わってきますから、あたかも排気量が可変になるような出力が得られるのです。

4) 可変圧縮比は実現するのか

　可変圧縮比は、運転状態に応じた最適な圧縮比を与えて、出力と燃費の両立を図ろうというシステムです。市街地走行や高速巡航では圧縮比が高い状態で運転して熱効率で燃費を稼ぎ、高負荷時(加速時や登坂時などスロットル全開に近い領域)では、過給運転のために実圧縮比を下げて運転するという考え方です。過給運転ではノッキングを回避してMBT運転ができるよう圧縮比を下げるわけです。

　この可変圧縮比システムは、90年代から日産自動車が研究しているシステムで、以前はピストンのコンプレッションハイトを可変にするシステムを提案していました。しかし、ピストンに可変機構を入れると重くなり過ぎて、最高回転速度が制限されることやピストンにかかる加速度が大きいため、耐久性に問題があったと推定されます。

　最近日産が発表した可変圧縮比システムはマルチリンク採用によりコンロッドの長さを可変にする効果を使って可変圧縮比を可能にしています。以前のシステムよりは改善されていますが、依然として機構は複雑で重量、フリクション、コストなどに課題が残っているようで、実際に市場に出るまではまだ時間がかかりそうです。

　もし、可変圧縮比の機構が実用化されれば、内燃機関長年の夢であるアトキンソンサイクルの実現も夢ではなくなるでしょう。現時点では、ミラーサイクルでアトキンソンサイクルの代用をさせています。ミラーサイクルではエンジンの排気量を実質的に減らした形(吸気バルブ遅閉じで吸入空気が減るので)で使っていますが、アトキンソンサイクルであれば、フルにその排気量を使うことができるようになります。

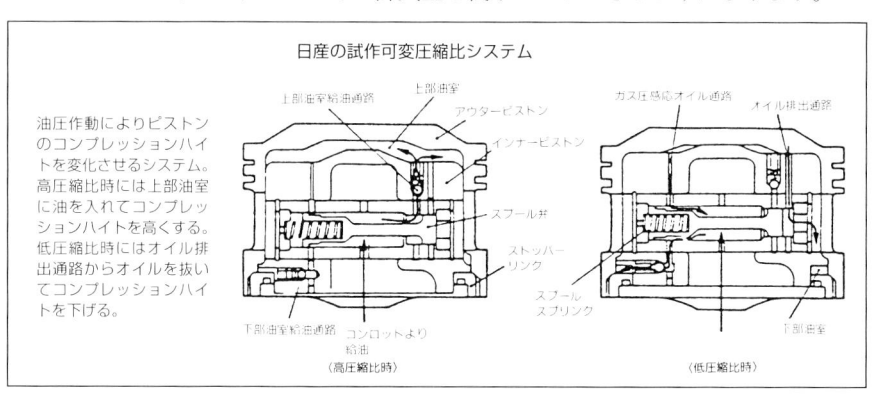

ピストン

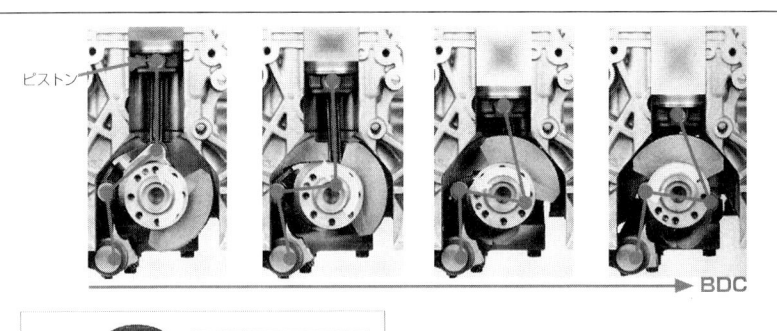

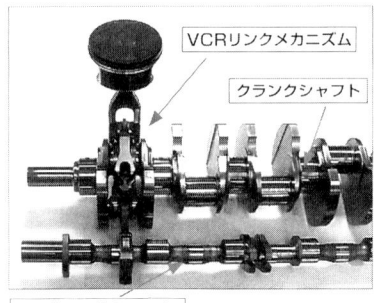

BDC

VCRリンクメカニズム
クランクシャフト

日産VCRシステム

コントロールシャフトを伸ばすと上死点位置が高くなり高圧縮となり、コントロールシャフトを縮めると上死点位置が低くなり低圧縮に変わる。コントロールシャフトの位置により圧縮比8〜14の間を選ぶことができる。1サイクルの中で上死点位置を変えることで、つまり吸入行程では上死点を低く、膨張行程では上死点を高くすることでアトキンソンサイクルを実現することができる。

コントロールシャフト

5)可変ターボの実用化が進んでいるのはなぜか

　日産自動車がジェットターボという名称で1980年代に実用化し、その後ホンダがウィングターボを発表しています。最近ではポルシェが911ターボに可変タービンジオメトリー(VTG)という名称で採用しました。

　いずれもタービン側のA/Rを可変にして、低速のレスポンスと高速の出力の両立を図っています。A/Rというのは排気通路の断面積Aと半径Rの比で、一般にこの値が大きいほど高速型に、小さいほどレスポンスが良くなります。A/Rが小さいほどフルブーストに達するエンジン回転が低くなりますが、排気の背圧は大きくなります。逆にA/Rが大きいとフルブーストに達するエンジン回転速度は高くなる代わりに背圧が下がり、効率が向上するのです。

　考え方としては優れていますが、実際には可変機構にしたことでタービンの効率が落ちたり、可変フラップのレスポンスが悪く思ったとおりに機能しないなどの問題があり、過去においては技術として定着しませんでした。

　ポルシェが採用した新しいシステムでは、タービンの周囲に排気の流入角を変えることで流入速度を可変にする11枚の可動式ガイドベーンを設けています。考え方は日産のジェットターボやホンダのウィングターボと同じで、タービン側のA/Rを可変に

10. 可変機構による二律背反の克服

低速時

ポルシェターボの可変タービンジオメトリー

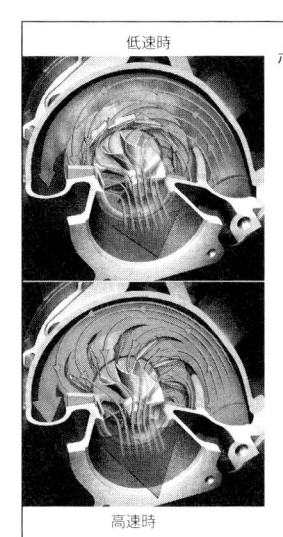

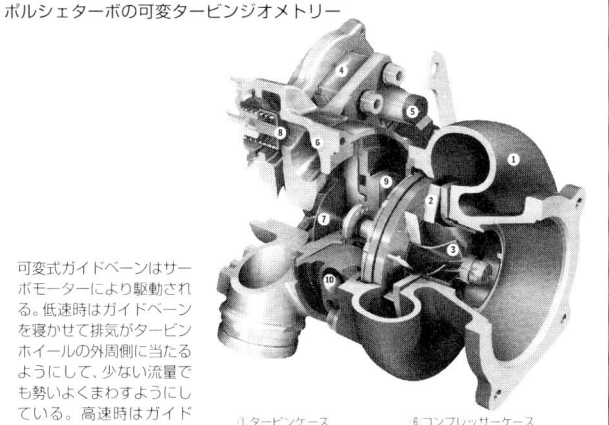

可変式ガイドベーンはサーボモーターにより駆動される。低速時はガイドベーンを寝かせて排気がタービンホイールの外周側に当たるようにして、少ない流量でも勢いよくまわすようにしている。高速時はガイドベーンを立てて充分な流量を流している。

高速時

①タービンケース　　　　⑥コンプレッサーケース
②可変式ガイドベーン　　⑦コンプレッサーホイール
③タービンホイール　　　⑧オーバープレッシャーバルブ
④ガイドベーン調整用モーター　⑨オイルインレット
⑤ガイドベーンアジャスター　⑩クーラントインレット

してインターセプト回転速度を変えるというものです。ただし、従来の可変ターボと大いに異なるのは、その構造です。日産のジェットターボは可変ウィングは1枚、ホンダのウィングターボは可動と固定式ウィングが4セットから構成されていました。ポルシェのシステムでは、それが11枚に増えています。もちろん、ただ枚数が増えたのではなく、通路が精密に構成されていてガスの漏れが少なくタービン効率が良くなっています。このタービン効率を改良したところがポイントでしょう。これにより従来は企画倒れに終わっていた可変ターボが、市民権を得るようになったのです。

6) 可変マフラーの効果はどうか

　エンジンの燃焼室から出てくる排気は膨張しきっていないうちに排気バルブから排出されるので、スロットル全開状態ではNAエンジンで800℃、ターボエンジンでは900

℃を超えることも珍しくありません。ターボエンジンでは排気がタービンで仕事をするので、この温度から100〜150℃低くなります。いずれにせよ、700〜800℃の排気がエンジンから出てくるわけですから、排気騒音は

可変マフラー（日産）

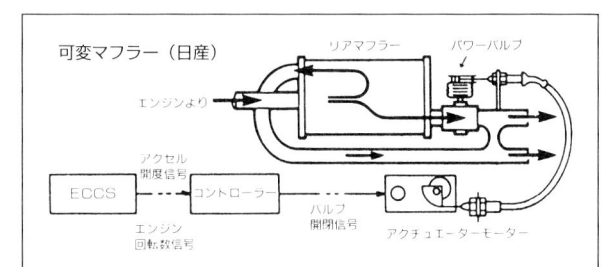

リアマフラー　パワーバルブ
エンジンより
アクセル開度信号
ECCS　コントローラー
バルブ開閉信号
エンジン回転数信号
アクチュエーターモーター

低速時はパワーバルブを閉じて排気をマフラー内で充分消音して、長い排気管を通して排出する。このまま高負荷になると背圧が高くなって出力損失が大きくなるので、高負荷時はパワーバルブを開いてマフラー内の短経路を通して排気させる。

177

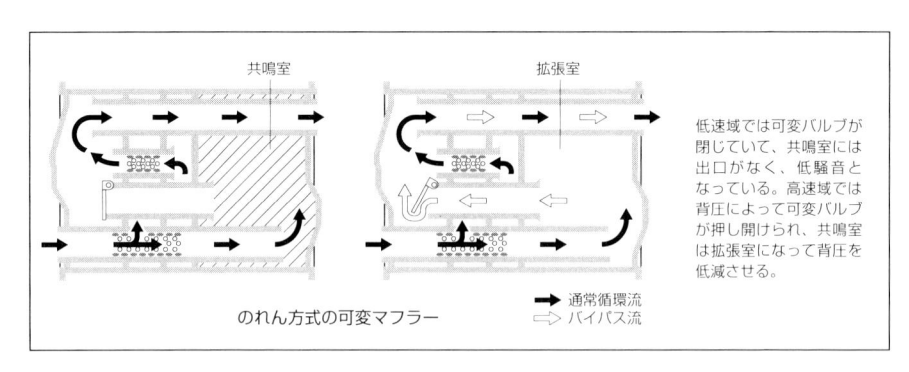

| 共鳴室 | 拡張室 | 低速域では可変バルブが閉じていて、共鳴室には出口がなく、低騒音となっている。高速域では背圧によって可変バルブが押し開けられ、共鳴室は拡張室になって背圧を低減させる。 |

のれん方式の可変マフラー　→ 通常循環流　⇨ バイパス流

相当なものです。この排気エネルギーを弱めて音を静かにするのがマフラーの役割です。マフラーは排気を拡張したり通路を曲げたりしてそのエネルギーを下げますが、それは排気抵抗を伴うので出力を低下させます。

　可変マフラーは低中速走行の時は排気の背圧を上げて消音効果を上げて、高速走行の時はその背圧を下げて出力低下を防ぐというコンセプトでつくられています。

　その切り替え方式は大きく分けて2種類があります。

　一つはエンジン回転速度と負荷をエンジン制御モジュールで検知し、低中速の時と高速高負荷の排気通路を電気的に開閉するというものです。

　もう一つは、のれん方式ともいうべきもので、背圧が低い低中速ではスプリング力で通路を閉じ、高速で排気の圧力が高くなるとスプリング力に打ち勝ってバルブを開き、バイパス側にも排気が流れて背圧が下がるという仕組みになっています。このシステムの方が単純な機械式制御なのでコスト的には有利です。

　簡単な仕組みですが、音振と出力の両立を図ることができるので、上級車を中心に採用されています。

7）2点点火のエンジンはどんな効果があるのか

　2点点火の発想は古くからあります。ガソリンエンジンの効率（時間効率）を向上するためには急速燃焼が有効で、この急速燃焼のために2点点火を行うという考え方です。

　日産自動車が53年排気規制対策に対応するため、従来のL型エンジンを改良した2プラグのZエンジンを1977年に発売しています。この他にアルファロメオ、ポルシェなどでも2プラグを採用しています。

　日産のZエンジンでは、エミッションゾーンでは大量EGRによる燃焼遅れを回避するために2プラグによる急速燃焼を狙い、高速高負荷では燃焼音低減のために1点着火に切り替えていました。

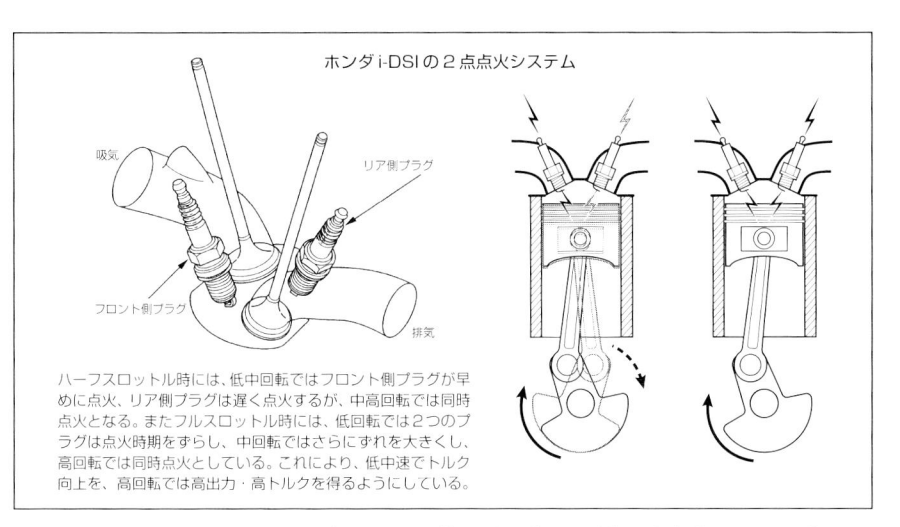

10. 可変機構による二律背反の克服

ホンダ i-DSI の 2 点点火システム

吸気
リア側プラグ
フロント側プラグ
排気

ハーフスロットル時には、低中回転ではフロント側プラグが早めに点火、リア側プラグは遅く点火するが、中高回転では同時点火となる。またフルスロットル時には、低回転では2つのプラグは点火時期をずらし、中回転ではさらにずれを大きくし、高回転では同時点火としている。これにより、低中速でトルク向上を、高回転では高出力・高トルクを得るようにしている。

　ホンダのi-DSIでは2プラグの点火時間に位相差を付けて燃焼速度を以下のようにコントロールしています。

　高負荷領域では4000rpmを超えた領域では2点同時点火、それ以下の回転速度では排気側の点火を遅らせます。3000rpm以下ではさらに排気側の点火を遅らせます。中負荷以下では3500rpmを境にそれ以上では同時点火、それ以下の回転域では排気側の点火を遅らせます。

　一般に燃焼室内では排気サイドの温度が高いので燃焼が速くなります。つまり、燃焼が遅い吸気サイド側でノッキングは発生するのです。排気サイドの混合気が先に燃えて吸気側の未燃ガスを圧迫して行き、火炎が届かぬうちに自己発火してしまうのがノッキング現象なのです。DSIでは、この問題を解決するために燃焼の遅い吸気側のプラグを早く点火して燃焼速度の均等化を図っているのです。

　高速域では混合気が充分に撹拌され燃焼も充分に速いので、このような位相差点火の必要はないので同時点火にしているわけです。

11
フリクションロスの低減

　エンジンは混合気の燃焼により発生したエネルギーの一部を冷却損失や排気損失、ポンプ損失などで失います。これらを差し引いた出力が図示出力で、シリンダー内の燃焼ガスが実際にする仕事に相当します。なぜ図示出力というかというと、実際にシリンダーで指圧線図を測定したものを基準にしているからです。

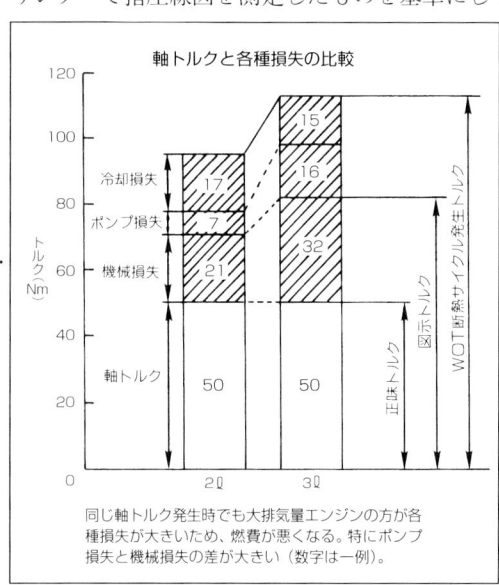

軸トルクと各種損失の比較

（グラフ：縦軸 トルク（Nm）0〜120、横軸 2ℓ と 3ℓ の比較）

- 冷却損失：17
- ポンプ損失：7
- 機械損失：21
- 軸トルク：50

- 15
- 16
- 32
- 50

図示トルク／正味トルク／WOT 断続サイクル発生トルク

同じ軸トルク発生時でも大排気量エンジンの方が各種損失が大きいため、燃費が悪くなる。特にポンプ損失と機械損失の差が大きい（数字は一例）。

　この図示出力が、すべてクランク軸を介して出力されるわけではないのです。ピストン、ピストンリングとシリンダー間の摩擦、コンロッドメタルやクランクメタルの摩擦、カムシャフトや動弁を駆動するときの摩擦、クランクのカウンターウェイトがオイルを叩いて発生する摩擦、補機損失など可動部分の摩擦損失をすべて引いた残りが、本当の意味の出力＝正味出力となります。これは一定速で運転している場合で、加速しようとすると、さらに加速抵抗と呼ばれる抵抗が加わり、さらに正味出

11. フリクションロスの低減

力は小さくなります。

このようにフリクションロスは、せっかく発生したエンジンの出力を減らしてしまうものなので、なるべく減らしたいものです。しかし、限りなくゼロに近い方が良いかというと、そうとばかりはいえません。

たとえば、アイドル回転で運転している場合を考えましょう。600rpmでアイドリングしているということは、この回転でエンジンが発生している出力とエンジンのフリクションがバランスしているわけです。

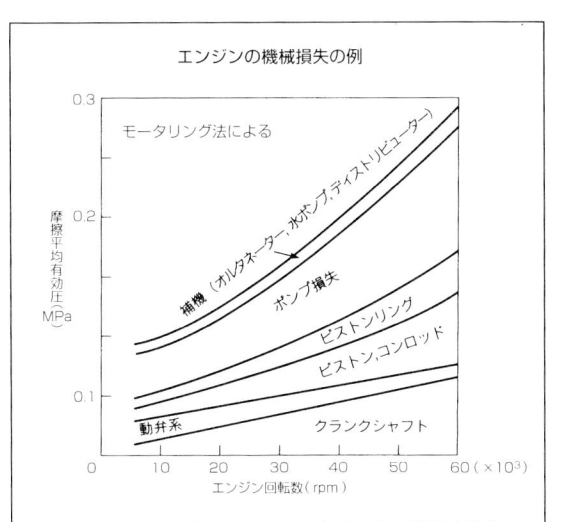

エンジンの機械損失の例

モータリング法による
補機（オルタネーター、水ポンプ、ディストリビュータ）
ポンプ損失
ピストンリング
ピストン、コンロッド
動弁系
クランクシャフト

摩擦平均有効圧 MPa
エンジン回転数(rpm)

補機損失はエンジン回転速度によらずほぼ一定。動弁系損失は低速域でカムノーズとバルブリフターやロッカーアームとの摩擦が大きいため、機械損失が大きくなる。高速になると充分に潤滑されてフリクションが下がっていく。その他の部品では、エンジンの回転速度が上がるにつれてフリクションが周速に依存するため、機械損失も大きくなっていく。

ところで、アイドル回転は下げた方が燃費が良くなりますが、500～600rpmというのが現在のエンジンの実力です。なぜ300rpmとかに下げられないのでしょうか。

エンジン回転を下げるということは、発生させる出力を下げるということですが、500rpm以下に下げると燃焼が安定しなくなります。これはサイクルごとの燃焼変動が大きくなり、失火も起きるからです。こうなると、エンジン回転が不安定になり、エンストしてしまいます。このような不具合が起きないだけのエンジン回転速度でアイドルさせる必要があるわけです。この際は、オルタネーターの発電やパワーステアリングのポンプなどについては考えないでおきます。

もし、エンジンのアイドル時のフリクションが半分に減ると、たとえば600rpmだったアイドル回転は800rpmに上昇します。これを単純に600rpmに下げると、アイドル回転が不安定になってしまいます。そこで、フライホイールの慣性モーメントを増やしたり、燃料供給を改良したりして対策をする必要が出てくるわけです。

上の図はあるガソリンエンジンのフリクションをモータリングにより計測した結果で、これを見ると分かるように、クランクシャフトやピストン、ピストンリング、コンロッド、ポンプ損失などは回転上昇に伴い損失が増えていきます。一方、補機の損失はあまり回転によらず、動弁系では回転上昇に伴い、逆にフリクションは減ってきます。

アイドル付近では、ポンプ損失と動弁系の損失が、高回転ではクランク、ピスト

ン、コンロッドが支配的になってきます。

　低回転で動弁のフリクションが大きいのは、以下の理由によります。

　低回転では潤滑油がカムとリフターやロッカーアームの間に充分な油膜をつくれないためです。そのため、過去には低回転のフリクション対策として、ローラーロッカー付きのロッカーアームを使用している例が多く見られました。

1）ピストンの軽量化は効果があるのか

　ピストンは主運動部品の要となる部品です。ピストンの重量とエンジン回転速度によりコンロッドのI断面強度や小端部、大端部の剛性、コンロッドメタルの負荷を計算して設計されます。ピストンが軽ければ、それだけコンロッドも軽量化できるしメタル荷重も減るので小型化でき、フリクションも小さくなります。ピストンやコンロッドが軽ければクランクシャフトのメインベアリングにかかる荷重も少なくなるのでメインメタルを小型化でき、フリクションも小さくなります。軸受けにかかる荷重が減れば、それだけシリンダーブロックの軸受け部を軽量に設計できるので、シリンダーブロック自体を軽量化できます。

　また、ピストンやコンロッドが軽ければ、それに比例して往復慣性力も小さくなるので、エンジンが発生する起振力もそれだけ小さくなります。

　このように、ピストンの重量はエンジンの基本設計の根本に影響するので、ピストン重量はエンジン技術のバロメーターだといわれています。

　しかし、そう簡単にピストンを軽量化することはできません。

　まずは燃焼圧力がピストンの冠面にかかります。NAのガソリンでも70bar、ターボでは100barを超える力がかかります。また、往復運動による慣性力はピストンピンを

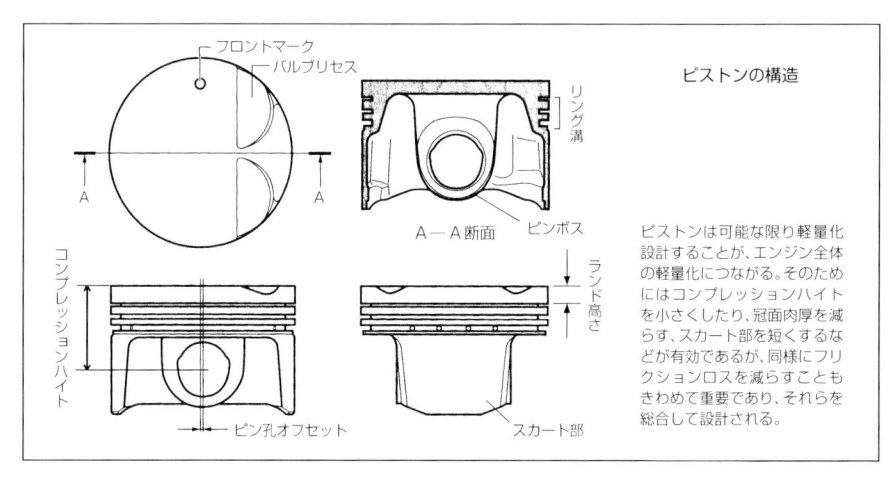

ピストンの構造

ピストンは可能な限り軽量化設計することが、エンジン全体の軽量化につながる。そのためにはコンプレッションハイトを小さくしたり、冠面肉厚を減らす、スカート部を短くするなどが有効であるが、同様にフリクションロスを減らすこともきわめて重要であり、それらを総合して設計される。

通じてボス部にかかります。このピンボスはもちろん、燃焼圧力による力も支えなければいけません。

一方、燃焼室で発生した熱はピストン冠面からピストンリングに伝わり、シリンダー壁へと熱を逃がしていきます。ピストンリング周囲はリングにきちっと熱を伝えられるだけの熱容量が必要で、かつピストンリングが受ける燃焼圧をリング溝が支えてやらなくてはいけません。

ピストン冠面からトップリングまでの距離をランド高さといっていますが、このランド高さがある程度ないと、トップリングの受熱が大きくなりすぎて、リングスティックを起こしてしまいます。

ピストンの往復運動時の首振りがあまり大きいと、摩耗やかじりの原因になるので、ある程度の長さが必要です。このような役割をよく考えて、ピストンを設計していく必要があります。ここで大事なことは、いかに駄肉、つまり強度や剛性、熱フローなどに不必要な部分に肉を付けないかということです。駄肉はピストンを重くし、重くなったピストンは自分の重量を支えるために、さらに肉を付けなくてはならないという悪循環に陥ってしまうからです。

2)ピストンリングのロス低減法は？

ガソリンエンジンのピストンリングは通常3本あります。上から順にトップリング、セカンドリング、オイルリングと呼ばれています。

ピストンリングの主な役割は以下に挙げる3つがあります。

①燃焼ガスをきちっとシールして燃焼室からピストンを抜けていかないようにすること。

②ピストン冠面で受けた燃焼ガスの熱を速やかにシリンダー壁を通して冷却水に逃がしてやること。

③ピストンとシリンダー壁の間にあるオイルの量を適切に制御すること。

①については、せっかく燃焼によって発生した高圧のガスを逃がすことなくピストンを押し下げる力に変換する必要があるためです。ピストンリングを抜けてきたガスはブローバイガスとなり、排気中のCOやHCを増加させるので、それを防止する役割も兼ねています。

②が必要なのはピストンに入った熱をそのままにしておくと、冠面は熱によりぼろぼろになってしまうし、ピストンリングはリング溝に凝着してしまうからです。

③が必要なのはピストンとシリンダーのあいだには適度なオイルを常に供給しておく必要があるからです。少なすぎると焼き付きを起こす可能性があり、多すぎると燃焼室に入り込んで燃えてしまいます。オイルが燃えるとオイル消費が悪化し、排気中

ピストンリングとフリクション

コンプレッションリング No.1
コンプレッションリング No.2

オイルリングのフリクションを下げることが重要で、そのために張力を下げるとよいが、オイル切り性能が下がってオイル消費が悪くなる。オイルリングの厚さを減らすなどの工夫により、張力を減らしてもオイル消費を悪化させない工夫が取られてきている。オイルリングの厚さは4mm程度から今では2.8mmほどになってきている。

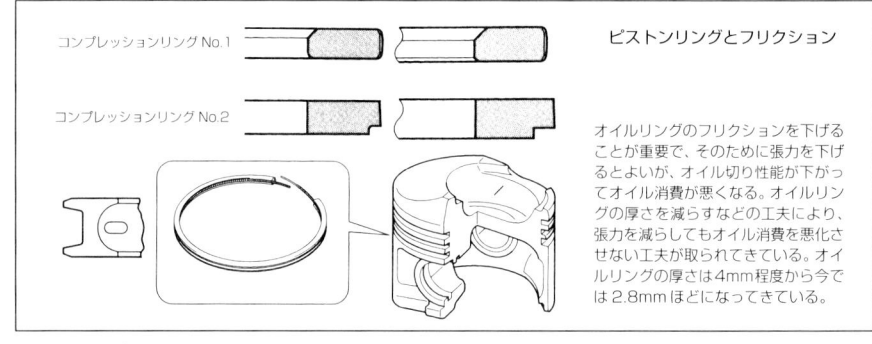

のHCが増えてしまいます。

　ピストンリングは通常3本あり、上からトップリング、セカンドリング、オイルリングと呼ばれているのは最初に説明したとおりで、トップリングとセカンドリングが①と②の役を受け持ち、セカンドリングとオイルリングが③の役割を受け持ちます。

　オイルリングは、シリンダー壁のオイルを掻き下げる主要機能を果たし、セカンドリングが補助的な機能を果たします。

　オイルリングがピストンリングのフリクションの大部分を占めるので、このオイルリングのフリクションを下げることは、機械損失を減少させるためには重要になります。特にオイルリングの張力がフリクションに直結してきます。しかしながら、この張力はオイル消費にも重要な役割を果たしています。すなわち、張力を増加させるとオイル切り性能が上がってオイル消費が良くなります。オイル消費とフリクションはオイルリングの張力をパラメータとして、相反する関係にあるわけです。

　最近では、オイルリングの厚さを減らすなどの工夫により、張力を減らしても、オイル消費を悪化させない工夫が取られてきています。従来はオイルリングの厚さは4mm程度でしたが、今では2.8mmが標準になっています。このあとに説明するダミーヘッド付きでシリンダーをホーニングすることで、ピストンリングのボアに対する追随性が良くなってきているのも、オイルリングの張力を減らせる理由の一つになっています。

　ピストンを軽量化しフリクションを下げるために、セカンドリングをなくして圧縮リングとオイルリングの2本リングにしたものもありますが、潤滑などを含めて総合的に見た場合、必ずしも有利ではなく、2本リングのピストンは少数派になっています。

3) 動弁系のロス低減はどうするのか

　動弁系のフリクションロスは、エンジン回転速度が高速になるにつれて、むしろ減少する傾向にあります。それは、動弁系に供給されるオイルが低速では少なく、高速

11. フリクションロスの低減

では充分になるという理由によります。

特にアイドル回転や1500rpm以下ではカムシャフトとロッカーアームのあいだの滑り摩擦が大きく、この分でフリクションが増加します。ロッカーアームのカムロブとの摺動面にローラーロッカーを使うのは、この低速時の滑り摩擦を減らすことを意図しています。高速では、このローラーロッカーは追従した回転をしなくなりますが、充分潤滑されているため摺動抵抗は問題とはなりません。

カムがバケットを介して直接バルブを押す直動タイプは、ロッカーアーム式よりもフリクションは小さくなります。しかし、ロッカーアームタイプがローラーロッカーを使えばこの関係は逆転します。そうはいっても、ローラーロッカーを使うことで重量やコストは増加し、固有振動数も低下するので、動弁系としての基本性能(高回転までカムの動きに追従する、加速度を大きくしても追従性を保つなど)は低下してしまいます。ローラーロッカーアームは、燃費のためにコストや高回転域での性能を犠牲にするシステムであるわけです。

動弁系の基本性能でフリクションを下げるには、どうすればいいのでしょうか。

それはバルブやスプリング、リテーナーなど動弁システムを構成する部品を軽くつくることです。部品が軽くなれば、スプリングのセット荷重を下げることができ、フリクションが下がります。カムシャフトのプロフィールを変えてカムの最大加速度を小さくすることも、バルブスプリングの荷重を軽減することに貢献します。しかし、最大加速度を下げることは出力性能を下げる要素として働くので、うまい妥協点を見つけることが必要になります。

最近進んでいる技術がナノテクノロジーを応用した表面コーティングによる摺動部

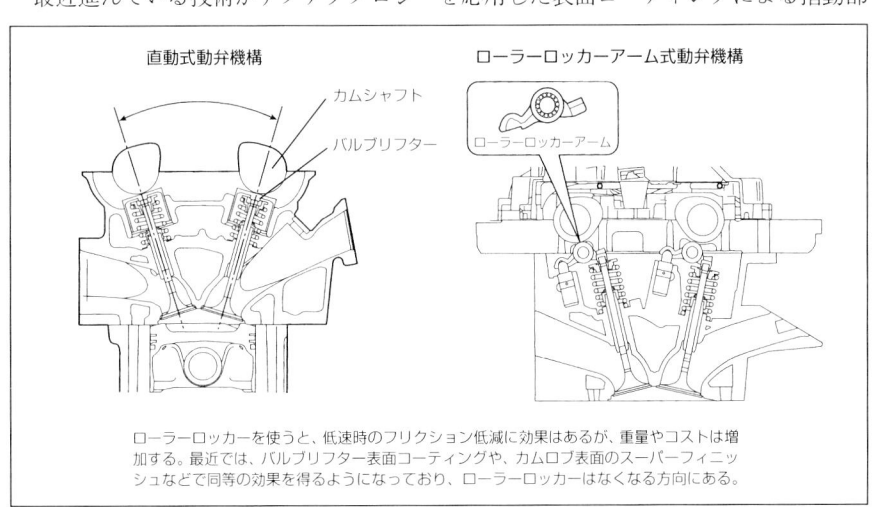

ローラーロッカーを使うと、低速時のフリクション低減に効果はあるが、重量やコストは増加する。最近では、バルブリフター表面コーティングや、カムロブ表面のスーパーフィニッシュなどで同等の効果を得るようになっており、ローラーロッカーはなくなる方向にある。

品間のフリクション低減技術です。日産は水素フリーDCLコーティングにナノレベル(10億分の1m)の薄さでフリクション皮膜を形成する技術を開発し、0.07以下の摩擦係数を実現しています。

日産のMRエンジンではまだ摩擦係数0.12レベルのCrNコーティングを採用していますが、その他にクランクジャーナル及びピンにスーパーフィニッシュを採用したり、この後説明する真円ボア加工など低フリクション技術を駆使することで従来型に対して2000rpmで30％のフリクション低減を実現しています。

4)クランクシャフトなどのベアリングを小径、幅狭化する効果は？

クランクシャフトのメインジャーナルやピン径を細くしたりメタルの幅を狭くすることは、フリクションを下げるという観点では効果が期待できます。

たとえば、クランクジャーナルのメタルと摺動している面の周速は、軸直径に比例します。つまり、軸径が小さいほど周速は遅くなり、それだけフリクションが減ります。しかし、軸径を小さくしたりメタル幅を狭くすると、その分、ベアリングが受け持つ単位面積当たりの荷重が増えてしまいます。つまり、メタルにとっては使用条件が厳しくなります。

同時に、その他のデメリットがあることをよく考え合わせる必要があります。

まず、軸径を細くするとクランクシャフトの性質はどう変わるでしょうか。

一般に、剛性は軸径の3乗に比例しますから、軸を細くすると剛性が弱くなっていきます。たとえば、元の軸径が60mmだったものを50mmにすると剛性は58％になります。つまり、クランク軸が曲がりやすくなり、燃焼や慣性力によりピストンから受ける荷重により容易に変形するようになります。運動中にクランクシャフトが曲がると、ベアリングとクランクジャーナルやピンと平行に当たらなくなり、偏摩耗や油切れによる焼き付きの危険性が大きくなります。もちろん、強度も落ちるので、折損などの心配も出てきます。

最高回転速度を下げるなど入力を下げる方策を伴うのであれば、軸径を下げるというのもフリクションを小さくする方法として有効でしょう。慣性力は最高回転速度の2乗で効くので、たとえば、最高回転速度を6500rpmから

日産MR20エンジンのフリクション低減例
2000rpmでのフリクショントルク 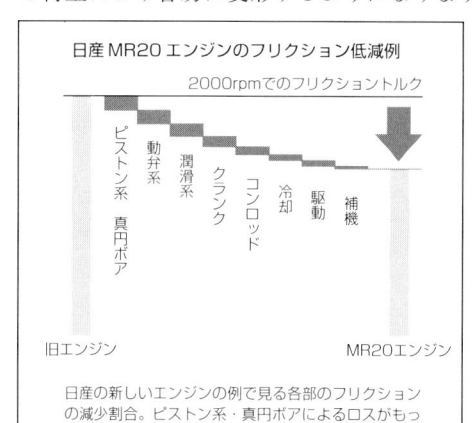
ピストン系・真円ボア / 動弁系 / 潤滑系 / クランク / コンロッド / 冷却 / 駆動 / 補機
旧エンジン　MR20エンジン

日産の新しいエンジンの例で見る各部のフリクションの減少割合。ピストン系・真円ボアによるロスがもっとも大きく、トータルで30％の低減が図られた。

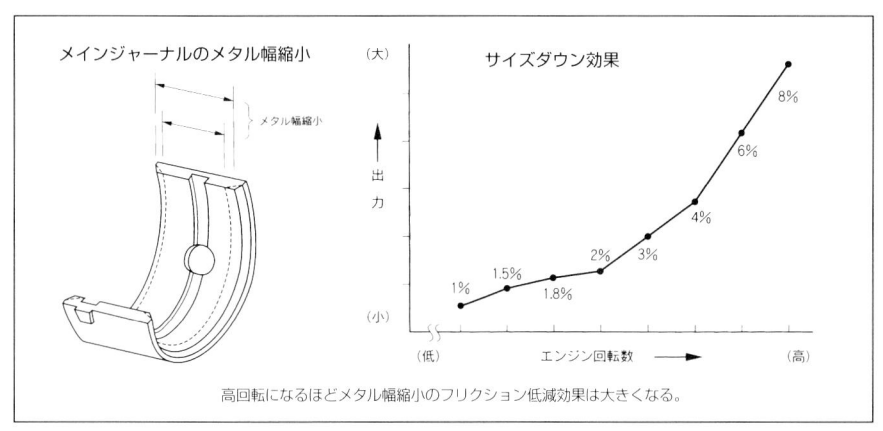

メインジャーナルのメタル幅縮小

サイズダウン効果

高回転になるほどメタル幅縮小のフリクション低減効果は大きくなる。

　5500rpmに落とすと慣性力は72％に下がります。慣性力が下がると、ピストンへの入力も下がり、ピストンを軽量化できるので、さらに慣性力を下げることが可能になります。

　そうでないのであれば、メタル幅を問題ない範囲で狭くするというのが現実的な手段でしょう。たとえば、直列6気筒エンジンであれば、7つのメインジャーナルすべてが同じだけの荷重を受け持つわけではないので、両端とセンター以外は少し狭くするなどが考えられます。

　クランクシャフトのジャーナル軸やコンロッド大端部は軸とベアリングは平行に当たり、適度な油膜を保てるように設計することが、基本的ですが最も重要なことなのです。

5）補機類の駆動損失はどうすれば少なくなるか

　補機とは以下のようなものをいいます。
①エンジン本体に組み込まれているもの：ウォーターポンプ、オイルポンプ、クランク角センサー（ディストリビューター）。
②エンジンに外付けされているもの（ベルトで駆動）：冷却ファン＆フルードカップリング、パワーステアリングポンプ、エアコンコンプレッサー、オルタネーターなど。
　まずエンジン本体に組み込まれているものから見ていきましょう。
　ウォーターポンプは、タイミングベルトやチェーンなどで、あるいはファンベルトにより駆動されます。このポンプはベーン形遠心ポンプでローターの材質は鋳鉄、板金製、樹脂製などがあります。通常は低速での供給量を確保するためにクランク軸の回転速度よりも増速しますが、大抵5000rpm程度からキャビテーションが発生して流量は回転上昇に見合うほどには増加しません。このウォーターポンプの効率を上げる

には、まずベーン形状を効率の良い形にする必要があります。なるべくベーン径を大きく取ってゆっくりと回すことも効率に効いてきます。板金製は安価ですが効率はあまり良くないので、鋳造または樹脂の型成形でキャビテーションの発生しにくい形状にすることが効果的です。

最近ではBMWミニ用直列4気筒エンジンでON OFF式のウォーターポンプが採用されています。冷却が必要なときにエンジンの駆動力でポンプを回し、冷間時など不必要なときには切り離して駆動ロスを減らしています。また、同じくBMWの直列6気筒R6エンジンでは電動ウォーターポンプを採用し、冷却水温度検知による制御を行っています。

電動ポンプは機械式に比べると大きくなる、コストが高いなどの問題はありますが、駆動ロスを減らすという観点からは確実な効果が期待されます。BMWはこのように地味でコストはかかっても、確実に効果が期待できる駆動ロスに積極的に取り組んでいる点は評価されて良いでしょう。

次にオイルポンプについてです。オイルポンプはやはりタイミングベルトやチェーンにより、あるいはクランク軸より直接駆動されます。形式としてはギアポンプやトロコイドポンプが使われます。基本的にエンジンのアイドル回転でも1bar程度の油圧が要求されますが、2000rpm以上では4bar一定程度で充分です。油圧及び吐出油量はオイルポンプの回転速度に比例するので、そのままこの吐出量を供給すると多すぎてフリクションが増えてしまいます。そのため、油圧が4bar程度で頭打ちになるようリリーフさせています。

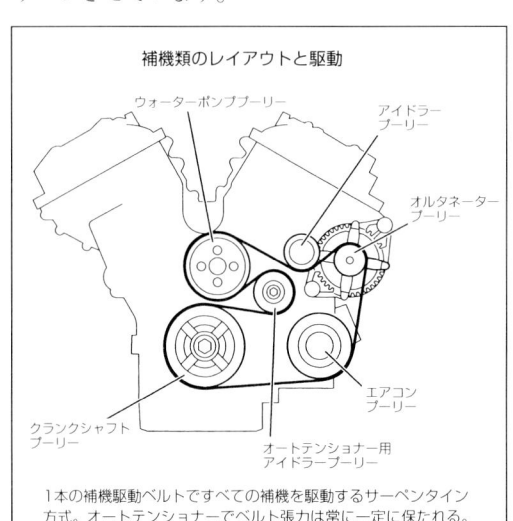

このオイルポンプの駆動ロスを減らすためには、効率の良いトロコイド式ギアポンプをなるべく低回転で回すことが効果的です。

最近では高回転時の駆動ロスを減らす目的で、可変容量型のオイルポンプが開発されています。このシステムもやはりBMWミニに搭載されている直4エンジンや、直列6気筒のR6エンジンに採用されています。

クランク角センサーについては、ほとんど負荷がないので省略します。

補機類のレイアウトと駆動

ウォーターポンププーリー
アイドラープーリー
オルタネータープーリー
クランクシャフトプーリー
エアコンプーリー
オートテンショナー用アイドラープーリー

1本の補機駆動ベルトですべての補機を駆動するサーペンタイン方式。オートテンショナーでベルト張力は常に一定に保たれる。

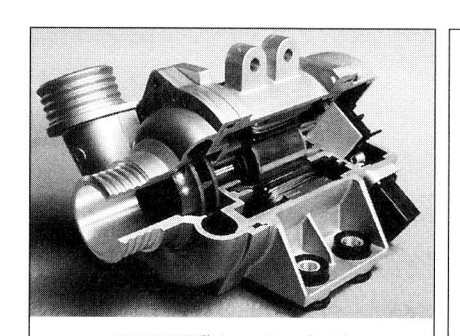

11. フリクションロスの低減

BMWの電動ウォーターポンプ
電動ポンプは機械式に比べるとコストが高くなるが、駆動ロスを減らす効果があることからBMWは採用に踏み切った。

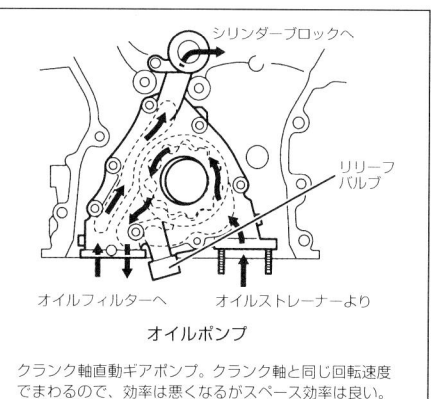

オイルポンプ
クランク軸直動ギアポンプ。クランク軸と同じ回転速度でまわるので、効率は悪くなるがスペース効率は良い。

　次にエンジンに外付けされている補機について見ていきます。
　まず冷却ファンおよびフルードカップリングについてです。エンジンから駆動されるファンは、FR搭載のエンジンについての場合で、FF横置き搭載では電動ファンが使われます。FF横置き搭載ではラジエター水温が上がったときのみ電動ファンを駆動させるようにしています。
　この冷却ファンはフルードカップリングを介してウォーターポンプと一緒に駆動されます。ラジエターを通して入ってくる空気温度がある温度以上になると、カップリングをONにしてエンジンファンを回転させてラジエターの冷却を促進し、ある温度以下になるとカップリングをOFFにしてエンジンファンの回転をストップさせて過冷却を防ぐとともに、ファンを回転させるためのパワーロスを防いでいます。
　これが基本ですが、最近ではより精密な制御をすることを目的に、油圧ポンプで油圧を発生させてファンを駆動させる油圧駆動方式も採用されています。この方式は電動ファンのように大きなモーターを搭載することなしに電動ファン並のきめ細かい制御をすることが可能で、ファンの駆動ロス低減に効果的なシステムといえます。
　しかし、最近のFR搭載エンジンではFF搭載同様に電動ファンが採用されるケースが多くなっています。これはやはりエンジン駆動のファンでは駆動ロスがかなり大きく、必要なときだけ電動で回す電動ファンのメリットが大きいからです。
　従来よりパワーステアリングポンプは、油圧式で補機駆動ベルトにより駆動されているのが普通です。しかし、この方式だとハンドルを切らなくても油圧ポンプを回しているため、ある程度の負荷がかかり続けています。そこで考え出されたのが、電動式パワーステアリングです。
　電動式にするとハンドルを切るときだけモーターが駆動するので、パワーアシストを要しないときのロスをなくすことができます。導入された当初は操舵に違和感を感

189

可変容量式コンプレッサー

エアコンのコンプレッサーは、真夏の炎天下のアイドリングでも冷えるようにコンプレッサーの容量やプーリー比が設定されているため、それほど暑くないときは冷えすぎてしまう。以前はこまめにコンプレッサーのオン・オフを繰り返して温度調整をしていたが、温度変化やオン・オフのショックが不快なため、オートエアコンではエアコンオンのままで冷えすぎた空気をラジエターの温水で暖めるという、もったいないことをすることになる。これを避けるために開発されたのが可変容量型で、必要なだけ冷やすことができるようになり、大幅な燃費向上（燃費悪化の防止というべきか）が期待できる。

じることがありましたが、改良により油圧式と遜色ないレベルまで来ています。

次にエアコンのコンプレッサーについて考えてみます。エアコンコンプレッサーにかつてはレシプロ式ポンプが使われていましたが、現在ではロータリー式になり効率が改善されています。

また、可変容量型コンプレッサーの採用により、要求に見合った出力制御が可能となり、以前のON-OFF制御に比べ、快適性とロス低減の両立が図られています。

これらの補機を駆動するベルトも改良がされています。当初はVベルトでしたが、1980年代頃から山付きの平らなベルトになり駆動ロスが減らされました。さらにその後、1本のベルトですべての補機を駆動するサーペンタイン方式が主流になってきています。これは駆動ロス低減とベルト1本化によるスペース効率向上を狙ったものです。

6)ダミーヘッドを取り付けたシリンダーホーニングは有効か

日産などが実施しているダミーシリンダーヘッドを取り付けてシリンダーのホーニングをしているのは、どのような理由なのでしょうか。

シリンダーヘッドはシリンダーブロックにシリンダーヘッドボルトで取り付けられます。シリンダーヘッドボルトを締め付けると、シリンダーブロックのボスはシ

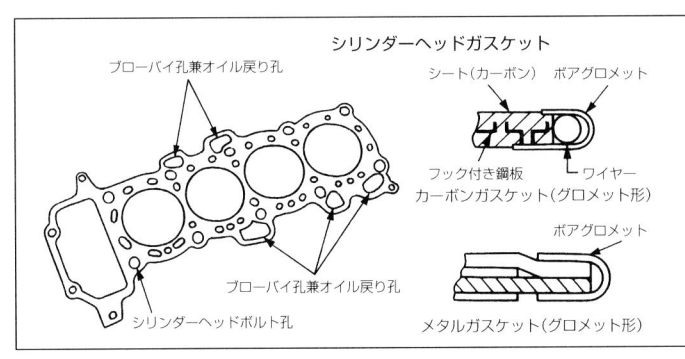

シリンダーヘッドガスケット

シリンダーヘッドガスケットは、従来信頼性の面からカーボン製が多く使われていたが、最近では信頼性・コストの両面で有利なメタルガスケットが主流になっている。いずれも高い燃焼圧を受けるボア部は、ボアグロメットでシールしている。

11. フリクションロスの低減

ダミーヘッド装着加工でのボア真円度増大

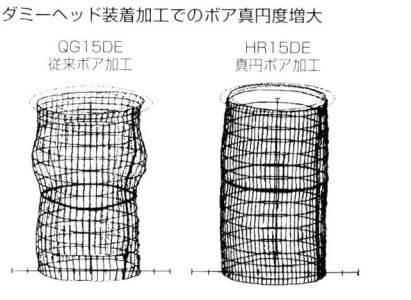

QG15DE 従来ボア加工 / HR15DE 真円ボア加工

シリンダーヘッド取り付け後のボア形状を示す。シリンダーブロック単体で加工するとシリンダーヘッドを取り付けたときにヘッドボルトの軸力によりボアが引っ張られて左側のように変形してしまう。

リンダーヘッド側に引っ張られるので、わずかながら変形をします。

　この変形を考慮に入れてボアのホーニングをすれば、シリンダーヘッドを組み付けたときに真円にすることができるわけです。

　変形の話が出たついでに、シリンダーヘッド側の変形についても言及しておきます。

　シリンダーブロックとシリンダーヘッドの間にはガスケットが取り付けられます。シリンダーヘッドガスケットは1mm程度の厚さですが、シリンダーの100barに達する燃焼圧力をしっかりとシールするために、各ボアにグロメットを取り付けています。

　このグロメットはガスケットとの間に0.1〜0.2mm程度の段差を付けてシール性を確保しています。この段差のあるところでシリンダーヘッドとシリンダーブロックを締め付けるので、シリンダーヘッドは微少な変形を起こすのです。この変形は特に長手方向により強く出てきます。

　たとえば、カムシャフトホルダーの真円度や同軸度が悪化して、カムシャフトの回転が渋くなったり、軸受けの当たりが悪くなったりします。シリンダーヘッドのロアデッキの厚さが充分でないと変形しやすくなります。これを対策するため、シリンダーヘッドのカムシャフト軸受けのホーニングをするときにガスケットを入れた場合に相当する変形をわざと加えるなどしています。

　日産が実施しているダミーホーニングは、組み付け状態の真円度を実現するという意味で、一歩進んだ考え方といえます。しかし、本当に欲しいのは運転状態、つまり冷却水やオイルが入っていて負荷や熱が加わった状態で真円度を出すことです。今後はホーニング時にこのような変形をシリンダーブロックに擬似的に与えて加工をするという考え方が導入されてくるでしょう。これこそが究極のダミーシリンダーヘッドホーニングです。

12

自動車用各種燃料の特性を考える

　自動車用内燃機関は、大きく分けてオットーエンジンとディーゼルエンジンの二つがあります。オットーエンジンは火花点火であり、ディーゼルエンジンは圧縮着火です。
　オットーエンジンで通常使われる燃料はガソリンですが、要求オクタン価に応じてハイオク仕様とレギュラー仕様の2種類が設定されています。この他に、オットーエンジン用の燃料としてはLPG、CNG、水素、アルコールなどが使われています。
　一方、ディーゼルエンジンで通常使われる燃料は軽油ですが、ヨーロッパを中心にセタン価を向上したプレミアム軽油も売られています。ちょうどガソリンにおけるハイオク仕様と同じ位置付けです。
　ガソリンや軽油は原油を加熱精製してつくられます。原油からつくられるガソリンと軽油の割合は一定なので、どちらか一方だけを多く取ることはできません。その意

各種燃料の性状

	天然ガス	ガソリン	軽油	LPG	水素	メタノール	エタノール
代表分子	CH_4	C_8H_{18}	$C_{16}H_{34}$	C_4H_{10}	H_2	CH_3OH	C_2H_5OH
ガス密度(kg/Nm³)	0.718	5.093	10.142	2.075	0.0899	1.43	2.05
液体密度(kg/リッター)	0.425	0.74	0.8	0.56	0.0708	0.795	0.790
低発熱量(kcal/kg)	11900	10500	10300	11110	28700	4800	6400
低発熱量(kcal/リッター)	5060	7800	8200	6220	2032	3820	5060
理論空燃比	17.2	14.7	14.9	15.4	34.3	6.4	9.0
沸点(℃)	−162	30〜200	145〜390	−0.5〜−42	−253	65	78
発火点(℃)	650	456	240	430〜504	560	464	423
貯蔵圧力(気圧)	200〜250	−	−	2〜8	200〜350	−	−
オクタン価(RON)	120	92	−	105	100以上	112	111
セタン価	ほぼゼロ	12	57〜60	−	−	3	8

12. 自動車用各種燃料の特性を考える

味でガソリンと軽油は半分ずつ使われることが望ましいのです。現時点では、北米や日本ではガソリンの消費の方が多く、欧州ではその逆の傾向にあります。最近、CO_2問題でディーゼルエンジンが注目されていますが、ガソリンエンジンをすべてディーゼルにするというのは供給面から見ると現実的ではないのです。

環境問題でいえば、バイオ燃料が注目を浴びています。

ガソリンエンジン用には、エタノール入りガソリンが使われだしています。もともとブラジルではガソホールと呼ばれる10％以上エチルアルコールを混入した燃料が広く使われていました。エタノール燃料は、その意味ではもう30年以上の歴史があります。原料となるサトウキビの絞りかすが豊富にしかも安価に手に入るからです。エタノールは安全で環境にやさしく、化石燃料消費を伴いませんが、コストが高く、ガソリン需要をまかなうほどの量産はむずかしいでしょう。

これに対して、メタノールは比較的安価に（ガソリンと同程度）量産可能で石炭などの地下資源から製造されます。ただし、毒性があるので取り扱いには注意が必要になります。

中国やインドなどアジア各国での爆発的な自動車保有台数増加に伴う燃料需要に応えるには、天然ガスや石炭から製造されるメタノールが有力な候補となるでしょう。

ディーゼル用燃料では、バイオディーゼルと呼ばれる燃料が使われています。原料としては菜種油、大豆油、パーム油をはじめとする植物油、獣油、廃食油などをベースにして、グリセリンなどを取り除いてディーゼルエンジン用に仕立てています。

ガソリンエンジン用もディーゼルエンジン用も、バイオ燃料中にエタノールが入っ

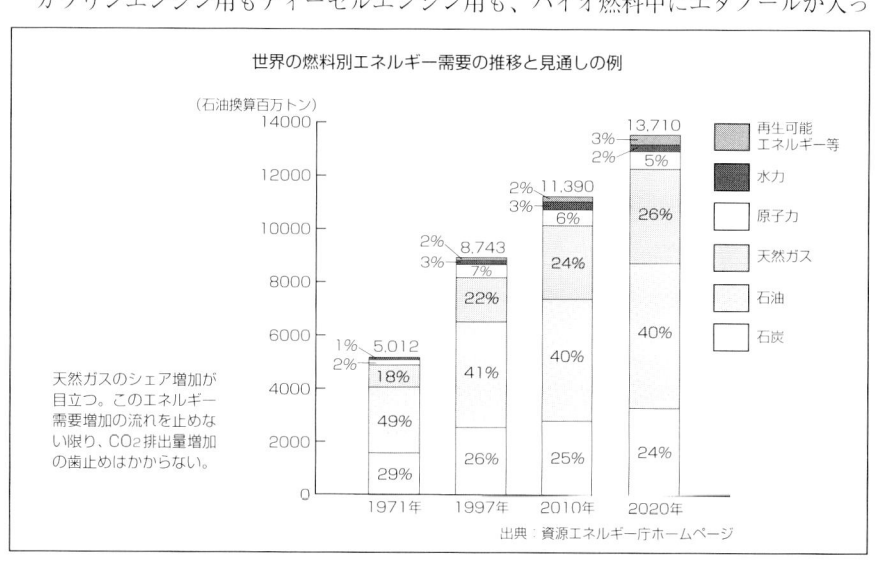

世界の燃料別エネルギー需要の推移と見通しの例

天然ガスのシェア増加が目立つ。このエネルギー需要増加の流れを止めない限り、CO_2排出量増加の歯止めはかからない。

（石油換算百万トン）

年	1971年	1997年	2010年	2020年
合計	5,012	8,743	11,390	13,710
再生可能エネルギー等	2%	2%	2%	3%
水力	1%	3%	3%	2%
原子力	2%	7%	6%	5%
天然ガス	18%	22%	24%	26%
石油	49%	41%	40%	40%
石炭	29%	26%	25%	24%

出典：資源エネルギー庁ホームページ

ているとエンジンの金属部分の腐食を進行させるので、燃料通路の腐食対策が不可欠になります。

1)ガソリンのオクタン価はどのようにして上げるのか

　エンジンの要求オクタン価に応じてレギュラー仕様とハイオク仕様が設定されています。日本では、レギュラーガソリンのオクタン価はRON90～91程度、ハイオクではRON98～100となっていますが、フランスなどヨーロッパではレギュラーガソリンはRON95、ハイオクはRON98が設定されています。

　日本に比べて、レギュラーとハイオクのオクタン価差が小さいですね。大抵の人はレギュラーを入れており、ハイオクを入れるのは、一部高性能車に乗っている人間だけであるのは、日本と同じ状況だと思います。

　この他に改質ガソリンと呼ばれる、ガソリンに混合物を混ぜ合わせた種類があります。これは大気汚染を減らすことを目的として、自動車の排ガスの有害成分を減少させる清浄なガソリンと位置づけられています。この改質ガソリンは北米で大気汚染の著しい都市を持つ17州及びワシントンDCで採用されており、北米の全ガソリン使用量の約32%に達しています。

　この改質ガソリンに使われている混合物は、主にメチル-t-ブチルエーテル(MTBE)であり、全ガソリン販売量の3割から5割のガソリンでMTBEが混合されているといわれています。混合物の2番目に位置するのは、エタノールとなっています。改質ガソリンは、バイオ燃料としてエタノール混合ガソリンがすでに欧州でも使われ始めており、日本でも最近になって使われ始めています。

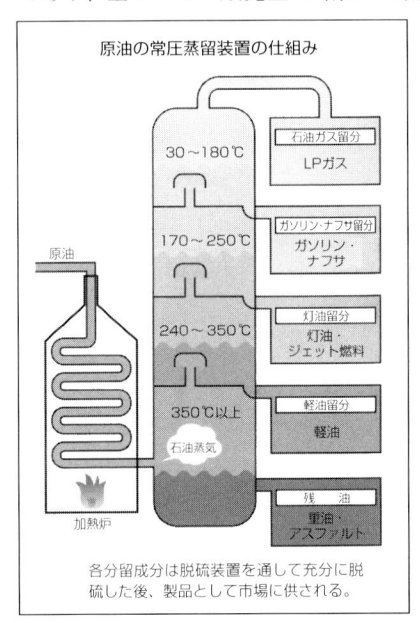

　ガソリンはイソオクタンとノルマルヘプタンが混合された液体です。オクタン価を上げるには、イソオクタンの比率を上げていけばよいわけです。100%イソオクタンであればオクタン価は100ということになります。オクタン価を100以上に上げるためにはベンゼンなどアンチノック性の高い有機材やMTBEなど含酸素系添加剤を加えることで実現しています。

　しかし、ベンゼンは人体に有毒な可能性

原油の常圧蒸留装置の仕組み

30～180℃ 　石油ガス留分 LPガス
170～250℃ 　ガソリン・ナフサ留分 ガソリン・ナフサ
240～350℃ 　灯油留分 灯油・ジェット燃料
350℃以上 　軽油留分 軽油
　　　　　　残油 重油・アスファルト

原油　加熱炉　石油蒸気

各分留成分は脱硫装置を通して充分に脱硫した後、製品として市場に供される。

があり、ガソリン中の含有量は2000年以降、5%から1%以下に引き下げられており、現時点でのオクタン価向上の方法としてはMTBEなどの添加剤が主力となっています。MTBEは化学式$CH_3OC(CH_3)_3$で表され、単独ではオクタン価118RON、発熱量はガソリンの75%程度です。

　1970年代までは有鉛ガソリンを使っており、4エチル鉛や4メチル鉛、メチルエチル鉛などのアルキル鉛を微量添加することで、オクタン価を5～15程度上昇させていました。しかし、これらの鉛化合物は猛毒物質で呼吸や皮膚接触により人体に吸収されて中枢神経性の中毒症状を引き起こすため、1975年に施行された50年排気規制以降ガソリンの無鉛化が実施され、有鉛ガソリンは輸入車など一部を除き使用されなくなりました。

　ガソリンの無鉛化以降も高性能ガソリンの需要は根強く、収益性も良いので、ガソリンメーカーは積極的に無鉛ハイオクタンガソリンを開発しています。そのため、オクタン価向上材としてアルキル鉛に替わってMTBEなど含酸素系添加剤が採用されたわけです。

　一方、セスナなどに代表されるレシプロエンジンの航空機用ガソリン（アブガス）には、今でも有鉛ガソリンが使われています。しかし、最近では小型航空機用エンジン業界に自動車エンジンメーカーが参入しており、自動車用の最新型エンジンを改造して飛行機用に設定しています。今後は、航空機用エンジンも無鉛化が進むものと思われます。

2) 燃料に硫黄分が含まれるとなぜ良くないのか

　日本におけるガソリンの硫黄分規制は、世界的にトップレベルにあるといえます。実際、2005年1月よりサルファーフリーガソリン、サルファーフリー軽油が供給を開始されています。ガソリン中の硫黄分が10ppm以下の燃料を実質的に硫黄分ゼロに等しいと見なして、サルファーフリーと呼んでいます。

　それでは、なぜガソリンに硫黄分が入っているといけないのでしょうか。

　まずは環境汚染の問題です。硫黄が燃えると二酸化硫黄が排気に混ざって排出されます。この二酸化硫黄は刺激臭のある有毒物質で、温泉など火山活動地帯に行って卵の腐ったような匂いを嗅いだ経験を持つ方も多いかと思います。

　人間がこの二酸化硫黄を吸い込むと呼吸器を刺激し、せき、喘息、気管支炎などの障害を引き起こします。また、二酸化硫黄は二酸化窒素の存在下で酸化されて硫酸になり、酸性雨の原因になるなど環境破壊の一因になっています。

　そして自動車の耐久性の観点から見ると主として二つの理由があります。

　ひとつ目の理由は、リーンNOx触媒を使う際の劣化の問題があります。

自動車の排出するCO_2を減らすためには燃費を向上する必要があります。なぜなら、クルマから排出されるCO_2量は燃費が良くなるほど少なくなるからです。簡単にいえば、CO_2排出量は使用する燃料量に比例するということです。

　燃費を向上する有望な手段のひとつがリーン燃焼であり、直噴エンジンやリーンバーンエンジンで実用化されています。しかし、リーンNOx触媒はガソリン中に硫黄分が存在すると、触媒と反応してNOx浄化性能を劣化させてしまうのです（被毒と呼ばれる）。酸化触媒に使われている白金も含めて、本来対象としている物質（リーンNOx触媒の場合はNOx）よりも硫黄との方が反応・結合しやすいのです。

　これは硫黄の結合力が強力なせいで、ちょうど血液中のヘモグロビンが酸素よりも一酸化炭素と結合しやすいのと同じ原理です。このような触媒の劣化を避けるためには、サルファーフリーのガソリン供給が不可欠というわけです。

　もっとも、この触媒の劣化は運転中に回復制御を行うことである程度回復することができます。しかし、硫黄を触媒から離脱させるための回復制御には、600℃以上の高温を送り込む運転を繰り返す必要があります。といって800℃以上では触媒が焼損する恐れがあり、狭い温度レンジで運転する必要があります。この回復制御やNOxを還元させるためのリッチ混合比運転のために、排気管側に専用の燃料噴射弁が組み込

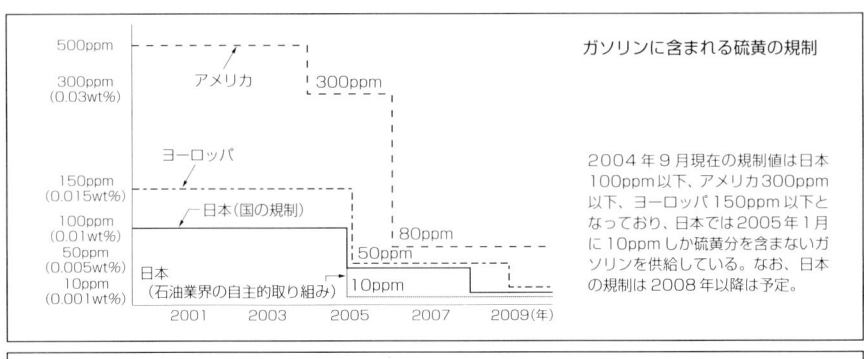

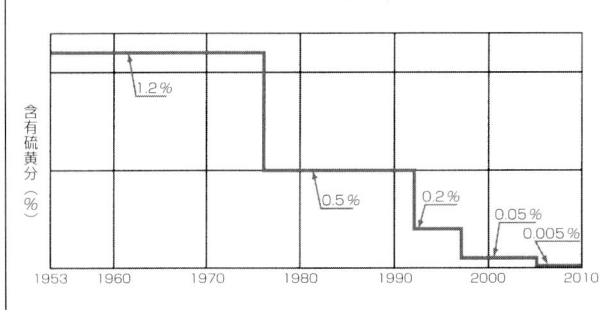

ガソリンに含まれる硫黄の規制

2004年9月現在の規制値は日本100ppm以下、アメリカ300ppm以下、ヨーロッパ150ppm以下となっており、日本では2005年1月に10ppmしか硫黄分を含まないガソリンを供給している。なお、日本の規制は2008年以降は予定。

軽油に含まれる硫黄分の推移（日本市場）

2005年1月から硫黄分10ppm以下の燃料が供給されているのは、石油連盟加盟のガソリンスタンドのみで、すべてではない。国の規制値は現在50ppm以下で、2007年より10ppm以下に規制される予定。

まれています。回復制御を頻繁に行うと触媒は劣化し、このあいだの燃費も悪化してしまいます。サルファーフリー化により、この回復制御の頻度を減らして触媒の寿命を伸ばすとともに、燃費の悪化を防ぐことができるのです。

もともとリーンNOx触媒は、通常運転時にNOxを触媒に吸蔵させ、定期的に混合比を濃くすることで還元雰囲気にして吸蔵されたNOxを窒素に戻していますが、上記のリッチ混合比運転は、そのためのものです。

二つ目の理由は、従来の三元触媒においてもガソリン中の硫黄分が少なければ、その分だけ排気浄化性能は新品の性能を長く維持することができる。つまりNOx、HC、COといった有害物質の排出を抑えることができるのです。

サルファーフリー化の動きは軽油についても同様で、NOx吸蔵触媒を使うためにはこのサルファーフリー化が不可欠です。

3)軽油とガソリンはどう違うのか

ガソリンも軽油も元は同じ石油から精製される燃料です。精製の方法も石油を加熱して蒸留して分留させるという意味では同じです。違うのは、蒸留する際の採取温度です。ガソリンはより低い温度で採取され、軽油はガソリンより高い温度で分留されます。具体的にいうと、ガソリンは30〜180℃のあいだで、軽油は240〜350℃で発生する蒸気から採取されます。ガソリンはより蒸発しやすく、軽油は相対的に蒸発しにくい燃料ということです。

それでは、燃焼に関係する具体的な性質を比較してみましょう。

ガソリンの引火点は−20〜−40℃、軽油は45〜50℃といわれています。

着火点はどうでしょう。ガソリンは300℃、軽油は250℃です。この性質の違いは興味深いですね。ガソリンは火種さえあれば低温でも火が点くのに対して、軽油は火種があっても常温ではなかなか引火しません。

しかし、温度を上げていくと軽油の方が先に着火してしまいます。エンジンルームでガソリンが漏れても火種がなければ発火しないのは、この理由によります。ガソリンスタンドなどでたばこ厳禁の理由はもうおわかりですね。火種があれば、ガソリンはあっという間に燃え広がってしまうのです。

このガソリンと軽油の性質の違いは、ガソリンエンジンとディーゼルエンジンの違いをよく表しています。ガソリンエンジンは点火するまではなるべく燃えないように(ノッキングしないように)するために、オクタン価を上げているのです。ディーゼルエンジンでは高温高圧下で着火しやすい必要があり、ガソリンより着火温度が低い軽油を使っているのです。

ガソリンのオクタン価に相当するのがセタン価と呼ばれている指標で、セタン価が

セタン価の測定装置
（日本工研）

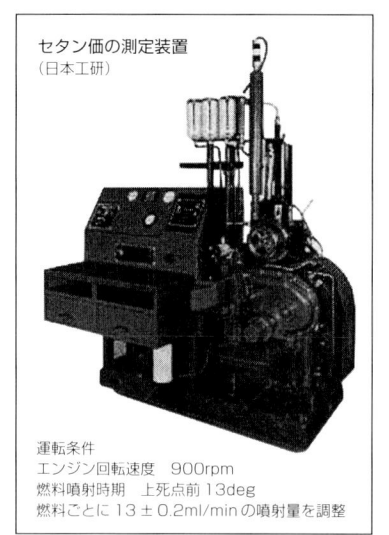

運転条件
エンジン回転速度　900rpm
燃料噴射時期　上死点前13deg
燃料ごとに13±0.2ml/minの噴射量を調整

高いと着火しやすく出力や燃費が向上するので、標準より高いセタン価の軽油はプレミアム軽油として売られています。

着火性は、燃料がエンジンの燃焼室内に噴射されてから着火するまでの時間の大小として定義され、セタン価で表されます。着火性が良くないと燃焼室内に噴射された燃料はなかなか燃えずに溜まってしまい、一挙に燃焼することになるので、燃焼圧力が急激に増加してしまいます。このような異常燃焼は、運転状態を不安定にして騒音の増大や白煙の発生を招きます。また、着火しにくいことから始動性も悪くなります。セタン価もオクタン価同様試験用エンジンで測定されます。

セタン価は最も着火性の良いノルマルセタン（セタン価100）と、最も着火性の悪いヘプタメチルノナン（セタン価15）の比率で表します。

テストに使った燃料のセタン価は以下のように測定されます。テストに使った燃料と同じ着火性を示す燃料の比率を測ります。その値から以下の式でセタン価を算出します。

　　セタン価＝セタン容量％＋ヘプタメチルノナンの容量％×0.15

市販の軽油のセタン価は57～60程度です。着火性を向上したスーパー軽油の場合は65程度にセタン価を上げています。

4）LPGやCNGを使用するエンジンはどうなっているのか

LPGやCNGとはどのような燃料なのでしょうか。LPGは液化石油ガスと呼ばれていますが、実際はプロパン（$CH_3CH_2CH_3$）とブタン（$CH_3CH_2CH_2CH_3$）の混合ガス体燃料です。このLPGは2～8barの圧力で液化し、体積が約1/250となってタクシーに見るように携帯性に優れています。

オクタン価を見るとブタンは約90RON、プロパンは約130RONで、現在市販されている燃料ではプロパンとブタンの比率が8：2ではオクタン価約105RONとハイオクタンガソリン以上です。

欧州や韓国ではガソリンエンジン同様の電子制御燃料噴射方式が主流となってきており、従来に比べると大幅な性能向上を果たしています。燃料噴射の方式は液体噴射方式と気体噴射方式があり、液体噴射方式ではガソリンと同等、気体噴射方式でもガ

12. 自動車用各種燃料の特性を考える

ボルボS80の燃料の違いによる性能比較

直列5気筒DOHC4バルブ2435ccエンジン

	ガソリン	LPG	CNG
最高出力(kW/rpm)	103/4500	103/5400	103/5400
最大トルク(Nm/rpm)	220/3750	210/3750	192/3750
要求オクタン価	91-98RON	—	—

ソリンの97～100％の出力を得ており、ガソリンと遜色がありません。

　液体噴射方式はLPガスを液体のまま噴射し、LPガスの膨張特性と蒸発冷却を利用して吸気を冷やすので、高性能が得られます。気体噴射方式はLPガスを一度液体から気化させてCNG車と同様のシステムを使用して燃料制御します。この気体噴射方式を使うとLPGとCNGで噴射システムを共用できるので、量産効果が期待できます。実際にボルボ社はガソリン／LPG及びガソリン／CNGのデュアルフューエル車を同一システムでつくっています。実際の性能を比較すると別表の通りで、出力は燃料によらず一定です。

　一方、CNGは圧縮天然ガスのことで、気体のまま20MPa程度まで圧縮して使います。このCNGの主成分はメタン(CH_4)です。このCNGを－162℃の低温に保てば液化します。この液化した天然ガスをLNGと呼んでいます。

　自動車用に天然ガスを使う場合は、このような低温に保つことは困難なので、もっぱらCNGが使われます。気体で燃料を供給するとその分吸入できる空気が減ってしまい、通常10％程度ガソリンよりも出力が低下します（先ほど出てきたボルボのS80では

CNG仕様のスバル水平対向エンジン

20MPaの高圧ガスを徐々に減圧して、燃料インジェクターから吸気マニフォールドに噴射する。気体燃料の分だけ空気吸入量が減少して、出力はガソリンエンジンよりも低くなる。

CNG燃料タンクの構造

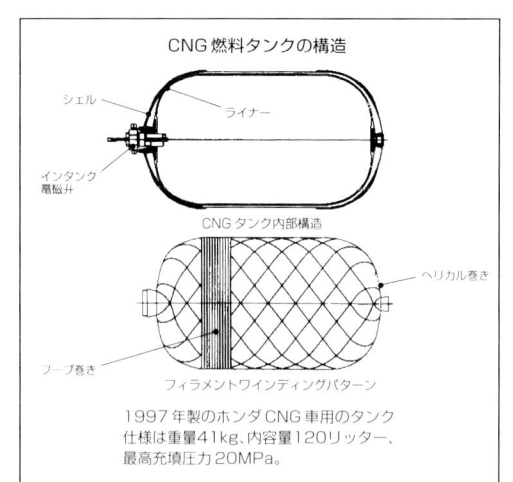

シェル / ライナー / インタンク電磁弁

CNGタンク内部構造

ヘリカル巻き / フープ巻き / フィラメントワインディングパターン

1997年製のホンダCNG車用のタンク
仕様は重量41kg、内容量120リッター、
最高充填圧力20MPa。

ガソリンと同等の出力をCNGで得られているのが少し不思議ですが）。もちろんオクタン価120を生かしてCNG専用の高圧縮比エンジンにすれば、その分だけ出力を向上することができます。LPGやCNG燃料を使うエンジンではどうしてもガソリンと共用が前提になるので、燃料の性状を100％生かした仕様にするのはむずかしいのが残念です。

　今度は燃料自体の発熱量を比較すると下の表のようになります。ここではガソリンはイソオクタン（C_8H_{18}）100％と仮定しています。この表を見て分かるとおり、CNGは単位重量当たりの発熱量やオクタン価に優れていることが分かります。また、CNGは主成分がメタンであり、その分子中に含有する炭素量が少ないため、燃焼させたときに発生するCO_2量は少なくなります。

　その一方で、CNGの短所は常温で気体であるという点です。そのため貯蔵が最大のネックになります。150リッターのボンベを積んだと仮定し、1500ccクラスの乗用車で燃費が15km/リッターであれば航続距離は150km程度です。

　また、根本的な問題としてはCNGといえども化石燃料であり、石油と同様にやがては枯渇する運命にあります。その意味で、次世代の燃料への繋ぎとしてガソリンよりもクリーンな燃料と位置づけられるべきものでしょう。

　前にも述べたとおりLPGもCNGも、ガソリンエンジンと構造的に異なるのは燃料供給系だけです。ですから、ガソリン用のエンジンの改造でつくることができ、またガソリンとの併用も可能です。つまり、CNGやLPGで通常は運転して、緊急時にはガソリンで走ることができます。両方の燃料を使えるものが、デュアルフューエルシステムと呼ば

各種燃料の性状と発熱量比較

燃料	代表分子式	低発熱量 (kcal/kg)	CO_2発生量 (kg/Q*)	対ガソリン比較
ガソリン	C_8H_{18}	10600	2.27	1.00
軽油	$C_{16}H_{34}$	10400	2.33	1.03
メタノール	CH_3OH	4770	2.25	0.99
エタノール	C_2H_5OH	6370	2.34	1.03
CNG	CH_4	11900	1.80	0.79
LPG	C_4H_8	11110	1.93	0.85
水素	H_2	28700	0	0

＊Q＝7800kcal/リッター（ガソリン1リットル分の熱量）

れています。
　燃料系システムのガソリンエンジンとの主要な違いは以下の通りです。
　ガソリンエンジンでは燃料ポンプで3bar程度の燃圧をかけて燃料インジェクターから吸気マニフォールドに噴射しています。CNGの場合、燃料は燃料タンクに200bar以上の高圧ガス状態で貯蔵されており、圧力を段階的に下げて、LPGの場合は2～8bar程度の圧力をかけて液化している燃料の圧力を下げて、液体のまま、あるいはガス化させてから燃料噴射インジェクターから吸気マニフォールドに噴射します。

5)エタノールやメタノールは本当にエコなのか

　エタノールは化学式を書くとC_2H_5OHとなります。
　バイオマスからつくられるエタノールやバイオディーゼル燃料、バイオ液体燃料などを総称して、バイオマス燃料と呼ばれています。
　これらバイオマス燃料は再生可能エネルギーの中で唯一自然界のカーボン(炭素)を使う燃料であることから、すでにかなり以前からブラジルや北米などで導入されており、欧州でも使われ始めています。
　日本においてもE3(エタノール3％添加)やB5(バイオディーゼル5％添加)を第一ステップとして燃料品質の規格化やエンジン性能、耐久性などの試験が進められています。現時点ではバイオ燃料の製造コストは石油系に比べて割高ではありますが、CO_2排出量の削減に加えて燃料中に硫黄分や芳香族(ベンゼンなど)を含まないため、排気の浄化に対する期待も持たれているようです。
　エタノールやETBEなどのバイオマス由来の燃料は、その分子中に酸素を含むため単位重量当たりの発熱量は炭化水素に劣るものの、オクタン価的には100を越える高いポテンシャルを持っているのが特徴です。ETBEはエタノールで問題となっている水分混入の問題が少なく、ガソリンとの混合が容易であるので、すでにフランスやスペインなどでETBEを6～7％混合したガソリンが市販されています。このように、EU諸国ではバイオマスエタノールに税制優遇措置を実施してバイオ燃料の導入促進を図っています。
　しかし、従来の製法である糖や澱粉などを原料とするのでは食料と競合状態にあり、食料の値上がりがすでに社会問題化しつつあります。農家が食料や飼料に回さず、より高い値段で買ってくれる燃料用に回してしまうからです。
　この問題解決のために、セルロースの糖化によるエタノール製造が研究開発されています。
　このように、世界的に注目されているバイオ燃料でありますが、現在期待されているのはガソリンへの添加剤としてであり、全面的にガソリンに取って代わることは望

み薄でしょう。とても100％の需要を満たすだけの生産量を望むわけにはいかないし、そのような方向にムリして走れば、食料供給などへの跳ね返りが大きすぎてしまうからです。

また、メタノールは従来よりアルコールランプなど照明用の燃料として使われていますが、ガソリンエンジン用の燃料としても使用できます。

メタノールは、もう40年以上前から北米のインディレース用燃料として長年使用されてきました。しかし、2007年からは環境問題への対応を意識してバイオ燃料(エタノール)に切り替えられました。成分はエタノール98％＋ガソリン2％の燃料が使われています。2006年は準備期間ということで、メタノール90％＋エタノール10％の燃料が使われました。

メタノールは有毒物質であり、人間の体内に取り込まれると失明や死亡に至る危険があるので、取り扱いには注意が必要です。また、エタノールより揮発性が高く火災や爆発危険性が大きくなりますが、これはガソリンも同様です。また、火炎が目に見えないので、火災時は非常に危険です。

こうした問題はありますが、メタノールの有利な点はエタノールに比べてはるかに大量に工業生産が可能であるところです。エタノールはサトウキビの絞りかすなど廃材を使う限りは原材料費は安いのですが、充分な量を確保するのはむずかしいでしょう。

2010年以降にやってくるであろう、爆発的な自動車台数増加に対応する燃料供給の有力な方策として、メタノール燃料が考えられるでしょう。

6)バイオディーゼル燃料はどうなのか

バイオディーゼル燃料は決して新しいものではありません。ディーゼルエンジンの発明者であるルドルフ・ディーゼルは、当初から軽油だけでなくさまざまな種類の燃料が使えることを公言していました。そもそも1900年にディーゼルエンジンがパリ万博で発表されたときの燃料は100％ピーナツ油でした。

しかし、その後は安価に石油から製造できる軽油が100年にわたってディーゼルエンジンの燃料のほぼ100％を占めてきました。

だが、現在に至り、石油価格が上昇し、CO_2排出による地球温暖化が問題にされるようになると、にわかにバイオディーゼルが注目されてきています。現在のバイオディーゼル燃料は、主として大豆油からつくられています。しかし、新しい大豆油である必要はなくリサイクル油でも原料として使えます。

もう、すでに欧州ではバイオディーゼル燃料の使用が根付いてきています。フランスでは販売されているすべてのディーゼル燃料に5％のバイオディーゼルが混入され

ており、ドイツでは1500以上のサービスステーションでバイオディーゼルが販売されています。

　バイオディーゼル普及の牽引となっているのは、やはりそのクリーンさにあります。これを使えばPM（粒状物質）の排出が10～20％減少できるといわれています。

　バイオディーゼル燃料を使う上での問題は、やはりその価格の高さでしょう。もっともその価格の高さから、バイオディーゼル製造に参入する企業が増えることで値段が安くなってきているようです。しかし、植物からつくる以上、無尽蔵に製造できるわけではなく、また食用供給との兼ね合いが懸念されるので、バイオ燃料の将来が、ばら色というわけには行きません。

7）水素は燃料としてどうなのか

　水素は当然ながら炭素を含んでおらず、燃焼させても水ができるだけでCO_2の発生は皆無です。そのために、究極の低公害エンジンといわれています。しかし、水素とはいえ燃焼する以上はNOxの発生は避けられません。燃焼温度が低い分だけ発生量は減りますが、水しか発生しないというのは言い過ぎでしょう。また、燃焼は水素分子が酸素分子と結合する化学反応であり、その過程では人体に有毒な過酸化水素も発生するので、この対応のためにも触媒が必要になります。

　もうひとつ重要な点は燃費です。

　水素はすべての物質中で分子量が最低であるということです。このことはエネルギー密度も低いことを意味します。つまり、体積当たりのエネルギー発生量という観点ではガソリンやディーゼルに比べて、大きく見劣りしてしまいます。ガソリンに比べて約1/4、CNGと比べても約40％に過ぎません。

　従来のレシプロエンジンを使って水素エンジンをつくる場合、出力及び耐久性の面で以下の課題があります。

　まず出力面ですが、水素の燃焼速度はガソリンに比べて速いので、吸気～圧縮工程で混合気が高温になっている燃焼室壁面、排気バルブ、点火プラグなどに接触することで燃焼が始まりやすく、プレイグニッションやデトネーションを起こしやすいので

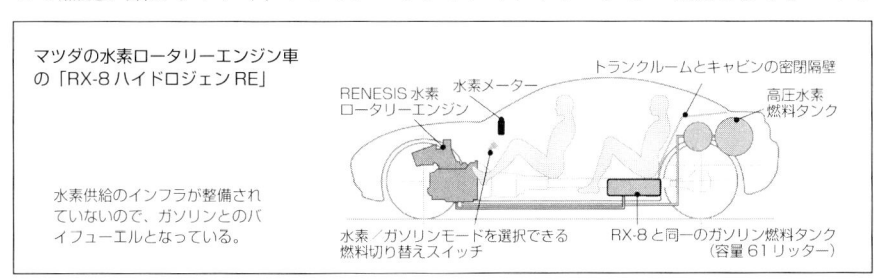

マツダの水素ロータリーエンジン車の「RX-8ハイドロジェンRE」

RENESIS水素ロータリーエンジン
水素メーター
トランクルームとキャビンの密閉隔壁
高圧水素燃料タンク
水素／ガソリンモードを選択できる燃料切り替えスイッチ
RX-8と同一のガソリン燃料タンク（容量61リッター）

水素供給のインフラが整備されていないので、ガソリンとのバイフューエルとなっている。

す。これを避けるためには、空燃比を薄くする(リーン化)必要があり、ガソリンの場合に比べて、出力は50%程度まで低下します。

その一方、水素が完全燃焼する理論空燃比は34対1ですが、150対1までは安定して燃焼させることができ、超希薄燃焼が可能で、この点では直接噴射でこの利点を活用することは可能です。

耐久性面では、水素ガスがエンジンを構成する部品中に浸透するので、ボルトなどが水素脆性により折損する危険性があります。

低発熱量であるうえに水素は非常に軽く、沸点温度が低いので燃料の保管、貯蔵といった面での耐久性面、安全性確保が大きな課題です。

ガソリンと水素を燃料として比較した下の表を参照して下さい。水素の場合、吸蔵合金や高圧ボンベでは容器の重さが実用的ではないことが分かります。また、高圧ボンベでは体積も大きすぎて実用になりません。

スペース効率としてもっとも可能性があるのが液化搭載ですが、タンクを極低温(−253℃以下)に保つための断熱をどうやって実現するかが大きな課題です。暖まれば容易に気化(ボイルオフ)してしまいます。BMWでは貯蔵開始から水素が気化するまでの時間を3週間程度まで延ばすことに成功しているようですが、まだ充分とはいえないでしょう。

液化搭載は安全性の問題も課題です。水素ガス消費に伴ってタンク内の液面が低下し、最後はタンク内に水素ガスが充満することになります。この状態で、もしエンジンのバックファイアが発生すると燃料タンクが爆発する危険があります。もちろん、事故などでタンクが破損した場合の危険性もあります。

もし本格的に水素を燃料として使い出したとすると、上記のように気化してしまう水素が相当量出てくることは充分予想できます。そして、大気圏に到達した水素は、オゾンと結びついてオゾン層を破壊してしまう危険性が指摘されています。そうなれば、フロンの比ではない問題となるでしょう。

そもそも水素は単体では自然界にはほとんど存在せず、水素自体の生産、輸送、貯蔵などのインフラの整備も一から考える必要があります。そして、水素を生産する際に必要な熱エネルギーは、結局のところ化石燃料に頼るという矛盾を抱えていることも留意しておく必要があります。これはクルマを使うところではCO_2を発生しなくて

ガソリン30リッター相当分の各種燃料の重量比較

燃料名		内容量容量(リッター)	重量(kg)	貯蔵容器重量(kg)	全重量(kg)	ガソリンとの比較(倍)
ガソリン		30	22	5	27	1
メタノール		62	49	8	57	2.1
水素	吸蔵合金		8.2	764	772	28.6
	液化	115	8.2	62	70	2.6
	高圧ボンベ	670	8.2	755	763	28.3
鉛電池		544	−	−	1360	50.4

も、水素を生産する工場あるいはそのための発電設備でCO_2を発生させるということです。

　そうであるなら、化石燃料を燃やしてわざわざ一度水素をつくってからエネルギーとして使うよりは、現在の技術では化石燃料をそのまま燃料として使った方が効率的です。化石燃料をガス化して水素を取り出す方法もありますが、これも化石燃料を消費するという点では無駄なことでしょう。

　水素が自然界にそのままの形では存在せず、水素をつくるためには膨大な電気が必要で、そのために化石燃料に頼るということが水素燃料を使う上での最大の矛盾点です。これを解決しなくては、水素を本当にクリーンなエネルギーとして使用することはむずかしいでしょう。

水素スタンドでの補給
BMW7シリーズをベースにした水素エンジン車は、液体水素を燃料としている。そのため水素が漏れないように補給口は精巧につくられている。

8)バイフューエルエンジンは過渡期のものか

　バイフューエルエンジンは日産など国内メーカーが主として営業車用に開発、販売しています。普段はLPGを燃料として使い、LPGを補給できない地域に行ったときはガソリンを使って走るという考え方です。

　このようなバイフューエル車の燃料供給装置はガスミキサー方式と呼ばれる以前あったガソリンのキャブレター方式と類似の方式で、現在生産されているタクシー用などのLPG用エンジンと同様です。

　このガスミキサー方式はLPGを気化させてから吸気マニフォールドに供給するので、出力的にはガソリンエンジンに比べて劣ります。ガス化した燃料の体積分だけ空気の吸入量が減るからです。また、一昔前のキャブレター用の吸気マニフォールドを流用していることも性能を下げている原因になっています。自動車メーカーも営業車用ユースなので出力には無頓着なのです。

　これに対して、ガソリンエンジンと同じように燃料インジェクターから直接液体のLPGを吸気マニフォールドに噴射させる方式を採用すれば、出力的には遜色がなくなります。実際、多くのタクシー会社では燃料噴射のガソリンエンジンを改造してLPG噴射方式で走らせています。これは一般には知られていないようですが、かなりの日産シーマやトヨタセルシオなどのタクシーはLPG仕様に改造されて走っているのです。

　ボルボ社がバイフューエル車を開発、生産していることは前に述べたとおりです。

　CNGやLPGは確かにどこでも手に入るとは限りませんが、できるだけCO_2の排出を

減らしたいし燃料代も節約したいと考える人達には、一定の需要が見込まれると考えられます。

　欧州地域やアジアでは、リッター当たりガソリン価格は200円、軽油は160円程度まで高くなっており、リッター当たり70〜100円のLPGや30〜50円のCNGに乗り換える人々の最大の理由は燃料代なのです。もっとも、国によって課される税金が違うので一概に燃料代を比較することはできません。

　日本の状況はLPGでリッター当たり60〜80円程度、CNGでは95円/m^3で、やはりガソリンよりも割安になっています。なお、CNGは道路財源としての燃料課税は無税、LPGはリッター当たり9.8円が課税されています。

9)LPGは燃料としてCNGと比べてどうなのか

　現在、CNGは低公害燃料として注目されつつあります。それはCNGの成分がメタン主体で燃焼させたときに発生するCO_2が、ガソリンに比べて少ないからです。燃料補給スタンドは2006年3月末の時点でまだ全国に311か所しかなく、今後の普及が必要です。一方、LPGは日本ではタクシー用として使われてある一定の需要とインフラ(全国に1900か所)が構築されています。燃料の主体はブタンとプロパンで、燃焼したときのCO_2発生量はガソリンよりも少ないですが、CNGよりは多くなります。燃料の補給は全国どこに行ってもLPGの補給に困ることはないといえる状況にあります。

　CO_2発生量という点を見ると、LPGよりCNGの方が多少魅力的ですが、その他の点ではどう見てもLPGの方がCNGよりも優位であると考えられます。

　まず、LPGの融点は−10〜20℃程度なので2barから8bar程度の圧力で液化します。液化することで体積は約1/250に縮小させることができます。これに対して、CNGでは200barの高圧下で気体貯蔵しなければなりません。

　エンジンの性能的にはどうでしょうか。LPGは平均オクタン価105でありガソリンよりも高くなっています。圧縮比を高くすればガソリンよりも高性能にできるのです。発熱量に対するCO_2発生量もガソリンの85％と少ないし、排気も気体燃料である分、クリーンです。燃焼温度が高くなる分NOxの排出はガソリンよりも増えますが、現在の3元触媒で対応できる範囲です。

　インフラについてはすでに述べたとおりです。LPGをもっと普及させる前にCNGを普及させようとする政策は、足元をよく見ていない証拠といえます。

10)地球温暖化と化石燃料の使用の関係は？

　地球の温暖化は過去には何度もありましたが、その都度森林が大繁殖して大気中のCO_2を吸収して温暖化に歯止めをかけ、反対に氷河期に向かわせていました。現時点

の地球は約2万年前から気温は上がり続けてピークの状態にあるようです。もし人類がこれほどいなければ、あるいはいたとしてもこのように大規模に自然を破壊しなければ、森林の大繁殖により大気中のCO_2濃度がだんだんと下がって行くはずでした。

寒冷化に向かおうとした地球上に台頭し始めた人類が、森林の伐採を始めたのです。これは牧畜や焼き畑農業などによるものでしょう。世界三大文明が起こったのもこの頃です。

前置きはこのくらいにして、CO_2発生による地球温暖化の問題について、本質的問題は何かを考えてみたいと思います。

化石燃料を燃やすことによるCO_2の発生が地球温暖化の原因だといわれて久しいですが、このいい方は正しくはありません。確かに現時点で人間は大量の化石燃料を消費し、大気中のCO_2濃度も確実に増えています。

一方では、この数百年の間に地球上の人間の数は爆発的に増えているので、人間が呼吸するだけでも莫大な酸素が消費されCO_2が増えているはずです。ですから、バイオ燃料を増産するために熱帯雨林をつぶして畑にするなどという発想は、目的を手段と取り違えた最たるものといえます。

本当に必要なことはCO_2の発生と消費をバランスさせることなのです。つまり、温暖化の本質的な問題は人間が森林を大量に伐採してしまい、大気中のCO_2を吸収するシステムが壊れつつあることにあります。

CO_2の一部は、海水に溶けて炭酸カルシウムとなり海底に沈殿します。つまり、固定化されます。しかし、海底火山の爆発で分解されて空気中に戻されるので、全体で見るとCO_2の収支的にはとんとんのようです。海はCO_2吸収装置(一時的な吸収装置にはなりますが)にはならないのです。

明日から人類が化石燃料の使用をやめたとしても、このまま森林が減り続ければ、地球温暖化は解決されません。CO_2増減の収支を本質的に改善するためには、今現在も減り続けている(2030万ha/年)森林を増加に転じることが必須なのです。このままでは、温暖化が加速し手遅れになるでしょうし、本当はすでにもう手遅れになっているのかも知れません。

13
エンジンの振動・騒音の低減

　ピストンの往復運動や動弁の作動による振動と、その振動や燃焼によって出される騒音、そしてその他の異音といわれる音についてみていきたいと思います。
　まずはエンジンによって引き起こされる振動について説明します。エンジンを運転することで発生する主要な振動は①慣性加振力、②燃焼加振力、③動弁加振力の三つです。
　レシプロエンジンは、ピストンの往復運動により動力を得るシステムです。このピストンが往復運動することで慣性力が働きます。この慣性力によりエンジンがピストンの運動方向(通常上下方向)に振動します。この慣性力による振動がエンジンから発生する最大のものになります。
　たとえば、直列4気筒エンジンではアンバランス慣性力Fzはエンジン回転2次成分が最も影響し、次式で表されます。

$$Fz = 4\lambda mr\omega^2$$

ここで、m：1気筒あたりの往復慣性質量(ピストン、ピン、リングとコンロッドの1/3)
　　　　r：クランク回転半径(＝ストロークの1/2)
　　　　ω：クランク軸の回転角速度、L：コンロッド長さ、$\lambda = r/L$

回転2次成分トルク変動Tは次のようになります。

$$T = 2mr^2\omega^2$$

　アンバランス慣性力、トルク変動とも回転の2乗に比例しており、エンジン回転が高速になるにしたがって急激に増加していきます。

次に振動源となるのは、エンジンの燃焼によってエンジン本体が加振される燃焼加振力です。この加振力のレベルは排気量、圧縮比、充填効率、点火時期、混合比、燃焼室形状などさまざまな要素により変わってきます。圧縮比が高く、充填効率が高く、また燃焼が速いほど燃焼圧力が高く、上昇率も速くなるので、燃焼加振力も大きくなっていきます。ターボエンジンではNAよりも充填効率が高いので、当然加振力も大きくなります。

この燃焼加振力は直接的にはピストンとシリンダーヘッドの間に働きますが、エンジンの構造体であるシリンダーブロック、コンロッド、クランクシャフトなどをも変形させ、これらの部品・システムを加振して振動を発生することになります。

次に振動源になるのは、カムシャフトにより駆動されている吸排気バルブの開閉に伴う振動である動弁加振力です。多気筒エンジンでは慣性加振力同様に各気筒を合成した値となります。バルブの重量は主運動系の部品よりもはるかに軽いので、通常はあまり問題になりませんが、直列6気筒やV12気筒のウェッジタイプ燃焼室で吸排気バルブが平行した2バルブエンジンでは合成値がかなり大きくなり、1.5次振動となってリアエンジンマウントを加振して、車内のこもり音の原因となることがあります。

1)騒音にはどんな音があるのか

主な騒音には加速時騒音、高速こもり音、燃焼騒音、吸気音、排気音などがあります。その他に異音と呼ばれる騒音があります。それぞれについて説明をしていきましょう。

①加速時騒音

車両を加速中にエンジンの回転上昇に対して急に音が大きくなったり耳障りな音が発生することがあります。これらの音振現象を加速時騒音と呼んでいます。

この加速時騒音の加振力は燃焼加振力と往復慣性力で、その高次成分によって振動が励起されます。

主要なものとしては、クランクシャフトの曲げ・捻れ共振、シリンダーブロックの捻れ共振、エンジンマウントブラケットの共振、そしてエンジン振動がパワープラント全体の共振を引き起こす問題が挙げられます。

加速時騒音は基本的に共振現象なので、この対策としては問題となる周波数領域から共振周波数をずらせるか、剛性を上げて振動振幅を低減するか、共振を減衰させるかのいず

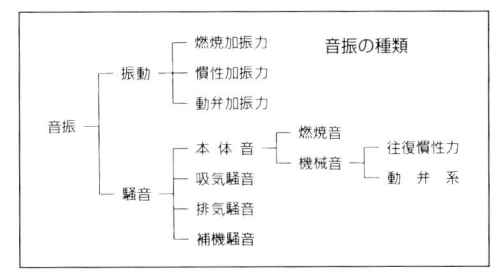

加速時騒音対策

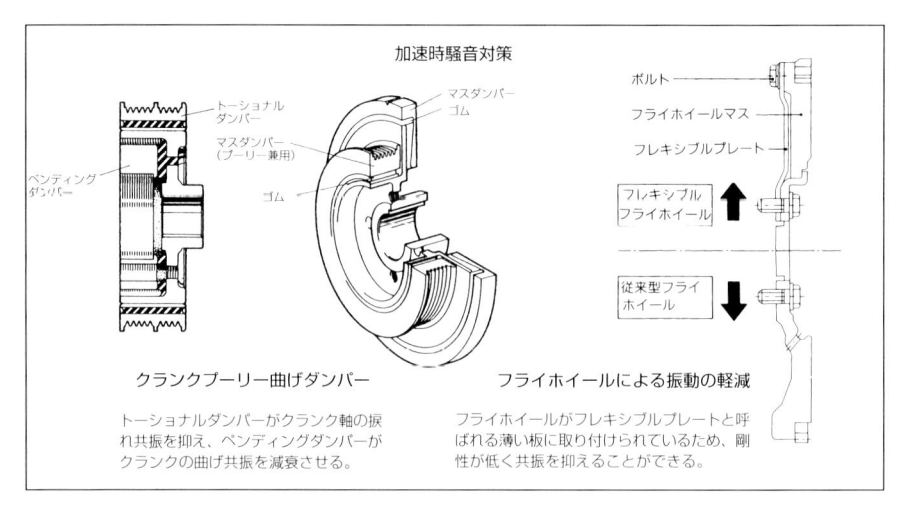

クランクプーリー曲げダンパー
トーショナルダンパーがクランク軸の振れ共振を抑え、ベンディングダンパーがクランクの曲げ共振を減衰させる。

フライホイールによる振動の軽減
フライホイールがフレキシブルプレートと呼ばれる薄い板に取り付けられているため、剛性が低く共振を抑えることができる。

れかの方法を採ることになります。

　問題となる周波数領域から共振周波数を外す手段の例としては、フレキシブルフライホイールがあります。一般に、フライホイールはクランクシャフト後端に直接取り付けられていますが、フレキシブルホイールでは薄い板に慣性マスを取り付けて、そのフレキシブルプレートを介してクランクシャフト後端に取り付けられています。こうすることで、はずみクルマとしての役割は保ちながら剛性を落として曲げ共振周波数を問題となる領域から追い出しています。

　もともとマニュアルに比べてオートマチック車の方が加速時騒音は静かで、原因も対策の原理も分かっていましたが、このフレキシブルフライホイールを実用化するのはかなり大変でした。重いマスを振り回しながらクラッチの断続を行い半永久的な耐久性が要求されるのです。しかも、この部品が破損したら重大なトラブルに繋がるので、万全の耐久性が要求されるのです。日本ではマニュアルミッションの設定が減り、オートマチック車がほとんどを占めるようになったので、あまり出番がありませんが、欧州では今でも活躍している部品です。

　もう一つ曲げ共振を減衰させる手法についての例を挙げておきます。

　クランクダンパープーリーはクランクシャフト前端に取り付けられて、捻れ共振を低減するために使われることが多いですが、同時に曲げ振動を減らすため曲げダンパーを装着する場合があります。この曲げダンパーにより共振を減衰させて、車室内騒音を低減することができます。

　次に剛性を上げて振動振幅を低減する例としては、パワープラントトータルとしての剛性向上があります。パワープラントの共振というのは簡単にいうとエンジンとト

ランスミッションはボルトで結合されて一体になっていますが、運転中にパワープラントが、ある共振周波数でぐにゃぐにゃと動いてしまう現象です。もちろん、微視的にみての話で、見た目には分からない範囲ですが、確実に曲げや捻れが起こり、車体を振動させる原因になっています。

この共振周波数を上げるためには、アルミ鋳造製のオイルパン、ラダービーム式ベアリングキャップの採用やエンジンとトランスミッションの結合面を強化して締結をしっかりさせるなどが有効です。要するにエンジン、トランスミッションをそれぞれがっちりとつくり、接合面でしっかりと結合させれば一体となって動くので変形が少なくなるということです。日産のL型エンジンではエンジンとトランスミッションを結合するボルトはわずか4本でしたが、最近のエンジンでは平均的に6～8本使って、結合剛性を上げています。

②高速こもり音

この現象はアクセル全開に近い状態で加速をしていくと、3000～4000rpm以上で人の鼓膜を圧迫するような低周波騒音が発生することがあり、高速こもり音と呼ばれている現象です。

このこもり音は、固体伝播と空気伝播に大別されますが、高速こもり音は固体伝播が主因となっています。

この高速こもり音は、エンジンが剛体振動することにより発生しているので、対策するには次の二つの方法が考えられます。動くもの(エンジン)を重くして動きにくくするか、動かす力を下げる(加振力を下げる)のいずれかです。

エンジンを重くすることは物理的には可能ですが、加速や燃費に跳ね返るので実際のところは採用することはできません。それどころか、今後はますますエンジンの軽

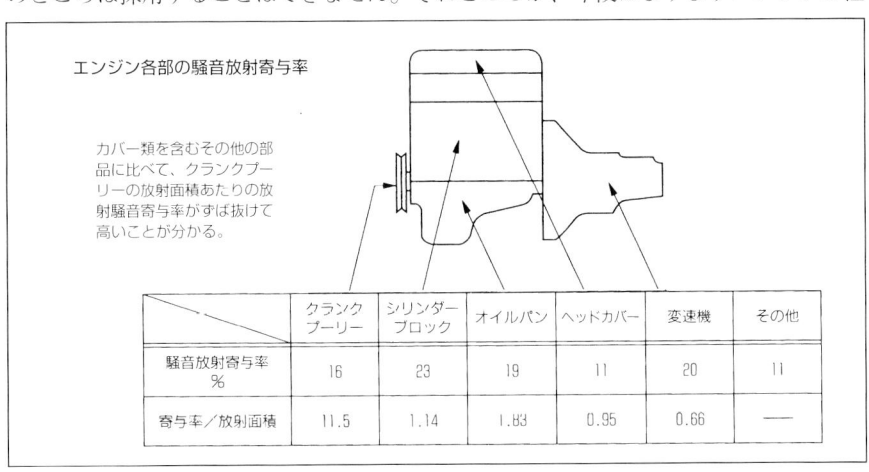

エンジン各部の騒音放射寄与率

カバー類を含むその他の部品に比べて、クランクプーリーの放射面積あたりの放射騒音寄与率がずば抜けて高いことが分かる。

	クランクプーリー	シリンダーブロック	オイルパン	ヘッドカバー	変速機	その他
騒音放射寄与率 %	16	23	19	11	20	11
寄与率／放射面積	11.5	1.14	1.83	0.95	0.66	—

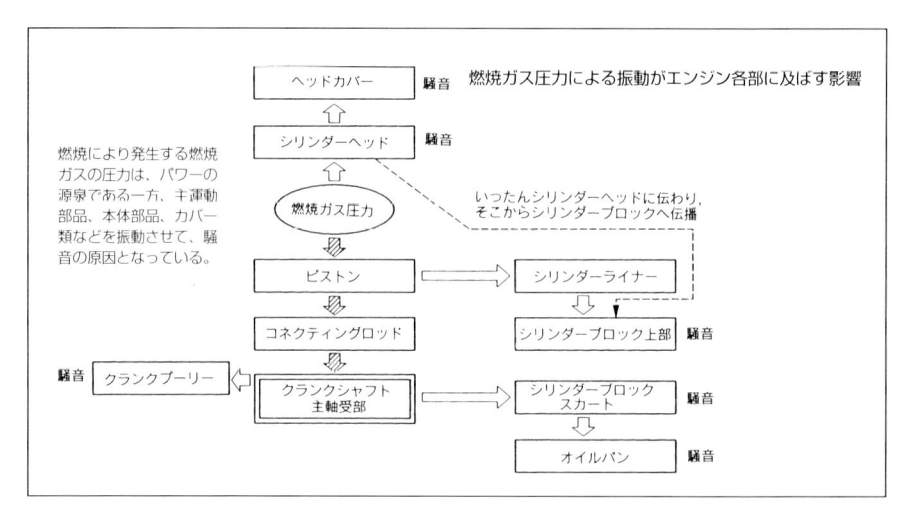

```
                                            燃焼ガス圧力による振動がエンジン各部に及ぼす影響
                    ┌──────────┐
                    │ヘッドカバー│ 騒音
                    └─────▲────┘
                          │
                    ┌──────────┐
                    │シリンダーヘッド│ 騒音
  燃焼により発生する燃焼   └─────▲────┘
  ガスの圧力は、パワー         │      いったんシリンダーヘッドに伝わり、
  の源泉である一方、主運動    ┌──────┐   そこからシリンダーブロックへ伝播
  部品、本体部品、カバー    │燃焼ガス圧力│- - - - - - ┐
  類などを振動させて、騒      └──────┘            │
  音の原因となっている。        ▼                   │
                    ┌──────────┐     ┌──────────┐
                    │ピストン   │ ──▶│シリンダーライナー│
                    └─────▼────┘     └─────▼────┘
                    ┌──────────┐     ┌──────────┐
                    │コネクティング│     │シリンダーブロック│ 騒音
                    │ロッド     │     │   上部        │
                    └─────▼────┘     └──────────┘
  騒音 ┌────────┐  ┌──────────┐     ┌──────────┐
  ◀──│クランクプーリー│◀│クランクシャフト│ ──▶│シリンダーブロック│ 騒音
      └────────┘  │ 主軸受部  │     │  スカート     │
                    └──────────┘     └─────▼────┘
                                        ┌──────────┐
                                        │ オイルパン │ 騒音
                                        └──────────┘
```

量化が要求されてきます。したがって、いかに加振力を減らすかというのが課題となります。

ピストンやコンロッドを軽量化して往復運動の加振力を減らす、バランスシャフトにより加振力を打ち消すなどが代表的な対応策となります。

1990年代からは車室内のこもり音と逆位相の音圧をスピーカーで発生させて、こもり音を低減する方法が実用化されています。これは航空機内で使うヘッドホーンなどにも応用されています。

③燃焼騒音

エンジンの燃焼に伴い発生する音で、主としてシリンダーブロックやシリンダーヘッドの表面から放射されます。燃焼圧力が高く、時間あたりの燃焼圧力上昇が大きいほど燃焼音は大きくなります。ディーゼルの大型トラックが加速するときに発するあのガーという音が、燃焼騒音の典型的なものです。

ガソリンでも急速燃焼のエンジンでは燃焼音が大きくなります。ターボエンジンの場合は、燃焼圧自体は高いのですが、圧力上昇がなだらかになるので音質的には良くなる傾向にあるようです。

この燃焼音を抑えるために、ガソリンの2点着火エンジンでは高負荷で1点着火に切り替えたり、ディーゼルでは燃料噴射タイミングを分散して騒音の低下を図っています。

④吸気音

エンジンの吸入行程で発生する空気の脈動によって生じる空気の吸入音で、吸気抵抗が小さいほど音がうるさくなるのでやっかいです。エンジンの出力性能が上がれば上がるほどうるさくなるのです。エアクリーナーを大型化したり、レゾネーターを複

数付けたりして性能と吸気音の両立を図っています。
⑤排気音
　排気原音はエキゾーストマニフォールド直後の排気音で、吸入空気量やバルブタイミングに依存します。排気される量が多く、温度が高いほどうるさくなります。排気騒音を下げるには、まず原音を下げることが重要になってきます。排気バルブ開もタイミングが早いと、まだ充分に膨張し終わる前に排気されてしまうので、エネルギーが大きい分だけ音もうるさいのです。
　といってあまり排気バルブ開のタイミングを遅くすると、排気が充分できず新気の取り込みが悪くなって出力が低下するので、その辺のバランスを考えたタイミング設定が必要になります。
　その後はマフラーで消音することになりますが、ここでも出力とのバーターが発生します。通路抵抗を大きくすれば音は静かになりますが、出力は下がってしまいます。両立を図る一つの方法として容量の大きい、ストレートマフラーの採用が望まれますが、コストと耐久性が課題です。
　もう一つの方法は可変マフラーの採用です。低速では通路抵抗を増やして背圧を高くし、高速では逆に通路抵抗を減らして背圧を下げるようにします。こうすることで低速時の静粛性と高速時の出力の両立(可変マフラーの項参照)を図ることができます。
⑥異音
　異音の原因となるものは数多くありますが、主なものを簡単に整理すると、ピストンスラップ音、吸排気バルブ着座音、インジェクター作動音、燃料の脈動音、燃料ポンプ作動音、ファン騒音、タイミングチェーンベルト音、タービンノイズ、ターボのハー音、カバー類放射音・ビビリ音などがあります。
　ここでは異音としてよく問題になる、ピストンのスラップ音について、そのメカニズムを考えてみます。
　燃焼による発生圧力とコンロッドの反力(ピストンに押されて発生する)の合力がピストンに作用することで、膨張行程時のピストンがシリンダー内の隙間の分だけ横に移動し、シリンダーと衝突することで振動、騒音が発生する現象をスラップ音と呼んでいます。
　このスラップ音の発生を抑えるために、ピストンの多くはピンを1mm程度オフセットさせています。
　ピストンの全長が長ければ、首を振る角度が減るのでスラップ音は小さくなりますが、近年はピストンの軽量化のため全長が短くなっており、スラップ音には不利な状況にあります。

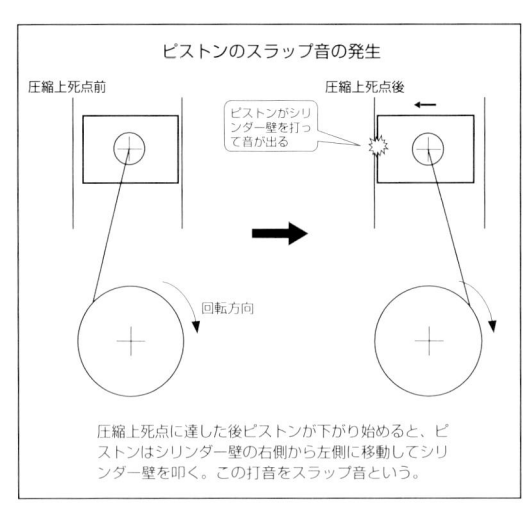

ピストンのスラップ音の発生

圧縮上死点前　　　　　圧縮上死点後

ピストンがシリンダー壁を打って音が出る

回転方向

圧縮上死点に達した後ピストンが下がり始めると、ピストンはシリンダー壁の右側から左側に移動してシリンダー壁を叩く。この打音をスラップ音という。

　スラップ音はたいていの場合、エンジンが冷えているときに出ますが、暖まると消えていきます。それは以下に説明するように暖機後はピストンはシリンダーとクリアランスなく摺動するからです。

　スラップ音の説明で出てきたので、ついでにシリンダーとピストンの隙間について説明をしておきます。通常、シリンダーライナーは鋳鉄でできています。最近では、エンジンの軽量化のためアルミシリンダーブロックが増えていますが、シリンダーライナーは別体で鋳鉄を鋳込むか圧入されているのが普通です。一方、ピストンはアルミ合金でできています。

　20℃におけるシリンダーとピストンのクリアランスは10～25μm程度をとるのが普通です。ところが、アルミの線膨張係数は鉄の約2倍なので、熱くなるとクリアランスはこれより減り、冷えるとクリアランスが増えます。

　ボア径80mmとすると、10℃の変化でクリアランスは約8μm変化します。0℃になるとクリアランスは16μmも増えてしまうのです。これが冷間時にスラップ音が発生する理由です。

　余談ですが、エンジン運転時のピストンのシリンダーと当たる面、シリンダーの温度は150℃を超えています。仮に150℃としてシリンダーとピストンのクリアランスは何とマイナスになっています。20℃のイニシャルクリアランスが10μmとすると－94μmです。どうしてピストンが焼き付くことなく機能するのでしょうか。それは以下の理由によります。

①剛性の高い、ピストンリングが配置されているピストン上方は500μm程度のクリアランスを取ってあり、マイ

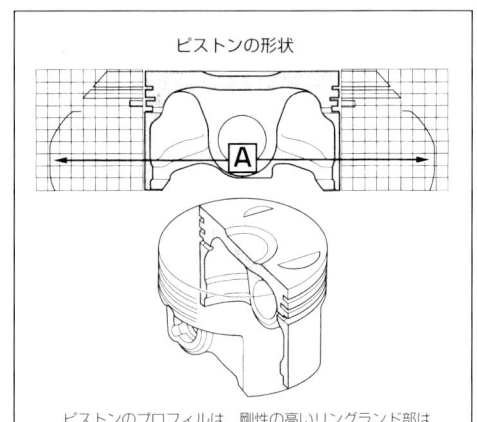

ピストンの形状

A

ピストンのプロフィルは、剛性の高いリングランド部は径を小さくし、主としてスカート部でシリンダーと接するようにしている。このスカート部の剛性は低くつくられていて、運転時はシリンダーと密着して摺動する。

ナスには決してならない。

②シリンダーと接するスカート部は剛性が低くつくられており、シリンダーに押されると内側に変形する。

このように運転時のピストンはシリンダーにぴったりと密着して往復運動をしているのです。

2)バランサーシャフト採用の基準はどこにあるのか

　バランサーシャフトは主として直列4気筒エンジンの2次慣性力をキャンセルする目的で採用されています。日本では三菱自動車からサイレントシャフトという名称で初めて商品化され、軽自動車用の直列2気筒及び直列4気筒エンジンに採用されました。直列4気筒で6気筒並みの振動の少なさというのが触れ込みです。

　その後、ポルシェなど欧州メーカーも大排気量の直列4気筒でサイレントシャフトを採用し、今ではディーゼルを含めて多くの2リッター以上の直列4気筒エンジンでバランサーシャフトが採用されています。もうすっかり定着した技術といってよいでしょう。

　このバランサーシャフトの原理は、2本のアンバランスを付けたシャフトをクランクシャフトの2倍の速度で逆回転させて、2次慣性力をキャンセルさせる機構です。このアンバランスはピストンの往復方向に発生する2次慣性力のアンバランスをキャンセルし、自ら発生するピストン往復運動と直角方向のアンバランスは2本のシャフトが互いにキャンセルするようにしてあります。

　その他の気筒配列の場合についても少し触れておきます。

　基本的に慣性1次偶力のアンバランスが残るレイアウトでは、バランサーシャフトを取り付けるのが一般的です。直列3気筒や5気筒では慣性1次偶力をキャンセルさせるためにバランスシャフトが採用されています。90°V6エンジンは1次の慣性偶力対策のため、やはりバランサーシャフトを装着するのが普通です。VWのW8気筒にもバランサーシャフトは使われています。

　1989年にホンダのF1用V103.5リッターLRA101Eにもバランサーシャフトが採用されていました。出力性能を最優先

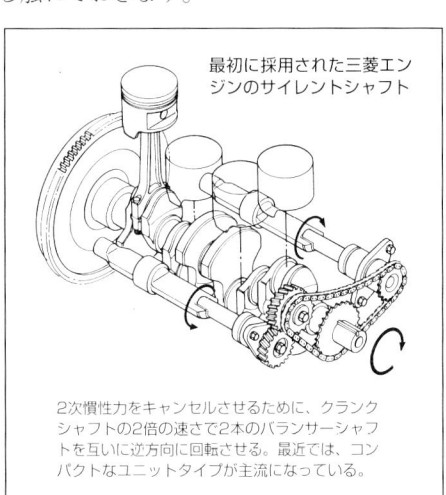

最初に採用された三菱エンジンのサイレントシャフト

2次慣性力をキャンセルさせるために、クランクシャフトの2倍の速さで2本のバランサーシャフトを互いに逆方向に回転させる。最近では、コンパクトなユニットタイプが主流になっている。

慣性力

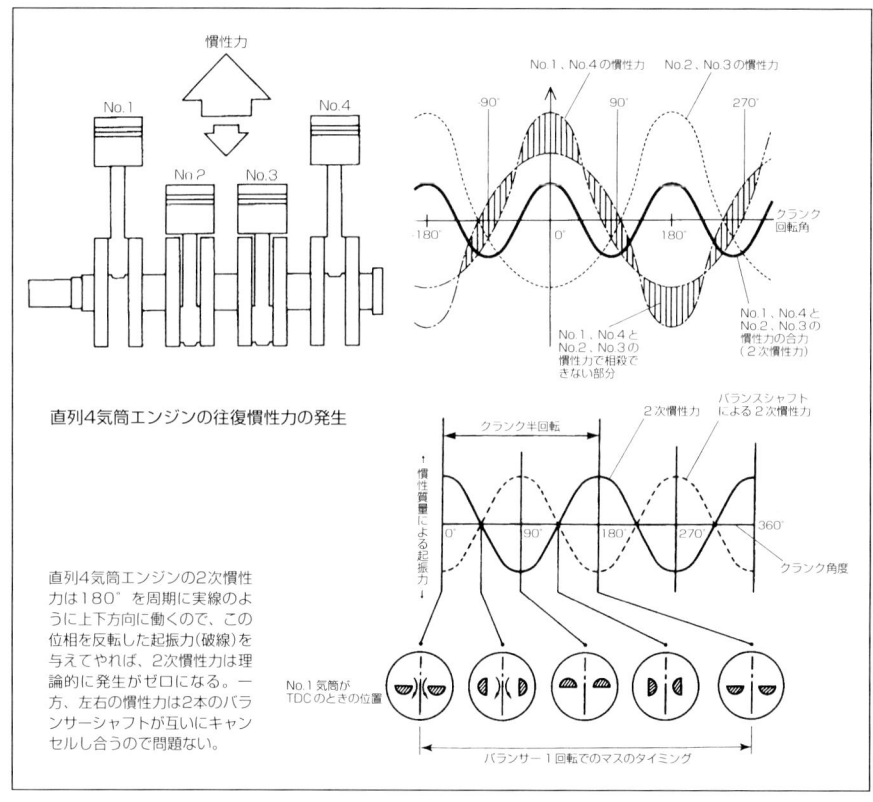

No.1　No.4

No.2　No.3

直列4気筒エンジンの往復慣性力の発生

直列4気筒エンジンの2次慣性力は180°を周期に実線のように上下方向に働くので、この位相を反転した起振力(破線)を与えてやれば、2次慣性力は理論的に発生がゼロになる。一方、左右の慣性力は2本のバランサーシャフトが互いにキャンセルし合うので問題ない。

No.1、No.4の慣性力　No.2、No.3の慣性力

クランク回転角

No.1、No.4とNo.2、No.3の慣性力の合力（2次慣性力）

No.1、No.4とNo.2、No.3の慣性力で相殺できない部分

クランク半回転　2次慣性力　バランスシャフトによる2次慣性力

慣性質量による起振力

クランク角度

No.1気筒がTDCのときの位置

バランサー1回転でのマスのタイミング

するF1用エンジンでも、振動は小さいに越したことはないという例です。

最後にバランサー採用の有無をまとめると、次のようになります。

・直列3気筒：軽自動車は使っていない。1000cc以上ではバランサーシャフト付きが一般的。

・直列4気筒：2000cc以上ではバランサー付きが一般的。

・直列5気筒：バランサー付きが一般的。

・90°V型6気筒：バランサー付きが一般的。

ところで、クランクシャフトの捩れはエンジンの音・振動に直接関係することはありません。しかし、クランクシャフトの捩れが大きくなるとクランクを折損させるので、ここでその現象を説明しておきます。

クランクシャフトの捩れは、各気筒の燃焼やピストンの往復運動によりコンロッドを通してクランクピンが受ける力により発生します。各気筒のピンのところでクランクシャフトが力を受けて捩られるわけです。

13. エンジンの振動・騒音の低減

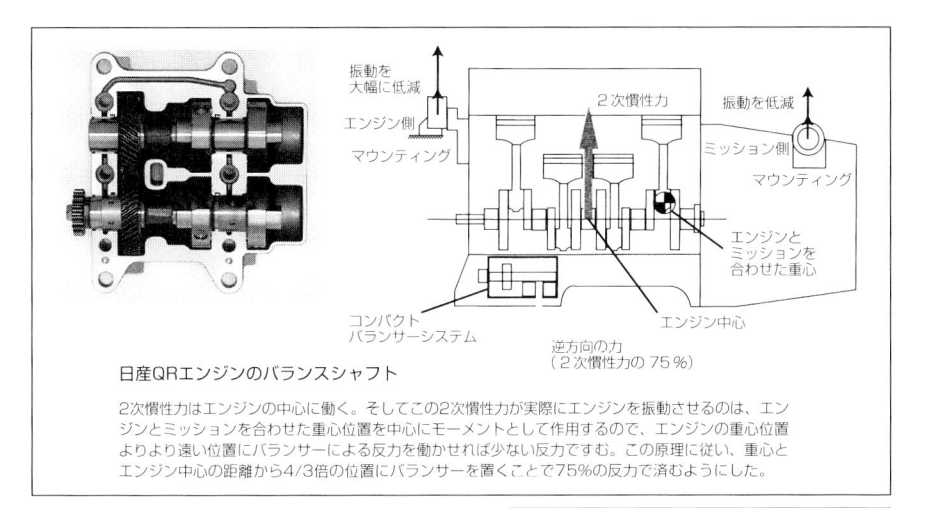

日産QRエンジンのバランスシャフト

2次慣性力はエンジンの中心に働く。そしてこの2次慣性力が実際にエンジンを振動させるのは、エンジンとミッションを合わせた重心位置を中心にモーメントとして作用するので、エンジンの重心位置よりより遠い位置にバランサーによる反力を働かせれば少ない反力ですむ。この原理に従い、重心とエンジン中心の距離から4/3倍の位置にバランサーを置くことで75％の反力で済むようにした。

当然、クランク全長の長い、直列6気筒やV型12気筒などの捩れが相対的に大きくなります。この捩れがあまり大きくなると繰り返し許容応力を超えて、やがては折損することになります。

特にクランクシャフト後端にフライホイールやトルクコンバーターなど慣性重量の大きいものが付いている場合は、クランクシャフト前端にクランクダンパーを設けて捩れ力を緩和しないと危険です。

クランクシャフトの曲げ振動は加速時騒音のところで説明したとおり、音振と大いに関係しています。

VWのW型8気筒エンジンのバランスシャフト

このW型8気筒は挟角V4を2つ合わせたレイアウトであり、両バンク間の開きは72°、片バンクの気筒間は挟角シリーズと同じ15°となっている。両バンク間の1次振動が発生するので、上下の振動を打ち消すための1次バランサーを左バンクに備えている。

3)ラダービームの採用は効果があるか

ラダービームというのは、ハシゴ型のベアリングキャップで、ベアリングビームを一歩進めた構造です。従来のメインベアリングキャップは独立して、それぞれがシリンダーブロックのバルクヘッドに取り付けられていました。

各気筒の燃焼により、ピストンからコンロッドを介してクランクピンに力が伝わると、クランク軸を撓ませるように変形します。ベアリングキャップはボルト2本で止められているだけなので、この力に耐え切れず倒れが発生します。この倒れが発生す

217

ラダービームとベアリングキャップ

ベアリングキャップ部に鋳鉄製の入子を鋳込むことで、メタル打音を防止している。

るとメタルの片当たりが発生したり、フライホイールの面振れが発生します。メタルの片当たりは偏磨耗やフリクション増加につながり、フライホイールの面振れは緩加速時にごろごろ音を発生させます。

このような問題を解決させるために考え出されたのが、ベアリングビームです。ベアリングビームは各ベアリングキャップを繋げてハシゴ状にしています。ベアリングビームを採用することで、シリンダーブロックの箱剛性が向上するので加速時騒音にも効いてきます。

ラダービームは、シリンダーブロックをクランク軸センターで上下に割り、ロアブロックにベアリングキャップを組み込んでしまったものです。シリンダーブロック上下でクランク軸を挟み込むので、通常のガスケットは使えず、液体ガスケットを使ってシールをしています。

ラダービーム化により、ロアシリンダーブロック全体でクランク軸の曲がりを押さえ込むため、非常に剛性を高く保つことができます。シリンダーブロックの構造としては究極の形といえます。

ただし、アルミブロックの場合、クランクジャーナルのメタルクリアランスが問題になります。シリンダーブロックがアルミでクランクシャフトが炭素鋼(あるいは鋳鉄)の場合、温度が上がるにつれてクリアランスが広がるので、メタルの打音が発生する可能性があります。これを避けるために、バルクヘッドやキャップ側に鋳鉄を鋳込む技術が開発されています。

また、これとは直接関係はありませんが、トランスミッションやオイルパンとの結合剛性を上げれば音振性能は向上します。

加速時騒音のところでも説明したとおり、パワートレーン全体の剛性が低いと、燃焼や慣性力の加振力によりパワートレーンが共振現象を起こして加速時の騒音を発生します。

エンジンやトランスミッション自体は、そこそこの剛性があったとしても、両者の結合剛性が低いと全体として共振が発生します。そのため、エンジンとトランスミッションの結合剛性を上げることは非常に効果的です。シリンダーブロック後端形状をトランスミッションの形状に合わせたり、オイルパンを板金からアルミ鋳造に変更して剛性を上げることは曲げ・捻れ剛性向上に効果的です。

14
排気規制対策と排気浄化について

　排気規制は車両に搭載された内燃機関が運転されるときに排出する一酸化炭素、炭化水素、窒素酸化物、黒煙など、大気を汚染する原因となる有害物質量を削減するため制定されています。日本、北米、欧州を始めとする各国で、それぞれの試験モードと規制値が設定されています。

　1970年以前から排気規制は制定されていましたが、1970年に北米でマスキー上院議員が提案して制定された、いわゆるマスキー法案以降、排気規制はそれまでとは比較できないほど厳しく(それまでの排出量の1/10にする)なりました。

　日本や欧州でも、それぞれの国情に合わせた試験パターンと規制値が定められています。

　なお、排気規制は乗用車、トラック、バス、二輪車、耕耘機、フォークリフト、船舶、航空機など、ほとんどの原動機を使用している機械について適用されています。

　北米のマスキー法案に基づく厳しい排気規制が導入された1970年代は、自動車メーカーにとって試練の時代でしたが、その排気規制を乗り越えた以後の跳躍のチャンスを与えてくれた神風でもありました。

　当初は自動車メーカーでも手探り状態で、多種多様な対策が試みられました。NOxの発生が多くなる空燃比14〜16をどのように避けて通るかが課題だったのです。それぞれ主なものを挙げると、

・サーマルリアクター方式は空燃比を濃くして燃焼させ、HCはサーマルリアクターで処理する。

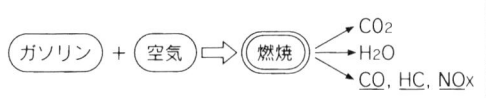

ガソリン + 空気 ⇒ 燃焼 → CO_2
→ H_2O
→ CO, HC, NOx

副燃焼室に理論混合気を、主燃焼室にはリーンな混合気を供給して、まず点火プラグで副燃焼室の混合気を燃やし、それを火種として主燃焼室の混合気をゆっくりと燃やすという層状吸気燃焼で触媒を使わずに北米の76年排気規制や日本の53年規制をクリアした。

北米排気規制を最初にクリアしたホンダCVCCエンジン

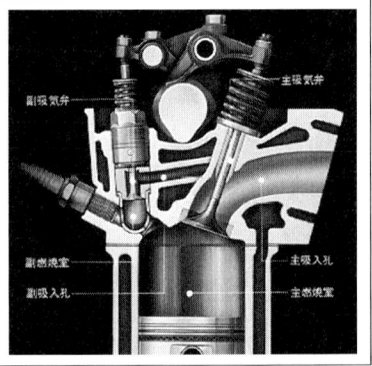

・EGR＋酸化触媒ではEGRをかけて燃焼温度を下げてNOx発生を減らす。
・層状燃焼方式では空燃比を薄くしてNOxの発生を抑える。

というものでした。この後、三元触媒が開発されると排気対策は理論空燃比＋三元触媒の方式に収斂して行きました。1975年頃は自動車メーカーが多種多様な対策を模索した面白い時代でした。

　ホンダは当初、層状吸気燃焼方式(いわゆるCVCC)こそ究極で、後処理方式より良いと言っていました。トヨタは複眼の思想と称して3通りの排気対策方式をトライし、日産は大量EGR＋2プラグの急速燃焼方式を採用しました。

　各社とも、自分のところの技術こそ本命だと主張しましたが、その後研究が進むにつれて、結局は技術の王道に従いました。

　乗り越えるのに大変な思いをした排気対策でしたが、得られた成果はとてつもなく大きなものでした。燃焼を根本から見直し、地道な実験を続けていかに燃焼素質、排気素質を改善するかを研究した成果が、1980年代のエンジンの高性能化となって花が開きました。4バルブ＋コンパクト燃焼室やガス流動制御による燃焼改善は、それらの成果として採用されたものです。

1) 三元触媒はどのようなメカニズムで排気をクリーンにするか

　三元触媒システムはガソリンエンジンから排出される3種類の有害成分(CO、HC、NOx)を同時に浄化する装置で、酸素センサーとの組み合わせで機能させます。

　酸素センサーで排気中の酸素濃度を感知して、理論混合比より濃ければ空燃比を薄く、逆に薄ければ濃くするように、燃料噴射量を増減させるようエンジン制御モジュールに指令を送ります。

　空燃比が濃すぎると酸素が不足してCOとHCを酸化させることができず、空燃比は薄すぎると今度はNOxを還元することができなくなります。つまり、三元触媒は空燃比が

14. 排気規制対策と排気浄化について

理論混合比の近傍にあるときのみ3種類の有害成分を浄化することができるのです。

この理由により、三元触媒システムは混合比が薄い状態ではNOxを還元することができず、したがってリーン燃焼のガソリンエンジンやディーゼルエンジンではNOxを浄化できないのです。

触媒は断面が楕円形で中はハニカム形状になっていて、表面はアルミナ層で被覆しています。この被服層には白金、ロジウム、パラジウムなどの貴金属の微粒子を保持しています。CO、HC、NOxを含んだ排気がこの触媒を通過するとCO、HCは酸化され、NOxは還元されて、触媒通過後は無害な二酸化炭素と水蒸気、窒素に変換されます。

この反応は以下の式で表されます。

一酸化炭素の酸化　　$2CO + O_2 \rightarrow 2CO_2$
炭化水素の酸化　　　$4C_xH_y + (4x+y)O_2 \rightarrow 4xCO_2 + 2yH_2O$
窒素酸化物　　　　　$2NO_x \rightarrow xO_2 + N_2$

三元触媒は非常に優れた触媒ですが、ある限られた条件下にないと、その性能を発揮することができません。その条件とは①触媒の温度、②空燃比、③燃料に含まれる不純物です。

① 触媒の温度

エンジン始動直後は排ガスの温度は低く、触媒も冷えています。この状態では三元

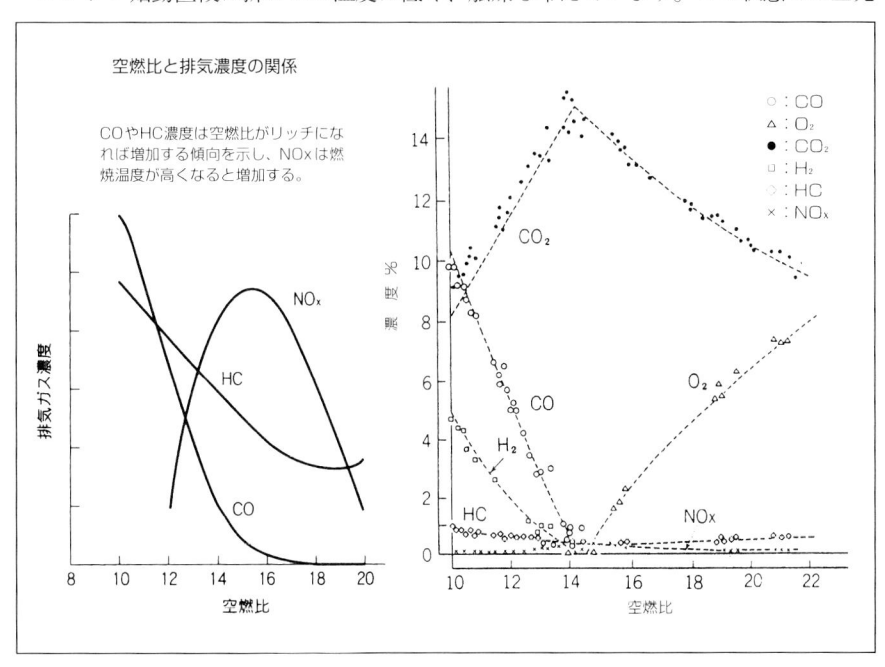

空燃比と排気濃度の関係

COやHC濃度は空燃比がリッチになれば増加する傾向を示し、NOxは燃焼温度が高くなると増加する。

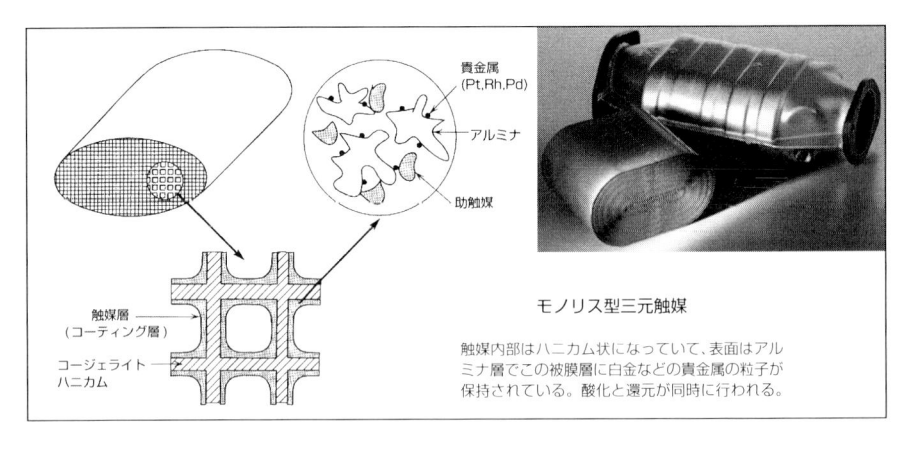

モノリス型三元触媒

触媒内部はハニカム状になっていて、表面はアルミナ層でこの被膜層に白金などの貴金属の粒子が保持されている。酸化と還元が同時に行われる。

触媒は活性化せず、ほとんど浄化できません。したがって、なるべく早く触媒温度を活性化する350℃以上に上げるために始動直後は点火時期を遅らせたり、混合比を濃くしたりすることがあります。

逆に運転中、失火などにより生ガスが触媒に入って燃えると、排気温度が上がりすぎてハニカムセルを溶損してしまいます。そうなると浄化能力は失われるので、触媒温度を上げすぎないよう、失火などには注意を払う必要があります。そのために、排気温度センサーを触媒前に設置して排気温度が何らかの原因で上昇してくると、警告灯を点灯させてドライバーの注意を喚起します。

また、酸素センサーも低温時には作動しないので、酸素センサー内にヒーターを内蔵してキーオン後10秒程度で作動開始させるようにしています。これにより、低温時の混合比の過度なリッチ化を防ぎ、HC排出を大幅に低減できます。

②空燃比

　三元触媒は理論空燃比近傍で転換効率が最大となるので、酸素センサーにより空燃比をエンジン制御モジュールにフィードバックして、インジェクターから噴射される

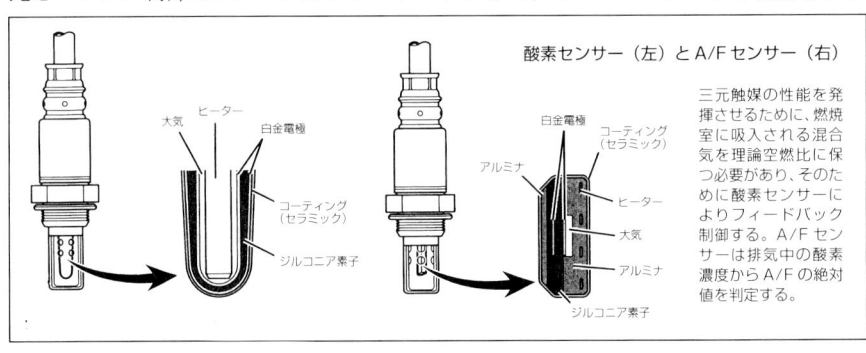

酸素センサー（左）とA/Fセンサー（右）

三元触媒の性能を発揮させるために、燃焼室に吸入される混合気を理論空燃比に保つ必要があり、そのために酸素センサーによりフィードバック制御する。A/Fセンサーは排気中の酸素濃度からA/Fの絶対値を判定する。

燃料量をきめ細かく制御することが重要です。理論混合比14.7±0.1〜0.2の範囲に制御します。
③燃料に含まれる不純物

燃料に含まれる硫黄分は燃えてSO_2となり、触媒のアルミナの表面に付着していきます。そして、この硫黄被毒は触媒の転換効率を低下させていきます。したがって、燃料中の硫黄分を完全にゼロにすることはできなくても、限りなくゼロ近くまで減らすことは、非常に重要な意味を持っています。実際には、日本では2005年1月より硫黄分10ppm以下のサルファーフリーガソリンが供給を開始されています。

欧州ではサルファーフリーガソリンは2005年より段階的導入、2009年からはEU全域で導入される予定です。北米については2006年から49州が80ppm以下、カリフォルニアは30ppm以下に規制されています。

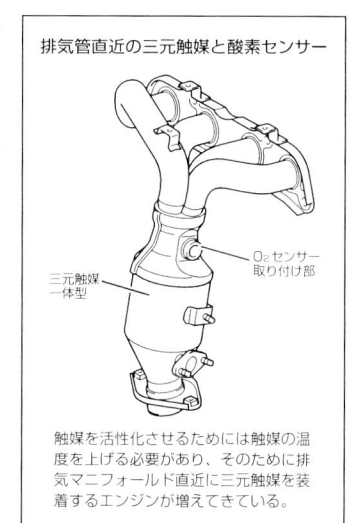

排気管直近の三元触媒と酸素センサー

三元触媒一体型
O_2センサー取り付け部

触媒を活性化させるためには触媒の温度を上げる必要があり、そのために排気マニフォールド直近に三元触媒を装着するエンジンが増えてきている。

2)NOx吸蔵触媒、尿素選択還元触媒の開発状況は？

ディーゼルエンジンで、主要な排気問題はNOxとPM(粒子状物質)の排出です。もちろん、ガソリンエンジン同様にCOやHCも発生させますが、酸化触媒によって後処理は比較的簡単に対応できます。NOxは空気過剰率1以上(理論混合比よりもリーンの領域)で燃焼温度が2500℃以上で発生するといわれています。PMの主成分は燃焼に起因した黒煙(すす)ですが、サルフェート(燃料中の硫黄分が酸化したもの)、未燃燃料、未燃オイル分などの混合物からなっています。

ディーゼルエンジンに対しては、このNOxとPMに対する排出規制が厳しいのです。問題はNOxとPMの発生はトレードオフ関係にあることです。つまり、どちらかを減らせばもう片方が増えるという関係にあります。

なぜかというと、NOxの排出低減には燃焼温度の低下が不可欠です。その燃焼温度を下げるためには、EGR量を増やすとか噴射時期を遅らせるなどが有効ですが、どちらの方策も燃焼を悪化させてPMの発生を増大させることになります。

逆に、PM低減のためには燃焼の高温化や燃焼後期の空気導入改善による再燃焼が有効な手段ですが、これはNOx発生の原因となります。現在、欧州で施行されているEuro4規制では、NOxを0.25g/km、PMを0.025g/kmに納めなりればいけないという内容です。これは、2008年に実施されたEuro5ではNOxとPMをそれぞれ0.18g/km、0.005g/km以

	尿素SCRシステム	NOx吸蔵還元触媒
原理	排気の尿素水を噴霧してアンモニアを発生させる。触媒中でアンモニアとNOxを反応させて還元する。残ったアンモニアは酸化して窒素と水蒸気に変える。	リーン燃焼下で白金触媒によりNOをNO2に酸化し、NOx吸蔵材に吸着させる。リッチ燃焼下で白金触媒によりHC、COを酸化する。この際に酸素は吸蔵されていたNOxから供給され、窒素に還元される。
長所	広い温度範囲で浄化率が高い(最大90%程度まで可能)。	浄化率は70～80%とやや低いが、尿素水やそれを貯蔵しておくタンクなどが不要でメンテナンスの手間がかからない。
短所	触媒本体に加えて尿素を噴射する装置や尿素水タンクが必要。また、反応途上で発生するアンモニアの流出を防ぐ手だてが必要。	排気温度が低いと触媒が活性化せず浄化率が低い。硫黄被毒などで転換性能が経時劣化する。リーン燃焼下で吸蔵NOxを還元するためにリッチ燃焼が必要で燃費が悪化する。
実績	大型トラックで採用している。	リーンバーンエンジンやディーゼル（DPNR）にも採用している。

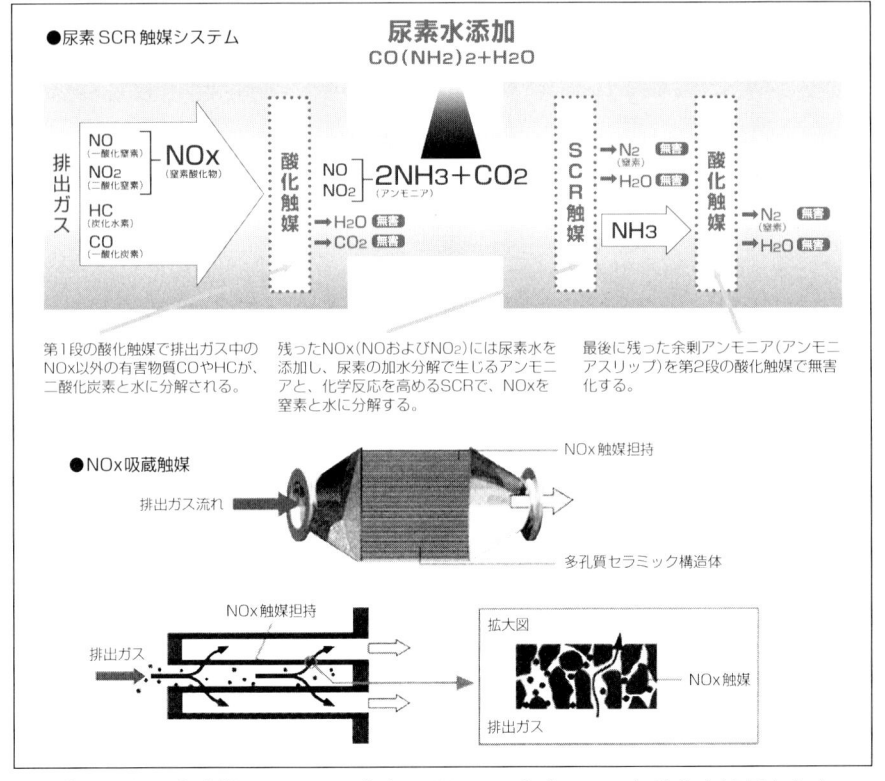

● 尿素SCR触媒システム

尿素水添加
CO(NH2)2+H2O

排出ガス
NO（一酸化窒素）
NO2（二酸化窒素）
HC（炭化水素）
CO（一酸化炭素）
NOx（窒素酸化物）
→ 酸化触媒 → NO NO2 — 2NH3+CO2（アンモニア）
→ H2O 無害
→ CO2 無害
→ SCR触媒 NH3 → N2（窒素）無害
→ H2O 無害
→ 酸化触媒 → N2（窒素）無害
→ H2O 無害

第1段の酸化触媒で排出ガス中のNOx以外の有害物質COやHCが、二酸化炭素と水に分解される。

残ったNOx(NOおよびNO2)には尿素水を添加し、尿素の加水分解で生じるアンモニアと、化学反応を高めるSCRで、NOxを窒素と水に分解する。

最後に残った余剰アンモニア(アンモニアスリップ)を第2段の酸化触媒で無害化する。

● NOx吸蔵触媒

NOx触媒担持
排出ガス流れ
多孔質セラミック構造体

NOx触媒担持
排出ガス
拡大図
NOx触媒
排出ガス

下にすることが義務付けられています。そして、北米で2007年秋から適用されたTier Bin5規制では0.04g/km、0.006g/km以下という厳しさです。

　PMへの対応はDPF(ディーゼル・パーティキュレート・フィルター)を装着することで、対策の目処が立ちつつあります。しかしNOxについてはエンジン本体の改良と後

処理装置が欠かせません。

　NOx吸蔵触媒は三元触媒が使えないリーン燃焼エンジンには、NOxを低減する非常に有効な手段となります。当初はガソリンエンジンのリーン燃焼用に開発されましたが、現在では小型ディーゼルエンジンのNOxを低減するのに有望なシステムとして注目されています。浄化率がやや低い(70～80%)のと、吸蔵したNOxを定期的に還元するためにリッチ運転が必要で、若干の燃費低下が発生するのが難点といえば難点です。ガソリンに硫黄分を含んでいると硫黄被毒による触媒の劣化が発生するので、適時高温下で硫黄を解毒する方策が必要です。触媒を高温下に晒すのでそれによっても劣化します。

　これに対して、尿素SCRは主として大型トラックを中心に採用されています。このシステムは尿素水タンクや排気中に噴霧するための装置が必要で、小型の車両にはスペースおよびコスト面からは向いていません。また、途中で発生するアンモニアの排気への流出を防ぐ手だてが必要です。しかし、このシステムはNOxの転換率が高く、比較的低温から反応させることが可能です。

　このメリットを生かすべく、ボッシュ社はすでに乗用車への搭載を想定した圧縮空気を使わないシステムを発表しており、実際にメルセデスベンツ社が2006年のデトロイトショーで「ブルーテックシステム」という名称で市場投入することを発表、乗用車にも尿素SCRシステムが採用されることになります。

3) 燃焼の改善による排気のクリーン化はどこまでできるか

　燃焼改善による排気のクリーン化は、ガソリンエンジンとディーゼルエンジンで様子が違うので、場合を分けて話を進めます。

①ガソリンエンジン

　混合比と3排気成分排出量の関係は221頁の図に見る通りで、理論混合比より混合比が濃いと酸素が不足してHCとCOの排出が増えていきます。NOxについては、理論混合比より若干薄い混合比で燃焼温度が最高に上がるので、NOxの排出量も最大になります。この混合比より濃くても薄くても燃焼温度は下がっていき、NOxの排出量は減っていきます。HCの排出量がある混合比より薄くなると急増するのは、失火が発生するためです。

　このようにガソリンエンジンでは燃焼を改善しても排気の有害3成分を同時に減らすことはむずかしく、三元触媒という後処理に頼っています。

②ディーゼルエンジン

　ディーゼルエンジンでは、もともとリーン燃焼なのでHC、COの排出レベルは低く酸化触媒で処理できるので、問題となるのはPMとNOxに絞られます。このPMとNOx

DPF（ディーゼル・パーティキュレート・フィルター）　　　　　　　　DPR-クリーナー

パーティキュレート・フィルターがPMの堆積による圧損過大、あるいは溶損する前に排気を強制的に600℃まで上げてPMと酸化させている。現状では数百kmごとに強制再生が必要となっている。

排出ガス　煤　酸化触媒　セラミック製フィルター
ディーゼルエンジン

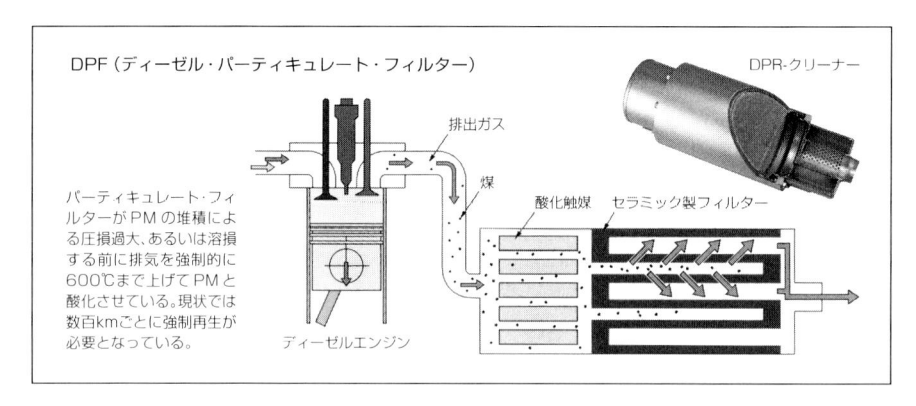

を燃焼改善でどの程度までいけるのかを考えてみます。

　排気を浄化する方法として、エンジン本体、つまり燃焼による改善と触媒など後処理で浄化する二つの方法が考えられます。このうち燃焼改善による排気のクリーン化は、エンジン本体の改良に属します。

　現在開発が進められているのはコモンレールシステムの採用で、燃料噴射圧の高圧化による燃料の微粒化促進と燃料噴射を何回かに分割して噴射して燃焼を制御する手法です。

　ディーゼルの場合は、ガソリンエンジンのように三元触媒でいっぺんにすべての有害成分を浄化する後処理装置はなく、PMはDPF（ディーゼル・パーティキュレート・フィルター）で、NOxはNOx触媒で、それぞれ別々に後処理する必要があります。

　DPFの効率は99％程度までいっており、DPFさえ装着すれば欧州のEuro5や北米のTierⅡ規制に対応が可能です。しかし、NOxに関しては規制値が非常に厳しく、しかも後処理のNOx吸蔵触媒の浄化効率は70～80％程度なので、燃焼改善により欧州の現行規制であるEuro5（0.18g/km）程度まで改善が必要になります。

　このような燃焼改善を果たすために、ピエゾ式インジェクターを採用して応答性を高め、噴射圧を180～200MPa（従来は160）まで高め、噴射回数を増やして最適な時期に最適量の燃料を噴霧するようにします。これにより、EGR量をより増やして燃焼温度を下げることでNOxの発生を抑えるのです。単にEGRを増やすと燃焼が不安定になり、PMの発生も増加してしまうためです。

4）EGRのNOx低減効果はどのくらいなのか

　EGRとは、エンジンから出る排ガスを再還流して吸気に戻すシステムです。不活性ガスであるCO_2を含むガスを吸気に混ぜてやることで燃焼温度を下げることができます。燃焼温度を下げることによる利点は三つあります。

14. 排気規制対策と排気浄化について

①NOxの低減

最高燃焼温度が下がることでNOxの発生量を低減することができます。NOxは燃焼時に空気中の窒素が高温(2000℃以上)に晒されることで酸素と結びついて(酸化されて)発生するからです。

②冷却損失の低減

燃焼温度が低下すると燃焼室やピストン冠面から冷却水などに奪われる熱エネルギーが減少して、冷却損失が低減されます。

③ポンプ損失の低減

これはガソリンエンジンの場合ですが、不活性ガスであるCO_2が吸気に混ざることにより、同一出力を得るための(同一酸素量を得るための)スロットルが大きくなり、スロットル絞りによるポンプ損失が低減されます。

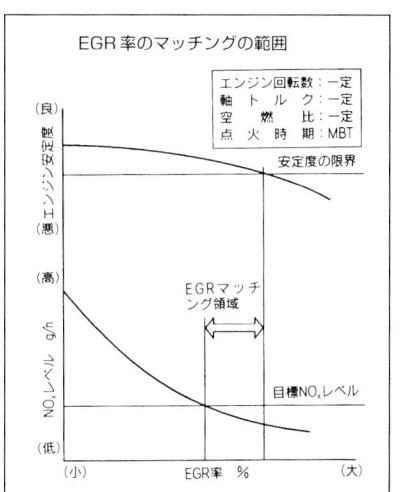

EGR率を上げていくと排気温度が下がってNOx排出レベルは低下する。しかし、あまりEGR率を上げると燃焼が不安定になるので、図にあるようなマッチング可能領域内で運転させる必要がある。当然ながら、このマッチング可能領域は広い方が望ましい。

このようにEGRは利点が多いのですが、跳ね返りももちろんあり、むやみにEGRを増やすことはできません。

跳ね返りのひとつは、EGRによる燃焼の悪化です。不活性ガスが吸気に入るのですから当然ですが、燃焼圧のサイクルごとの変動は大きくなり、失火を発生します。そのため、ガソリンエンジンではEGR量を多くても吸入空気量の15〜20%に抑えています。また、アイドル時や高負荷時にはEGRをカットして燃焼を安定させるようにしています。

もうひとつの問題は、EGRに含まれる煤によるEGR通路や燃焼室のデポジットの付

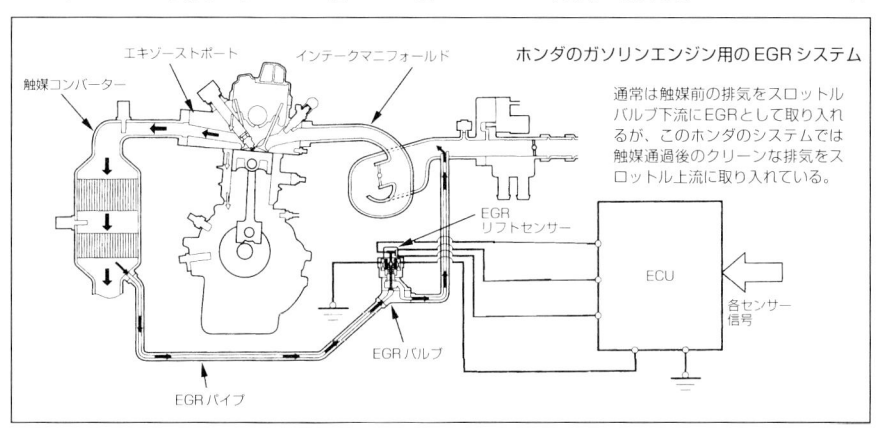

通常は触媒前の排気をスロットルバルブ下流にEGRとして取り入れるが、このホンダのシステムでは触媒通過後のクリーンな排気をスロットル上流に取り入れている。

ディーゼルエンジンに用いられているクールドEGR

EGRガス温度を150〜200℃冷やすことにより、同じPM排出量下でNOxの発生を約40％低下させることができる。

着です。このデポジットはEGRが冷えすぎると多くなるので、通路の温度管理が重要になります。

EGR自体の説明が長くなりましたが、ここで最初のEGRのNOxに対する低減効果について具体的に考えてみます。

NOxの発生は燃焼温度に依存しており、窒素の酸化反応なので、理論混合比より濃い領域ではNOxの発生は激減します。最高燃焼温度を2000℃以下に抑えれば、NOxの発生はほとんどなくすことができます。しかし、あまりEGR量を増やすと燃焼が不安定になるので、実際にはそれほど簡単ではありません。

排気がどこまでクリーンになるかというのは、純技術的に考える場合と現実的に考える場合とで答えは違ってきます。

排気規制の歴史を見ると、北米のマスキー法ができる前はかなりゆるい規制でしかありませんでした。カリフォルニア州の大気汚染が社会問題となり、マスキー法案が提案されました。マスキー上院議員の提案した法案は、排気中の有害物質を従来の1/10にしろという非常に厳しい内容で、最初のうちは不可能だといっていた自動車メーカーも何とか対応して実現できたのです。

この排気対策をリードしたのは、小型自動車用エンジンが得意な日本の自動車メーカーでした。こうしてみてくると、排気がどこまできれいになるかはユーザーでもあり被害者でもある我々自身が決める、つまりコスト負担ときれいな大気をどこで折り合いを持つかにかかっているといえます。

都内でも、以前はディーゼルのトラックが騒音を振りまき、黒煙を出し放題で走り回っていました。このような無法をしていたために、やがて淘汰され実質的に東京都からディーゼルは閉め出されてしまいました。これなどは自動車会社及びユーザーの自業自得の最たるものだといえます。

その一方で、欧州では黒煙も白煙もほとんど出ないクリーンで燃費の良いディーゼル車が市民権を得て、ガソリンエンジンとシェアを分け合うまでに勢力を増しています。日本は自動車技術では先進国という自負があるようですが、ことディーゼルに関しては技術、意識とも、まだ欧州追随状態だといえるでしょう。

15

エンジンの製造コスト削減

　自動車が使われるようになって、最初のうちは出力を出せばよいだけのエンジンだったのでしょうが、やがては音振などの快適性、運転性、燃費、寸法重量などその他の性能要求がされるようになってきます。そして、より良いクルマをより安く提供するためには、製造コストも重要な要素になってきます。

　エンジンに要求される性能が高度化するほどに、エンジンのコストが上がるのは当然です。特に近年ますます要求される高性能化と厳しくなる排気規制に対応するため、可変システムのハードウェアと電子制御に関連した部品のコストアップは大幅です。また、車両性能や燃費のためには軽量化の要求も厳しく、アルミ材はもちろん、マグネシウム、チタンなどを使うことも稀ではなくなり、材料コストも高くなってきています。今ではエンジン本体よりも、そういったシステム関連の部品価格や材料の方が高くなってきています。

　しかし、だからといって自動車メーカーも努力をしなければ製造コストは安くなりません。

　製造コストの考え方について、以下の種類に分けて話を進めます。

①設計開発コスト

　新エンジンを1機種開発するには、少なくとも数十億円規模の設計開発費がかかります。この開発コストはクルマ1台ごとの価格に上乗せされていきます。たとえば、開発費が50億円かかって年間20万台を5年間つくるとすると、1台あたり1000円の開発費が上乗せされます。したがって、開発コストの総額は量産台数に見合った額に抑えること

が重要です。生産予定台数が少ないにもかかわらず開発費をかけすぎると、台当たりコストの高いエンジンとなってしまいます。

②製造準備コスト

生産設備である機械加工設備、鋳物部品の型、鍛造設備、組立ラインなどの生産のためのコストです。建屋を新たに建てる場合には、そのコストも含まれます。製造準備コストはいかに従来の設備を流用、転用できるか、あるいは従来のラインに混流できないかなどの観点で設備コストを抑えることが重要です。当然、種類をいかに増やさないかという設計段階の工夫が重要なポイントになります。生産準備のための設備投資は新型エンジンの場合、数百億円になります(2万台/月の生産規模の場合)。

③ライン稼働率

これは前項にも関連しますが、工場を稼動する場合は極力フル生産に近い状態で生産することが台当たりのコストを下げることに繋がります。ラインを停めないために交代勤務にして24時間稼動させるなど、工場運営の工夫をすることが重要です。

④テクニカルコスト

いわゆる仕様の部品コストです。テクニカルコストを下げるのはひとえに設計者の仕事です。重要な視点は、性能や品質に影響しないところにはコストをかけないというこ

各種の設計

最近ではエンジンのレイアウトから部品図作成まで、すべてワークステーション上の3D-CADにて行われる。設計ナビゲーションシステムで流れに沿った設計を行うことで、ベテランでなくとも一定の設計作業ができるようになってきている。設計されたCADモデルはそのまま形状データとしてCAM(コンピューター支援製造)に入力し、加工用NCプログラム作成などに使われる。出力されたデータはCNC化した工作機械に送られて実際の加工が行われる。部品メーカーも自動車メーカーとサーバーを通してこのCADモデルを取り込み、同様の作業を行っている。

エンジンの製造ライン

エンジンの製造ラインはシリンダーブロック、シリンダーヘッド、クランクシャフトなど鋳造、鍛造部品の加工ラインとエンジンの組立ラインから構成されている。シリンダーヘッドやシリンダーブロックなどの鋳造粗形材やクランクシャフト、コンロッドなどの鍛造粗形材は別工場や別の建屋から搬入される場合が多い。その他の外製部品と呼ばれる部品メーカーから運ばれてくる部品を、組立ラインサイドの必要な場所に配置する。組立はシリンダーブロック投入から始まり、途中にあるシリンダーヘッドや吸気マニフォールドのサブアッセンブリーラインから、それぞれのアッセンブリーされたものを組み込みながらエンジンが完成していく。最後に完成したエンジンはテスターラインで火を入れられて、所定の検査を受けた後に完成エンジン置き場へと運ばれる。

とです。部品の機能を一つ一つ分析して本当にそれが必要なのかを冷静に判断する目が要求されます。たとえば、車両に取り付けた後は目に触れない部品の見栄えのためにコストをかけるのは無駄なことです。あるいは二つ、三つに分かれている部品を一つにできないか、機能を統合できないかなどを見直していくことも重要な視点です。

必ずしもテクニカルコストに関連はしていませんが、最近では設計段階で工場技術者、製造現場、部品メーカーなどが集まって最適の仕様を決定する手法が常識化してきています。工場でのつくりやすさ、部品を安くつくるにはどうすればよいかなどを、図面が完成する前によく検討して後からの設計変更をなくそうというのが狙いです。今では工場の現場の人も設計に参加する時代なのです。

⑤部品の量産コスト

自社他機種との部品共通化のみならず、他社との仕様共通化をすることで、部品の調達コストを下げることができます。仕様の割り切りと満たすべき性能間での高いレベルの妥協が要求されます。

⑥購入部品の調達先

自動車に限りませんが、部品の調達は常に安いメーカー、安い国へと流れていきます。ここで重要なのは、コストの代わりに品質はある程度割り切る必要が出てくることを考慮しておくことです。多少の寸法ばらつきが発生しても性能に影響しないロバスト設計をしておくことで、安心して低コスト部品を使うことができるのです。

また、現在のエンジンは、可変吸気システム、可変動弁システムなど、ますますシステムが複雑化する一方です。しかし、従来はとてもコストが高くて使えなかったシステムでも、最近では高機能な部品の単価が安くなったこと、システムを制御するための電子制御部品が安くなって使われるようになってきています。特に電子部品のコストダウンは驚異的なスピードで、多種の高機能な制御を安価に実現できるようになってきています。

1)機構のシンプル化によるコスト削減は可能か

機構のシンプル化によるコスト削減ができれば非常に有効なのですが、簡単ではありません。

しかし、よく考えれば不可能なことではなく、企業には大きな利益をもたらしますし、ユーザー側も安くて良い製品を使えるので双方にとって得になります。二つの例を挙げて説明します。

一つ目はトヨタが直動の動弁システムで油圧バルブリフターを使わずにメンテナンスフリーを実現した例です。

従来、バルブクリアランスは定期的に調整が必要な整備項目の一つでした。ロッ

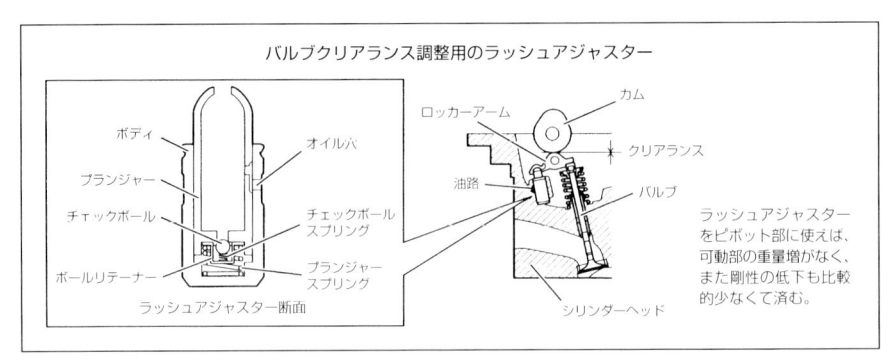

バルブクリアランス調整用のラッシュアジャスター

(図: ラッシュアジャスター断面 — ボディ、プランジャー、チェックボール、ボールリテーナー、オイル穴、チェックボールスプリング、プランジャースプリング／ロッカーアーム、カム、クリアランス、バルブ、油路、シリンダーヘッド)

ラッシュアジャスターをピボット部に使えば、可動部の重量増がなく、また剛性の低下も比較的少なくて済む。

　カーアームタイプでは比較的簡単に調整できましたが、DOHCなどの直動バルブリフタータイプは、シム交換による調整が必要です。「バルブクリアランスチェック→クリアランスと元のシムの厚さより必要なシムの厚さを算出→計算した厚さのシムを挿入→バルブクリアランス確認」といった一連の作業が必要で、気筒数の多いエンジンでは結構な時間がかかっていました。

　これをメンテナンスフリー化したのが油圧式のバルブリフターです。メンテナンスフリー化の波に乗ってこの油圧リフターは各社で採用されました。しかし、この油圧式は重量が重くなる、剛性が落ちる、コストが高いという欠点があり、トヨタはそれを解決するために油圧リフターを使わずにメンテナンスフリー化する方法を考え出しました。それは、バルブクリアランスがなぜ変化するのかというメカニズムを解析するところから始めています。バルブクリアランスが変わるのは、①バルブシートやそこに当たるバルブの摩耗による、②バルブステムのヘッド面とリフターの間の摩耗による、ということでした。①はクリアランスを狭くする方向に、②は逆に広くする方向に働きます。

　ということは、①と②の磨耗量を同じ程度にコントロールすれば、バルブクリアランスは変化しないことになります。トヨタは材料や接触面積をうまく設計して、このクリアランスを一定に保つ技術を確立し、同社の生産するDOHCエンジンすべてに採用しました。この方法で、トヨタは莫大な原価低減効果を生み出しました。当然、他社もこの手法を追随しました。

　このように優れた直動型動弁シス

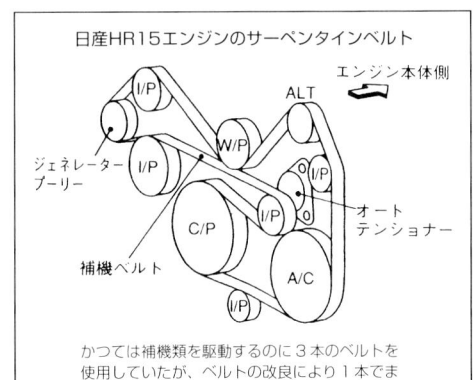

日産HR15エンジンのサーペンタインベルト

(図: エンジン本体側、ALT、I/P、W/P、ジェネレータープーリー、I/P、C/P、I/P、オートテンショナー、A/C、I/P、補機ベルト)

かつては補機類を駆動するのに3本のベルトを使用していたが、ベルトの改良により1本でまかなえるようになり、コストダウンにつながり、エンジン全長も短縮することが可能になった。

テムでしたが、最近では動弁システムの可変化が進んでおり、直動よりも油圧リフター＋ロッカーアーム式が多用されるようになってきています。

二つ目はサーペンタイン補機駆動ベルトです。かつて、補機駆動はVベルトで行っていました。ウォーターポンプやオルタネーターを1本のベルトで、エアコンコンプレッサーを違う1本で、そしてパワーステアリングポンプをもう1本のベルトでと、合計3本のベルトを使って、張り調整も別々に行っていました。しかし、これではスペースも取るし、コストもかかります。

その結果、考え出されたのがサーペンタイン型のベルトです。これは1本の長いベルトですべての補機を駆動するという考え方です。すべての補機を駆動するのでベルト幅は広くなりますが、3本のときよりも大幅にエンジン全長を短くすることができ、コストも安くなっています。この考え方が採用できた背景としては、エアコンやパワーステアリングが標準採用になったということもあります。

2) 部品の共用化によるコスト削減効果は大きいか

部品の共用化によるコスト削減効果は、多種のエンジンをつくらなければならない時代だからこそ、従来より大きくなっています。

特に小さな電子部品、たとえばオルタネーターに使うダイオードのような部品は、自動車会社をまたがって共通部品が使われています。

しかし、月に10万個を超えるような莫大な量を共通に使っている部品は、いったん問題を起こすと影響が重大で、大変なことになります。会社をまたがってリコールするという事態に陥るからです。現実に一件のリコールで100万台以上回収という例が散見されています。

これからは、システム部品も自動車メーカーで共通の部品を使う時代が来るでしょう。たとえば、エンジン制御モジュールなどはハードウェアだけでなくソフトウェアも共通の仕様になっていくと思います。同じようなシステムを各メーカーが独自で似て非なるものを開発、生産する必要はないのです。もちろん、部分的には各メーカー独自の制御を取り入れるでしょうが、90％は共通のものが使えるはずなのです。自動車メーカーはそれぞれのクルマの味付けで技術を競うことが重要なのです。欧州ではすでにボッシュ社、シーメンス社やマグネッティ・マレリ社などが、自社標準の制御システムを自動車メーカーに提案しています。

日本でも軽自動車や商用車の世界では相互供給が進んでいて、エンジンや車両までOEMされる時代です。いわゆるバッジビジネスですが、供給する方は量産効果を見込めるし、供給される方は開発費や生産設備を負担することなく、自社ブランドのクルマを持つことができます。そのクルマが自社にとってコアでなければ、このOEM供給

はリスクの少ない、良い方法といえると思います。

　欧州ではMINIとプジョー206が同じエンジンを使ったり、三菱の軽自動車用エンジンをスマートが購入するなど、乗用車の世界でもエンジンの相互供給が普通に行われているのです。

3)モジュール化設計によるコスト削減は進んでいるのか

　モジュール化設計は以下のように定義しています。動弁駆動システム、燃焼室、排気対策部品などをシステムとして設計・開発し、多機種のエンジンに採用していく手法です。

　モジュール化設計により、エンジン開発は各コンポーネントを個別に開発する必要がなくなり、アッセンブリとしての性能、耐久性など確認するだけでよくなります。

　モジュール設計が特に進んでいると思われるのはVW／アウディグループです。直列4気筒、狭角V5、狭角V6、W8、W12エンジンをほぼ同じボア・ストロークに揃えており、単気筒で燃焼素質、排気などを共通で開発してしまい、あとは気筒の組み合わせでエンジンをつくっています。

　こうすることで、各形式のエンジン開発はアッセンブリとしての性能や耐久性を確

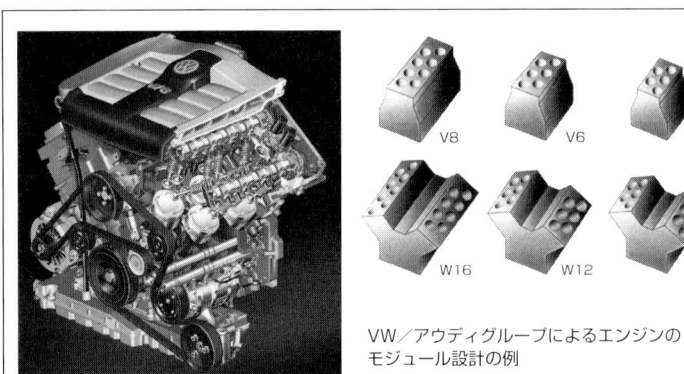

狭角V型エンジンを二つ並べた
W型8気筒エンジン。

VW／アウディグループによるエンジンの
モジュール設計の例

VWのモジュールエンジンの主要諸元

エンジン	気筒配置	動弁系式	総排気量(cc)	ボア×ストローク(mm)
BDN	W型8気筒	DOHC4バルブ	3998	84.0×90.2
BHT	W型12気筒	DOHC4バルブ	5998	84.0×90.2
ブガッティ	W型16気筒	DOHC4バルブ	7993	84.0×90.15*

＊ボア×ストロークは推定値

アウディA8搭載エンジンの主要諸元

気筒配置	動弁系式	総排気量(cc)	ボア×ストローク(mm)
V型6気筒	DOHC4バルブ	3122	84.5×92.8
V型8気筒	DOHC4バルブ	4163	84.5×92.8
W型12気筒	DOHC4バルブ	5998	84.0×90.2

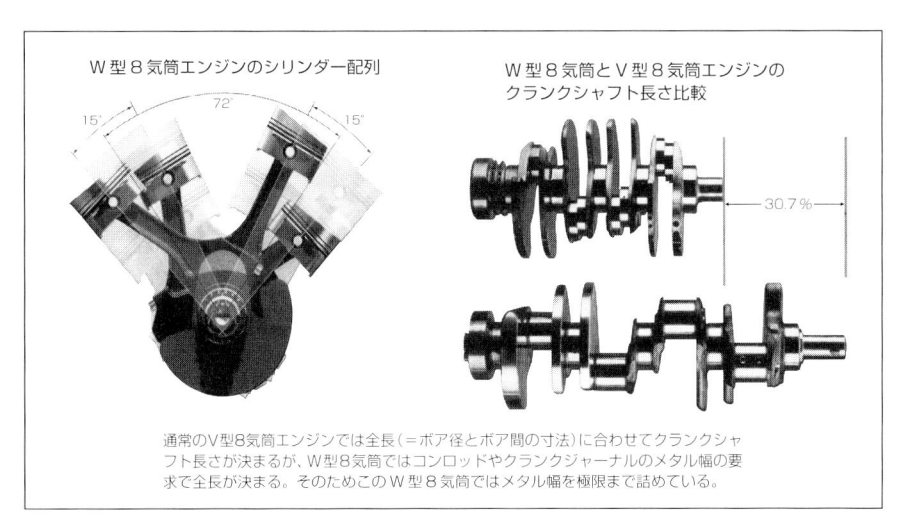

W型8気筒エンジンのシリンダー配列

W型8気筒とV型8気筒エンジンのクランクシャフト長さ比較

30.7%

通常のV型8気筒エンジンでは全長(＝ボア径とボア間の寸法)に合わせてクランクシャフト長さが決まるが、W型8気筒ではコンロッドやクランクジャーナルのメタル幅の要求で全長が決まる。そのためこのW型8気筒ではメタル幅を極限まで詰めている。

認すれば終了することができ、大幅な開発期間の短縮を可能にします。VW／アウディが短期間にこれほどまでにいろいろな種類のエンジンを開発できるのは、このモジュール化設計の成果です。

最新のエンジンでボア・ストロークを見てみましょう。W型8気筒BDN、W型12気筒BHT、そして同じVWグループのブガッティ・ヴェイロン搭載のW型16気筒エンジンは、ほぼまったく同じボア・ストロークでエンジンが設計されています。また、アウディA8に搭載されているV6・V8・W12型エンジンのボア・ストロークを比較してみても、同じことがいえます。

このように、共通もしくはほぼ共通のボア・ストロークを使って気筒数で排気量のバリエーションをつくる手法は古典的ではありますが、排気対策にかかる開発工数、コストが膨大にかかることを考えると非常に理にかなっているといえます。

部品及びシステムメーカーであるボッシュ社は、ガソリン噴射システム、ディーゼルの燃料供給と排気対策をセットしたシステムや、車両のボディコントロールを自動車メーカーに提案、販売している総合システム＆部品メーカーです。部品メーカーが主体的にシステムを提案することでシステムの統合化が進み、かつてのように自動車メーカーごとにばらばらな仕様になることがないように主体的な動きをしています。

4)価格の安い材料の使用はあるのか

エンジンに使っている材料の変遷をざっと見てみましょう。その昔は、シリンダーヘッドには鋳鉄を使っていました。これはやがて熱伝導の良い、軽量なアルミ鋳造に置き換わりました。そしてシリンダーブロックの材料もかつては鋳鉄が当たり前でし

分類		自動車部品
金型鋳造	ダイキャスト	シリンダーヘッドカバー、トランスミッションケース、カムハウジング、シリンダーブロック、ラダービーム、ベアリングビーム
	重力鋳造	シリンダーヘッド、ピストン、インテークマニホールド
	低圧鋳造	シリンダーヘッド、インテークマニホールド
	高圧鋳造	アルミホイール、ピストン、パワーステアリングラックハウジング
砂型鋳造	生砂	シリンダーブロック、カムシャフト、ロッカーアーム
	シェルモールド法	中子として使用
	コールドボックス法	中子として使用
特殊型鋳造	インベストメント鋳造	タービンホイール、ロッカーアーム、ディーゼルチャンバー
	石膏鋳造	インペラー
	フルモールド法	エアインテークコネクター、シリンダーヘッド

エンジン部品の各種鋳造法

たが、最近ではむしろアルミ鋳造の方が多くなってきています。

エアクリーナーケースは板金製から樹脂に置き換わり、オイルパンやカムカバーなどは板金製からアルミ鋳造、樹脂製に、吸気マニフォールドやスロットルチャンバー、エアフローメーターケース、エンジン制御モジュールケースなどはアルミ鋳造から樹脂製に、排気マニホールドや触媒ケースは鋳鉄製から板金製に置き換わってきています。

鋳鉄からアルミ鋳造への置き換えは、コストをかけても軽量化を大事にした結果です。しかし、板金製やアルミ鋳造から樹脂への置き換えは、軽量化とコスト削減の両方を狙っています。今後は、ますます樹脂製の部品が増えていくはずです。

シリンダーブロックのアルミ鋳造では、中子を使う重力鋳造から量産が可能なダイキャスト製法に変わってきています。今後も、この傾向は続いていくでしょう。シリンダーブロックやシリンダーヘッドなどの重量物は、コストをかけても軽量化するために軽い材料にシフトさせましたが、その他の部品についてはより小さく、より安くて軽い材料にシフトしていくでしょう。

5) 量産効果は果てしなくあるのか

一般に、量産規模が大きくなればなるほどエンジン1機あたりの単価は安くなると思われています。大きな目で見れば確かにその通りなのですが、詳しく見ていくと必ずしもそうならない場合もあります。

エンジンの量産ラインは1ラインあたり2万～2.5万台/月といったところが適正の規模になっています。これは3班2交代の24時間稼動を前提の数字です。もし現時点で2.5万台のラインがあったとしましょう。ここで、3000台/月の増産、つまり2.8万台/月に生産能力を上げるにはどうすればよいでしょうか。

設備能力で対応するには機械加工、鋳型、鍛造型、組立ライン、検査ラインなどすべての設備を増設しなければならず、準備が終わるまで時間も費用も相当かかってしまい、得策ではありません。このような場合は、もし可能であれば作業員を増やして

人海戦術で行くのが得策です。しかし、生産台数が増えた分の増産効果は人件費によりかなりの部分が取られてしまいます。

次に3.5万台/月の生産台数を要求された場合はどうでしょう。この場合は1ラインでは対応することができないので、第二ラインを建設することになります。この場合、要求分の1万台/月のラインをつくるのか、第一ラインと同じ能力の2.5万台をつくるか二つの方法があります。

将来、さらなる増産予定があるのであれば、もちろん2.5万台規模の新ラ

エンジン用のトランスファーマシン

トランスファーマシンは数工程を要する工作物の加工を、次から次へと自動的に流れ作業方式で加工できる専用工作機械のグループのことをいう。被加工物としてはコンロッド、クランクシャフト、カムシャフト、シリンダーブロック、シリンダーヘッド、フライホイールなどがある。

インをつくる方が良いですが、実際に5万台の生産が始まるまでは、余分な1.5万台/月分の設備コスト負担は3.5万台のエンジンにかかってきます。フル生産が始まるまで2年も間があるのなら、これは得策ではありません。

それでは1万台/月のラインをつくった場合はどうでしょうか。この場合、2.5万台/月の量産ラインよりも安く付きますが、割高になります。条件にもよりますが、2.5万台ラインの半分くらいの費用はかかると思います。こうなると2.5万台/月を生産しているときよりも、コストはむしろ上がってしまいます。もちろん、実際には全体の部品に占める外製部品(購入部品)の割合が7割以上なので、この外製分については安くなると思います。

2.5万台/月のラインを二つ、三つ、あるいは四つのラインできっちりとフル生産できる状態であれば、量産台数が増えるほど台あたりのコストは下がっていきます。

自社の自動車販売台数の需要予測との関係によって、どのような新ラインにするか決まるわけですが、このあたりは生産技術者だけではなく、各自動車メーカーの経営の根本と関連することでもあります。

参考文献

自動車工学便覧（自動車技術会）
エコカーは未来を救えるか（三崎浩士著・ダイヤモンド社）
低温予混合燃焼（MK燃焼）方式の紹介（日産自動車株式会社）
新・自動車用ガソリン（山海堂）
自動車用ディーゼルエンジン（山海堂）
自動車工学（鉄道日本社）
モーターファンillustrated（三栄書房）
Warwick大学Webサイト
レーシングエンジンの徹底研究（林義正著・グランプリ出版）
レース用NAエンジン（林義正著・グランプリ出版）
乗用車用ガソリンエンジン入門（林義正著・グランプリ出版）
高性能エンジンとは何か（石田宣之著・グランプリ出版）
エンジン技術の過去・現在・未来（瀬名智和著・グランプリ出版）
スカイラインGT-Rレース仕様車の技術開発（石田宣之＋山洞博司著・グランプリ出版）
パワーユニットの現在未来（熊野学著・グランプリ出版）
エンジンの科学入門（瀬名智和＋桂木洋二著・グランプリ出版）
クルマの新技術用語　エンジン・動力編（瀬名智和著・グランプリ出版）
自動車用エンジン半世紀の記録（GP企画センター編・グランプリ出版）
自動車保有車両数（国土交通省調査）
国内外自動車会社広報資料

索 引

〈ア行〉

RR搭載 34
アイドル回転 181
アクセル開度 64
アクセルレスポンス 65
アダプティブ制御 63
圧縮着火 147
圧縮天然ガス 199
圧縮比 109
圧電センサー 123
アトキンソンサイクル 132
アルミブロック 79
EGR 226
ECU 51
ETBE 201
硫黄分規制 195
異音 213
イソオクタン 194
1次慣性力 19
ウェイト・トルクレシオ 72
ウエッジ型燃焼室 94
ウェットスタートクラッチ 139
ウォータージャケット 104
ウォーターポンプ 187
エアフローメーター 67
HCCI 166
液化石油ガス 198
液体噴射方式 199
SOHC4バルブ 85
S/V比 99
エタノール 201
エタノール入りガソリン 193
NOx吸蔵触媒 225
FF縦置き搭載 33
MTBE 194
Lジェトロニックシステム 51
LPG 198
エンジン回転低下速度 64
オイルポンプ 188
オイルリング 184
大型トラック用ディーゼルエンジン 165
オクタン価 117, 194
オットーエンジン 192
オットーサイクル 95
音振性能 76

〈カ行〉

改質ガソリン 194
回生ブレーキシステム 131
回復制御 196
学習制御 53
ガスエンジン 9
ガスシール性 145
ガス流動 99

加速時騒音 209
加速抵抗 61, 144
ガソリンHCCI 168
ガソリンターボ 46
カチ割りコンロッド 86
可変圧縮比システム 175
可変吸気システム 170
可変ターボ 176
可変排気量システム 173
可変バルブタイミング&リフト 171
可変マフラー 177
可変容量型コンプレッサー 190
含酸素系添加剤 118
慣性過給 59
慣性加振力 208
慣性モーメント 62
慣性力 43
機械式燃料噴射システム 48
機械損失 38
気体噴射方式 199
希薄燃焼システム 105
吸気 212
吸気効率 39
吸気コレクター 40, 66
吸気ブランチ 40, 66
吸気ポート 40
急速燃焼 96
狭角V型 35
共振周波数 211
共鳴吸気 170
均質予混合燃焼 166
クールドEGR 228
クランクダンパープーリー 210
グロメット 191
Kジェトロニック 49
軽油 197
高圧化 42
高速こもり音 211
コモンレール式燃料供給システム 161
混合比マップ 53
コンポジットマグネシウム
　　　　　シリンダーブロック 87

〈サ行〉

サージタンク 40
サーペンタイン補機駆動ベルト 233
サーマルリアクター 219
サイアミーズ方式 82
最高出力発生回転速度 43
最小燃料消費率 127
材料置換 80
サプライポンプ 161
サルファーフリー 195
三元触媒システム 220
酸素センサー 222

CNG 199
CVCC 220
GVW 164
CVT 138
時間損失 145
自動MT 140
遮断弁 100
充填効率 59
重力鋳造 79
主運動部品 60
樹脂材料 80
出力空燃比（混合比） 128
蒸気機関 9
焼結製法 81
正味出力 143
正味熱効率 144
乗用車用ディーゼルエンジン 165
ショートストロークエンジン 116
ショートストローク化 42
シリンダーヘッドガスケット 191
シリンダーライナー 83
水素 203
水平対向エンジン 32
スキッシュ 101
図示仕事 143
図示出力 180
図示熱効率 144
スターティングクラッチ 140
ステップリタード方式 124
ストロークとスロットルバルブ開度の関係 70
スプレーガイド式希薄燃焼 108
スワール 100
製造準備コスト 230
セカンドリング 184
セタン価 198
設計開発コスト 229
層状吸気燃焼方式 220
ソレノイド型インジェクター 162

〈タ行〉

多気筒化 44
多球型燃焼室 94
ダミーシリンダーヘッド 190
単気筒エンジン 20
タンブル流 100
チタン製 81
直列5気筒エンジン 23
直列4気筒 22
直列6気筒 23
2プレーンのクランクシャフト 28
DSGシステム 140
DOHC4バルブ 85
Dジェトロニック 50
DPF 226
ディーゼリング 110

239

ディーゼル・パーティキュレート・フィルター 226
デトネーション 110
デュアルフューエルシステム 200
点火時期マップ 52
電子式燃料噴射システム 49
電動ポンプ 188
等間隔燃焼 19
筒内圧センサー 123
筒内直接噴射用インジェクター 102
筒内噴射ガソリンエンジン 104
動弁加振力 209
等容燃焼 95
トップリング 184
トランスファーマシン 237

〈ナ行〉
内燃機関 9
ナトリウム封入バルブ 114
2系統冷却システム 115
2点点火 97, 178
尿素SCR 225
熱効率 142
燃焼圧力 154
燃焼加振力 209
燃焼効率 145
燃焼室の冷却 112
燃焼室容積 97
燃焼騒音 148, 212
燃焼のメカニズム 121
燃料消費率 126
燃料噴射圧力 163
燃料噴射システム 49
ノッキング 109, 119
ノック制御領域 124
ノックセンサー 122
ノンスロットルシステム 135

〈ハ行〉
パーシャル燃費 127
バイオディーゼル 193, 202
バイオマス燃料 201
排気音 213
排気損失 40, 145
排気バルブ 113

排気量拡大 45
バイト 53
バイフューエルエンジン 205
ハイブリッドカー 130
ハイブリッド過給 88
バスタブ型燃焼室 94
バランサーシャフト 215
バルブトロニック 136
バルブ挟み角 116
バルブマチック 137
バルブリセス 116
バルブリフター 232
半球型燃焼室 94
バンク角 26
PCCI 166
PROM 53
ピエゾ式インジェクター 108, 162
ピストン 114
ピストンの軽量化 182
ピストンリング 183
ビット 53
比熱比 128, 145
火花点火 147
VEL 137
V型10気筒 29
V型12気筒 30
V型8気筒 28
V型6気筒 26
V-TEC 1/2
フィードバック制御 53
プリイグニッション 110
フリクショントルク 42, 60, 73
フレキシブルフライホイール 210
プレッシャーダイキャスト 79
プレミアム軽油 192
プログラムロム 53
分配型ポンプ 160
ベアリングビーム 218
平均ピストン速度 17
壁流補正 69
ペントルーフ型燃焼室 94
膨張比 110, 132

〈マ行〉
マグネシウム材 80
摩擦損失 180
マルチバルブ化 41
ミラーサイクル 112, 132
メタノール 193, 202
メタル幅 186
メチル-t-ブチルエーテル 194
メンテナンスフリー 232
モーターオクタン価 119
モーター付きターボ 90
モジュール化設計 234
モトロニックシステム 51

〈ヤ行〉
有鉛ガソリン 195
要求オクタン価 194
要求点火時期 120
横置きFF 24
予混合圧縮自己着火エンジン 166

〈ラ行〉
ライナーレスアルミブロック 83
ライン稼働率 230
ラダービーム 217
RAM 53
ランド高さ 183
リーンバーンエンジン 128
リサーチオクタン価 119
量産コスト 231
量産ライン 236
理論空燃比 98, 128
理論熱効率 111, 143
冷却損失 103, 145
冷却ファン 189
レギュラーガソリン 194
レスポンス 64
列型燃料ポンプ 160
連続可変ブランチ長システム 170
ローラーロッカーアーム式動弁機構 185
ROM 53
ロングストロークエンジン 58

〈著者紹介〉

瀬名 智和(せな・ともかず)

1953年東京生まれ。学生時代は自動車部に所属、卒業して自動車メーカーに入社し、主としてエンジン実験部に在籍。その後部品メーカーに転じて、製品開発業務に携わる。現在は医療関係の機器を中心にした設計を請け負う事務所を主宰する。そのかたわら、自動車及び航空機関係の技術史を研究している。著書に「エンジン技術の過去・現在・未来」、「エンジンの科学入門」(共著)、「クルマの新技術用語　エンジン・動力編」(いずれもグランプリ出版)などがある。

エンジン性能の未来的考察
2007年9月12日初版発行　　2009年6月30日第2刷発行

著　者　瀬名智和
発行者　尾崎桂治

発行所　**株式会社グランプリ出版**
〒162-0828　東京都新宿区袋町3番地
電話03-3235-3531(代)　振替00160-2-14691

印刷所 (株)グローバルプレス／玉井美術印刷(株)
製本所 (株)越後堂製本

©2007 Printed in Japan　　　　ISBN978-4-87687-296-1　C-2053